Einführung
in die Wähltechnik

Von

Dipl.-Ing. Erwin Winkel (VDE)

Mit 20 Bildern im Text,
75 Bildern, Verkettungs- und Schaltzeitplänen
in zwei Beiheften

München und Berlin 1942
Verlag von R. Oldenbourg

Druck von R. Oldenbourg, München

Printed in Germany

Vorwort

In jedem technischen oder wissenschaftlichen Fachgebiet wird man verschiedene Gesichtspunkte für die Wiedergabe des Wissens und Schaffens wählen müssen, um das Lehrgut vollständig niederzulegen.

Wenn nun aus dem Gebiete der Fernmeldetechnik das Fernsprechwesen und daraus wieder im engeren Sinne die Wähltechnik ins Auge gefaßt wird, muß an jene Fachkreise gedacht werden, die einen allgemeinen, weitgespannten Überblick über das Schrittschaltsystem deutscher Ausbildung wünschen, und ferner an solche, die mehr für Fragen der Konstruktion und Herstellung aufgeschlossen sein werden; andere verlangen Unterlagen für den Bau und Betrieb; ein bedeutender Teil der engeren Fachwelt wieder beansprucht das Fachschrifttum auf Probleme der Nebenstellentechnik, des Fernamtswesens, der Netzgruppengestaltung usw.; schließlich darf die deutsche Technik nicht die Fühlung mit den Systemen des Auslandes verlieren und verlangt Werke, die ihr Brücken dahin schlagen. So hat trotz des engen Fachbereiches jeder Fachkollege seine besonderen Wünsche zur eigenen Weiterbildung.

Bei all dem darf aber nicht vergessen werden, daß es solche Leser geben wird, die erst zum Fachmann werden sollen, gleichgültig zu welchem Zweig der Praxis sie dann vorstoßen. Und gerade für den Anfänger hat die mit Arbeit überlastete Praxis wenig Zeit und kommt ihm auch im Fachschrifttum seinem Blickpunkt nach schwer entgegen.

Dem abzuhelfen, legt der Verfasser einen neuartigen Versuch vor, eine Einführung in die Wähltechnik aus den Bedürfnissen des Anfängers heraus zu gestalten und hofft für den Selbstunterricht — und auch für den in der Schule — einen Weg zu zeigen, der sich aus den Erfahrungen eigener Lehrkurse recht gut bewährt hat.

Grundlage jeder Wähleinrichtung bleibt die Summe aller einzelnen »Schaltmittel«, die in ihrem Zusammenbau nach der »Schaltung« eine bestimmte Anlage verkörpern.

Die hier vorliegende »Einführung« wählt sich die »Schaltung« als besonderes Einführungsgebiet und setzt die technische Lösung der nach bestimmten, aufzustellenden Forderungen durchgeführten »Schaltorgane« als gegeben voraus, ohne sie allzu gründlich nach ihrer praktischen Eignung für die aufgestellten Forderungen der Schaltung und des Betriebes zu untersuchen. Die Fragen der Fertigung und des Betriebes, sowie auch jene der baulichen Gestaltung umfassen selbst ein zu großes, fundamentales und für sich bestehendes Gebiet, das einer besonderen Behandlung zusteht.

Hier handelt es sich um das 1×1 der Schaltung und der Schalt-vorgänge. Die vorliegende Einführung möchte die wichtigsten Grund-lagen der Schaltungstechnik verschaffen und auch ebenso gründlich und anschaulich in das Schaltgeschehen selbst Einblick gewinnen lassen. Der gewählte Stoff ist ziemlich enge gehalten und behandelt vom Schritt-schaltsystem deutscher Prägung stufenweise die Entwicklung bis zum Gruppenwähler, ohne aber auf die vielen möglichen und mitlaufenden Seitenfragen einzugehen. Auch wird absichtlich vermieden, ein Vielerlei an Schaltungen zu bieten, sondern an wenigen möglichst viel zur Be-griffsbildung zu gewinnen[1]).

Nach Herausarbeitung der vom Handvermittlungsdienst anschau-lich klarzulegenden Aufgaben wird schrittweise nach diesen Forderungen eine Leitungswählerschaltung entwickelt. Darauf aufbauend kommen die der Wähltechnik eigentümlichen Probleme der Wirtschaftlichkeit in den ersten Grundzügen zur Darstellung (Bündelung der Leitungs-wähler und Bildung von Teilnehmergruppen).

Das Hauptgewicht liegt dabei immer auf den zu lösenden Aufgaben und in der Darstellung der an einem Schaltungsbeispiel zu zeigenden Schaltvorgänge. Besondere Hilfsmittel lassen den Leser selbständig mitarbeiten und entlasten ihn von der mühsamen Gedächtnisarbeit beim Verfolgen der Schaltvorgänge.

Das Buch erwuchs aus den seinerzeit gehaltenen Sonderkursen. Die mannigfachen Anerkennungen und Anregungen aus den Kreisen des Unterrichtes und der Fachwelt ließen es in vorliegender Form zu einem Abschluß gelangen.

Bei dieser Gelegenheit möchte der Verfasser allen Fachfreunden des Unterrichtes, der Reichspost, der Reichsbahn, der Wehrmacht und der Industrie für die vielen Anregungen und Unterstützungen danken und in weiterer Fühlung verbunden bleiben.

Vor allem aber sehe ich mich Herrn Professor Dr.-Ing. Fritz Lub-berger der Technischen Hochschule Berlin und Obering. der Siemens & Halske A.G. für seine beratende Unterstützung und Förderung verpflichtet.

Jedes Einführungsbuch bedarf einer gewissen schrittmachenden Ausführlichkeit; um das Buch jedoch gerade dem Studierenden und jungen Praktiker in die Hand kommen zu lassen, mußte der Anreiz der Wohlfeilheit gewahrt bleiben. Es war nicht leicht, diese beiden sich widerstrebenden Forderungen zu einem Vergleich zu bringen. Daher ist es auch dem Verlag zu danken, trotz des geringen Erstehungspreises, die Wünsche nach guter Ausstattung erfüllt zu haben.

Wien, im Febr. 1941.   Der Verfasser.

---

[1]) Die ausgewählten praktischen Schaltungen streben aus zwingenden Zeit-gründen nicht die Wiedergabe des Modernsten an und stützen sich auf bekannte und vielfach veröffentlichte Schaltbilder.

Inhaltsverzeichnis

Einleitung

Die Wähltechnik hat in den bald 50 Jahren ihrer Entwicklung ein umfangreiches Fachgebiet geschaffen; einerseits trennt sich dieses neue Fachgebiet immer strenger als ein besonderer Wissens- und Wirkungszweig der Fernmeldetechnik ab, andererseits aber erobert es mit seinen technischen Grundlagen über das Fernsprechgebiet hinaus wieder die vorher verlassenen Nachbargebiete.

Der Zweck der Wähltechnik ist die Herstellung von Fernsprechverbindungen in kleineren, wie in größeren und größten Orts- und Gebietsnetzen ohne menschliche Vermittlungshilfe. Das bedeutet die Automatisierung und Mechanisierung von Arbeiten, die früher Kopf und Hand der Vermittlungsbeamten geleistet haben.

Wenige Eingriffe von seiten der Fernsprechteilnehmer (Abheben, Nummernwahl, Auflegen) müssen genügen, eine Reihe von sehr verwickelten selbsttätigen Vorgängen einzuleiten, welche zum Aufbau der verlangten Verbindung führen, die Signale betätigen und endlich die belegt gewesene Einrichtung nach Gesprächsschluß wieder in die Ruhelage führen sollen.

Die selbsttätige Abwicklung von Vorgängen, die entweder in ihrem Ziel genau festgelegt sind, oder durch gewisse Bedingungen aus einer Anzahl von möglichen ebenso selbsttätig ausgewählt werden müssen, beruht auf der sog. Schaltungstechnik: Im Grunde genommen nichts anderes, als die sinnvolle Verkettung von mitunter zahllosen elektromechanischen Geräten, wie Wähler, Relais usw., deren Verkettung in der gegenseitigen Beeinflussung ihrer Stromläufe besteht.

Neben dieser Automatisierung und Mechanisierung von Vorgängen konnte aber die Wähltechnik ein zweites, damit verbundenes Problem in meisterhafter Weise lösen: Zur Abwicklung bestimmter Schaltvorgänge bedarf es gewisser Einrichtungen, z. B. Wählerstufen. Es ist nun selbstverständlich eine bedeutsame Frage der Wirtschaftlichkeit, mit möglichst wenigen solcher Einrichtungen dem gesamten Verkehrsbedürfnis zu genügen. Die automatischen Vorgänge erstrecken sich damit auch auf die Zuteilung solcher Einrichtungen für den anfallenden Bedarf, wobei großer Wert darauf zu legen ist, daß alle vorhandenen Einrichtungen möglichst allseitig zur Verfügung stehen, d. h. in ihrer Verwendung zwar auf einen bestimmten Zweck beschränkt bleiben, aber möglichst vielen Teilnehmern zugänglich sind, wodurch eben die Anzahl solcher Einrichtungen verhältnismäßig verringert werden darf.

Die Forderung nach Automatisierung von Vorgängen und wirtschaftlicher Zuteilung der dazu benötigten Einrichtungen bleibt nun nicht eine Eigentümlichkeit der Fernsprechtechnik. Allen verwandten Gebieten der Fernmeldetechnik und darüber hinaus vielen anderen technischen Gebieten kann die Erfüllung dieser Forderungen als sehr wünschenswert erscheinen. So ist es auch erklärlich, daß die Telegraphie, das Signalwesen, die Sicherungstechnik für Verkehr und technische Anlagen, die Fernmeßtechnik, die Fernsteuertechnik, die Betriebsüberwachung ganzer Fabrikationsvorgänge oder Anlagen usw. die entwickelten Grundlagen der Wähltechnik aufgreift und sinnvoll weiter entwickelt.

Alle angedeuteten Fachgebiete sehen in der »Schaltung« ihre Wirkungsgrundlage. Ohne Rücksicht auf den Zweck der Einrichtungen werden sich daher die »Schaltvorgänge« in ihrer Abwicklung ähneln.

Es ist daher ratsam, bei so verwickelten Einrichtungen und Anlagen, wie sie die Wähltechnik und in weiterem Sinne die Fernmeldetechnik aufweisen, aus dem Irrgarten der Schaltvorgänge zuerst das Ziel, den Zweck der Einrichtung zu kennen, wie sie z. B. arbeiten würde, wenn sie von Hand aus bedient werden müßte. Daraus ergibt sich dann die klare Frage ihrer Automatisierung und Mechanisierung; alle Fragen der Wirtschaftlichkeit, die durch die Automatisierung mitgelöst werden, oder schließlich jene Probleme, die erst beim Automatisieren auftauchen, können davon getrennt ihre Erklärung finden.

Die gesamte Lösung liegt dann in der Schaltung und in der konstruktiven Durchbildung der verwendeten Schaltorgane. Die Wirksamkeit löst sich endlich in eine Anzahl von Schaltvorgängen auf, die genau verfolgt werden müssen. So runden sich dann Idee, technische Grundlage und Wirkungsweise zum vollen Verständnis der Anlage.

Das vorliegende Werk soll nun vor allem eine Einführung in die Wähltechnik sein. Nach den eben dargelegten Grundsätzen handelt es sich daher zunächst um die Kenntnis der von Hand bedienten Einrichtungen zum Aufbau einer Fernsprechverbindung. In der ersten Stufe einer vorzunehmenden Entwicklung wurde dafür die Schaltung und die Einrichtung eines Zentralbatterie-Einfachschrankes mit Glühlampensignalisierung gewählt. Unter Herausarbeitung der beim Verbindungsaufbau zu leistenden Arbeiten erfolgt dann schrittweise die Weiterentwicklung des Grundsatzes solcher Anlagen, und zwar unter dem Gesichtspunkt, wie immer größer werdende Teilnehmerzahlen nach besonderen wirtschaftlichen Lösungen verlangen.

Es wird sich dabei herausstellen, daß damit wirklich die wichtigsten Probleme, welche die Wähltechnik zu bewältigen hat, festliegen: einerseits die Arbeits-Teilschritte zum Aufbau einer Verbindung, andererseits die grundlegenden Fragen der Wirtschaftlichkeit bei der

Zuteilung der mechanisierten Einrichtungen, oder im besonderen, der Schaltwege.

Wie schon im Vorwort erwähnt, geht dabei die Behandlung des Stoffes über die Leitungswählerschaltung zur Bündelung der Leitungswähler und schließlich zu den grundlegendsten Fragen der Gruppenwahl.

Die besondere Betonung und Darstellung der Schaltvorgänge schließlich findet ihren Ausdruck in der Anleitung und der steten Anwendung von besonderen Hilfsmitteln hiefür[1]).

Die Kenntnis der Verwendung bestimmter Schaltorgane für die Fernsprechwähltechnik, das Erfassen der besonderen Probleme der Wirtschaftlichkeit beim Aufbau von Fernsprechverbindungen und endlich der geübte Blick in das Einzelgeschehen beim Schaltvorgang gestatten es dann dem Leser, Zweck und Mittel gedanklich zu trennen und über die Fernsprechtechnik hinaus neue Blickpunkte zu gewinnen.

[1]) Siehe Abschnitt VIII, S. 111.

I. Allgemeine Grundlagen der Vermittlungstechnik als Aufgabenstellung der Selbstanschlußtechnik[1])

Die Wählertechnik hat die Aufgabe, aus dem Handbetrieb bestimmt vorgegebene Probleme der Fernsprechvermittlungstechnik auf anderer technischer Grundlage zu erledigen und weiterzuentwickeln. Ein kurzer Einblick in die Schaltungen der Handvermittlungstechnik vermag den Grundstock dieser Aufgaben klarzulegen.

Die knapp zu durchstreifende Entwicklungsreihe für die allgemeinen Grundbegriffe des Vermittlungswesens beginne mit der vereinfachten Schaltung eines ZB-Glühlampenschrankes für nur einen Bedienungsplatz.

A. Die Einrichtungen und der Vermittlungsvorgang beim sogenannten ZB-Einfachschrank

1. Die Schaltung der Anlage eines ZB-Einfachschrankes

Grundsätzlich müssen bei einer jeden Fernsprechanlage 3 Gruppen von Einrichtungen auseinandergehalten werden, Bild s1[2]):

a) Alle Teilnehmer verfügen in der Regel über je einen ganz gleichen Einrichtungsteil, bestehend aus der Sprechstelle beim Teilnehmer, der Teilnehmerleitung von der Sprechstelle ins Amt und der als Teilnehmerschaltung bezeichneten Ausrüstung in der Vermittlungsanlage, in welche die Teilnehmerleitung einmündet.

b) Die Vermittlungsanlage selbst besitzt eine bestimmte Anzahl von Vorrichtungen, mittels welcher sich je zwei Teilnehmerleitungen zu einer Sprechverbindung zusammenschalten lassen (Vermittlungsschnurpaar).

c) Zum Betrieb der gesamten Anlage — in unserem Falle eines ZB-Glühlampenschrankes — gehören noch technische Einrichtungen, wie ZB, Rufstromquelle, Sprechstelle des Vermittlungsbeamten usw.

Die unter a) bezeichneten Schaltungsabschnitte treten entsprechend der Teilnehmerzahl auf; die unter b) genannten Teile nur in einer solchen

---

[1]) Schrifttum (3) Goetsch, (7) Hirsemann, (12) Niendorf, (14) Strecker.
[2]) s1, s2 Bilder im Schaltungsheft. — z1, z2 Bilder im Heft der Schaltzeitpläne

Anzahl, wie es dem Vermittlungsbedürfnis entspricht; während die unter
c) angeführten überhaupt nur einmal oder höchstens aus Sicherheitsgründen in doppelter Ausführung — zum Wechseln oder Ersetzen —
vorgesehen werden.

2. Die Handhabung und die Schaltvorgänge beim Aufbau einer Gesprächs-verbindung

a) Der Anruf in die Vermittlungsanlage

Der Teilnehmer hebt zum Anruf ins Amt einfach ab, d. h. er nimmt
das Sprechgerät[1]) von seiner Ruheunterlage auf. Dadurch bringt er
den Gabel- oder Hakenumschalter HU in die Arbeitsstellung
und setzt in der Teilnehmerschaltung das Anrufrelais A unter Strom:

$$+, \ A_{II}, \ t_2, \ b\text{-Ader}, \ \dfrac{U_I \ \dfrac{U_{II}, \ r\ddot{u}}{M}, \ HU}{Wk \ w, \ \overline{HU}},$$

$$a\text{-Ader}, \ t_1, \ A_I, \ -;[2]).$$

Der Nebenschluß über den Zweig $Wk — w — HU$ hält das Relais A
auch dann noch erregt, wenn das Mikrophon bei schlechter Lage in der
Hand Unterbrechungen verursachen sollte.

Das Relais A bringt die Anruflampe AL zum Aufleuchten, so
daß der Vermittlungsbeamte den Wunsch nach einer Gesprächsverbindung wahrnimmt.

b) Der Vermittlungsbeamte stellt ein Vermittlungsschnur-paar zur Verfügung

Der Vermittlungsbeamte nimmt den Abfragestöpsel eines Ver-
mittlungsschnurpaares (Vermittlungsgerätes- oder Vermittlungs-
aggregates) und steckt ihn in die durch die leuchtende Anruflampe
bezeichnete Teilnehmer-Klinke. Zwei Stromläufe entstehen dadurch und zwar für das Relais S_1 im Schnurpaar und für das Relais T
in der Teilnehmerschaltung:

1. $$+, \ S_{1_{II}}, \ Kl_b, \ ASt_b, \ b\text{-Ader}, \ \dfrac{U_I \ \dfrac{U_{II}, \ r\ddot{u}}{M}, \ HU}{Wk, \ w, \ HU},$$

$$a\text{-Ader}, \ Kl_a, \ ASt_a, \ S_{1_I}, \ -;$$

2. $$+, \ T, \ Kl_c, \ ASt_c, \ w_1, \ SL_1, \ -.$$

---

[1]) Auch als Handapparat bezeichnete Zusammenfassung von Mikrophon und
Hörer.

[2]) Alle Schaltungsteile sind in der Ruhelage gezeichnet; römische Fußbenennungen bei Bezeichnungen von Relaiswicklungen bedeuten die Wicklungsteile;
arabische Fußbenennungen bei Wicklungsbezeichnungen bleiben der Unterscheidung
verschiedener, sonst gleichbezeichneter Relais vorbehalten. Die Bruchdarstellung
in der Stromlaufbeschreibung deutet Stromverzweigungen an.

Nach dem Ansprechen von S_1 wird die Schlußzeichenlampe SL_1 teilweise kurzgeschlossen und zum Verlöschen gebracht.

c) Die Anrufeinrichtung wird abgeschaltet

Mit dem Ansprechen von T wurde das Anrufrelais abgeschaltet und infolgedessen die Anruflampe gelöscht. Die Teilnehmerleitung mündet nur noch in das Relais S_1.

d) Der Vermittlungsbeamte verständigt sich mit dem Anrufenden

Von allen Vermittlungsaggregaten führt je eine Abzweigung der a- und b-Ader (hinter den Kondensatoren C_a und C_b) zum Sprechgerät des Vermittlungsbeamten. Der Kipper $ak_a - ak_b$ legt bedarfsweise das Mikrophon in den Stromkreis des betreffenden Relais S_2:

$$+, S_{2_{II}}, ak_b, M, U', ak_a, S_{2_I}, -;{[1]}$$

Der Anrufende und der Vermittlungsbeamte stehen nun in gewöhnlicher ZB-Schaltung miteinander in Sprechverbindung, wobei die Relais S_1 und S_2 zur Speisung der Mikrophone dienen. Die Arbeitslage von S_2 bleibt dabei ohne Folgen.

e) Der Anrufende nennt nur den Namen, aber nicht die Nummer des gewünschten Partners

In kleinen Anlagen übersetzt der Vermittlungsbeamte ohne weiteres den Namen in die zu verbindende Nummer; ein Vorgang, der sich in der Wähltechnik merkwürdig ähnlich abspielen muß, wenn der fernzusteuernde Wähler aus technischen Gründen eine ganz andere Art der Stromstoßfolgen erhält, als sie der fernsteuernde Teilnehmer mit der Nummernscheibe abgibt.

f) Prüfen des gewünschten Teilnehmers

Der gewünschte Teilnehmer ist frei, wenn in seiner Klinke weder ein Abfrage- noch ein Verbindungsstöpsel steckt. Im anderen Falle wäre er besetzt und dürfte in seinem Gespräch nicht gestört werden.

g) Der Beamte führt den Verbindungsstöpsel in die Klinke ein

Er verbindet also. Die Verbindung vom Anrufenden zum Gewünschten ist hergestellt, nur weiß' der zweite Teilnehmer noch nichts davon. In seiner Sprechstelle hält der beschwerte Hakenumschalter HU den vorbereiteten Stromlauf noch offen.

Über die c-Ader aber spricht das Relais T an, wie beim Abfragestöpsel, und trennt in der Teilnehmerschaltung des Gewünschten das

---

[1] Die ortsgeräuschdämpfende Schaltung des Abfragemikrophones wurde der Einfachheit weggelassen.

Anrufrelais A ab, so daß beim⁴ nachfolgenden Melden die Anruflampe nicht irreführend aufleuchtet. **Anrufvorabschalten.**

Die **Schlußzeichenlampe** SL_2 leuchtet vorderhand ungestört auf.

h) Der gewünschte Teilnehmer wird gerufen

Die Kontakte $rk_a - rk_b$ werden vom selben Bedienungshebel — nur in anderer Bewegungsrichtung — betätigt, wie $ak_a - ak_b$. Beim Loslassen nimmt der Kipperhebel von selbst die Ruhelage ein, so daß ak schon längst das Sprechgerät abgetrennt hat.

rk_{a-b} lösen nun die Verbindung zum anrufenden Teilnehmer und legen die zum gewünschten Partner führende Leitungsschleife an die **Rufstromquelle.** Der **Wecker** Wk tritt in Tätigkeit.

Während des **Rufstromstoß**es oder so oft der Wecker nachträglich noch zum Läuten gebracht wird, spricht das **Wechselstrom-Schauzeichen** RK an und vermittelt damit die **Rufkontrolle.**

i) Der Gerufene meldet sich

Auf das **Rufsignal** hin wird der Teilnehmer abheben. HU stellt den Stromlauf für S_2 her[1]):

$$-, \; S_{2_I}, \; rk_a, \; VSt_a, \; Kl_a, \; HU \begin{array}{c} rü, \; \ddot{U}_{II}, \; \ddot{U}_I \\ M \\ \overline{HU}, \; w, \; \overline{Wk} \end{array},$$

$$Kl_b, \; VSt_b, \; rk_b, \; S_{2_{II}}, \; +.$$

Jetzt erst wird SL_2 kurzgeschlossen und gibt mit dem Verlöschen bekannt, daß sich der Gerufene gemeldet hat. **Meldekontrolle.**

k) Das Gespräch

Der gerufene Teilnehmer stellt beim **Melden** durch die Arbeitsstellung von HU die normale **ZB-Schaltung** her. S_1 und S_2 dienen dabei als **Speisedrosseln** für die Mikrophone und verhindern als **Relais** das Aufleuchten der Schlußzeichenlampen.

l) Ein Teilnehmer legt auf; Schlußzeichen

Nach beendetem Gespräch legt einer der beiden Teilnehmer zuerst auf. Der betreffende Hakenumschalter HU unterbricht den Speisestromlauf. Das zugehörige s_1 oder s_2 gibt die betreffende **Schluß-zeichenlampe** zum Aufleuchten frei.

Sobald beide Schlußzeichenlampen aufleuchten, ist es für den Beamten das Zeichen zum **Trennen** der Verbindung.

---

[1]) Wenn HU noch während des Rufstromstoßes umlegt, gelangt der Wechselstrom in den Hörer und erzeugt ein kräftiges Schnarren. S_2 spricht nur an, wenn rk die Abschaltung von der Rufstromquelle vollzogen hat und wieder in der Ruhestellung liegt.

m) Das Trennen der Verbindung

Mit dem Herausziehen der beiden Stöpsel eines Verbindungsschnurpaares wird der ursprüngliche Zustand wieder hergestellt. Die Schlußzeichenlampen erlöschen, die A-Relais liegen wieder in der Teilnehmerschleife, die Teilnehmer und das Verbindungsschnurpaar sind wieder für andere Verbindungen freigeworden.

n) Die Besetztmeldung

Es wäre ja auch möglich gewesen, daß der gewünschte Partner in einem Gespräch begriffen war; dann muß der Beamte den Besetztfall dem wartenden anrufenden Teilnehmer rückmelden. Es wird ratsam sein, später nochmals anzurufen.

o) Die Sperrung der belegten Einrichtungen

Ein einmal im Gang befindliches Gespräch oder eines im Aufbau darf natürlich nicht gestört werden, auch nicht durch Zuschaltung (oder Aufschaltung, wie man sagt) eines dritten Teilnehmers. Um dies zu verhindern, sind beim Einfachschrank schon alle Voraussetzungen vorhanden, daß während einer bestehenden Verbindung die Klinken beider Teilnehmer durch die verbindenden Stöpsel gesperrt werden und die Stöpsel selbst dem Zugriff für eine neue Verbindung entzogen bleiben.

p) Rufkontrolle für den Anrufenden

Der Anrufende bleibt bei der vorliegenden Schaltung nach dem Abfragen bis zum Melden des gewünschten Teilnehmers ohne jede weitere Übersicht über die Aufbauvorgänge. Es gibt aber Schaltungen der Handvermittlungstechnik, in welchen die Rufstromstöße irgendwie auch beim Anrufenden ein Zeichen — das Rufzeichen — hörbar auslösen und dem Übelstand wirksam abhelfen.

q) Vorzeitiges Trennen

Nach dem Besetztmelden führt der geplante Verbindungsaufbau zu keinem Ergebnis. Die schon teilweise aufgebaute Verbindung wird vorzeitig wieder aufgelöst.

B. Der *ZB*-Vielfachbetrieb

1. Begründung und Wesen der Vielfachschaltung

Bei großer Teilnehmerzahl vermag ein einzelner Beamter den Ansprüchen an Verbindungswünschen nicht mehr gerecht zu werden. Mehrere Arbeitsplätze an einem Vermittlungsschrank verlangen jedoch eine besondere Anpassung der Schaltung an die neuen Verhältnisse.

Die Anzahl der Teilnehmer wird in so viele Gruppen eingeteilt, als Arbeitsplätze vorgesehen sind. Nehmen wir eine Dreiteilung an. Die Teilnehmerleitungen einer Gruppe führen zu dem dazugehörigen

Bedienungsplatz, wo sich auch die Anrufrelais und die Anruflampen und die zum Abfragen vorgesehenen Klinken vorfinden.

An einen Bedienungsplatz gelangen demnach nur Anrufe aus der eigenen Gruppe, aber sie werden Verbindungen in alle drei Gruppen verlangen. Um nun von einem Platz aus jeden beliebigen Teilnehmer erreichen zu können, sieht man an jedem der drei Bedienungsplätze ein eigenes Verbindungsfeld mit Verbindungsklinken zu allen Teilnehmern vor. Die Leitungsführung für einen Teilnehmer der ersten Gruppe zeigt Bild 1.

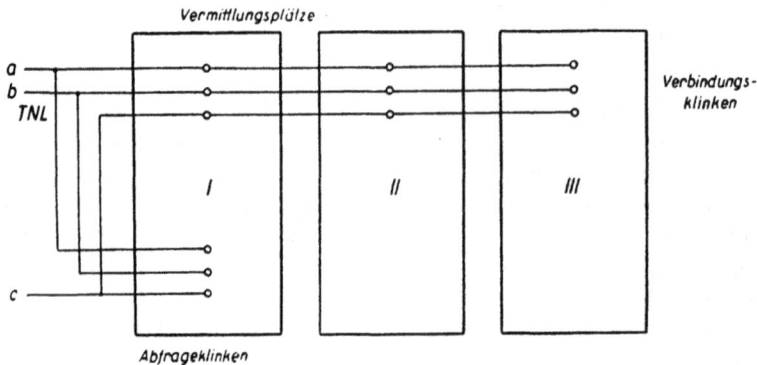

Bild 1. Grundgedanke der Vielfachschaltung.
Leitungsführung für einen Teilnehmer der ersten Gruppe über die drei Bedienungsplätze.

Jeder Teilnehmer ist auf drei Plätzen für eine Verbindung erreichbar; er ist vielfach erreichbar. Schaltungstechnisch legt man die einzige Abfrageklinke und die nötigen Verbindungsklinken — Vielfachklinken — einfach parallel.

Mit Ausnahme des neuen Vielfachfeldes unterscheiden sich die einzelnen Plätze eines Vielfachschrankes beinahe gar nicht von den Einfachschränken. Jeder Platz verfügt über ein besonderes Sprechgerät, über eine notwendige Anzahl von Schnurpaaren; nur die Rufstromquelle und die ZB bleiben für alle Plätze gemeinsam.

2. Die Einrichtungen und die geänderten Prüfvorgänge bei einem Vielfachschrank

Bild s2 zeigt die Schaltung einer Vielfachanlage. Geändert scheint nur die Polung von S_2 und die Ausrüstung der Platzsprechstellen, die nach Art einer Ortsbatterieschaltung betrieben werden. Das Wesentlichste daran ist der Prüfkondensator C_p[1]).

Es geht daher auch der Verbindungsaufbau kaum anders vor sich als früher. Da aber die Sperrung der in einem Gespräch befindlichen

---

[1]) Sprechgerätschaltung vereinfacht.

Teilnehmer nicht mehr unmittelbar gesichert bleibt, muß das Prüfen und Sperren mit anderen Mitteln durchgeführt werden[1]).

Der Beamte prüft auf sehr originelle Weise den Belegszustand einer zum Weiterverbinden in Betracht gezogenen Klinke: Er nimmt den Verbindungsstöpsel des am Aufbau beteiligten Schnurpaares und berührt vor dem Hineinstecken mit der Stöpselspitze die Klinkenhülse des gewünschten Teilnehmers. Ist der Teilnehmer frei, dann hört der Beamte in der Abfragestellung des Kippers beim Berühren der Klinkenhülse nichts; sollte der Teilnehmer jedoch besetzt sein, dann vernimmt der Beamte im Hörer ein merkliches Knacken als Besetztzeichen.

Zur Erklärung der Vorgänge diene Bild s 3, in welchem die Stromläufe der a- und c-Ader, die bei dem Prüfvorgang beteiligt sind, übersichtlich zur Verfolgung der Stromverhältnisse niedergelegt erscheinen. Solange ein Teilnehmer frei ist, führen alle seine Klinkenhülsen das ungestörte Erdpotential. Der Kondensator C_p ist beim Drücken des Abfragekippers an die volle Spannung der ZB gelegt worden. Für C_p bleibt nun die Ladespannung dieselbe, wenn die Stöpselspitze die Klinkenhülse eines freien Teilnehmers berührt; der Beamte kann daher beim Berühren nichts wahrnehmen.

Steckt aber in einer Teilnehmerklinke ein Abfrage- oder Verbindungsstöpsel, dann steht das zugehörige Relais T unter Strom und alle Klinkenhülsen des betreffenden Teilnehmers weisen ein etwas ins Negative verschobenes Potential auf. Beim Berühren einer solchen Klinke mit der Stöpselspitze gerät der Kondensator plötzlich an eine verminderte Spannung und gibt einen Ladungsteil ab, der im Hörer durch den Stromstoß ein vernehmliches Knacken erzeugt.

3. Große Vielfachämter

Ein Vielfachamt läßt sich mit steigender Teilnehmerzahl nicht einfach durch Aneinanderreihen von Bedienungsplätzen mit eigenem Vielfachfeld beliebig vergrößern. Es käme zu räumlich unmöglichen Verhältnissen und wäre wirtschaftlich eine krasse Verschwendung.

Man hilft sich, indem man ein Vielfachfeld über drei Bedienungsplätze verteilt, wie es Bild 2 andeutet, so daß von jedem der beliebig vielen Plätze am eigenen Feldteil oder denen der beiden Nachbarplätze jeder Teilnehmer zu erreichen ist.

C. Der Fernsprechverkehr über Verbindungsleitungen

Bei immer größer werdenden Teilnehmerzahlen eines Ortsnetzes versagt der Grundgedanke der gewöhnlichen Vielfachschaltung. Die

---

[1]) Die Vielfachschaltung unterscheidet sich daher im Zweck wesentlich von der sonst schaltungstechnisch gleichen Parallelschaltung: Es darf nur immer ein einziger Ausgang belegt werden.

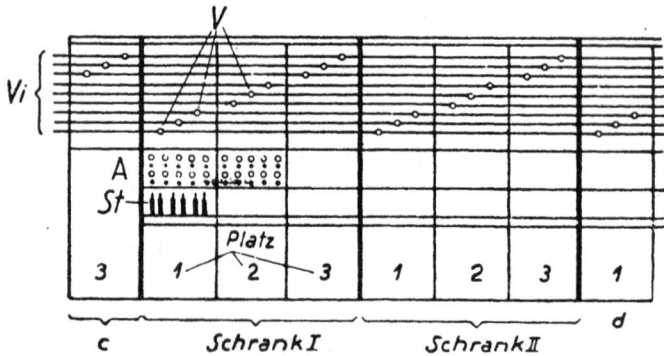

Bild 2. Aufteilung eines Vielfachfeldes über drei Bedienungsplätze.

Vielfachfelder nehmen auch bei Dreiteilung zu große Ausdehnung an, die Verkabelungen aller Vielfachleitungen über so viele Bedienungsplätze wachsen ungeheuer an. Und schließlich müssen die Teilnehmerleitungen eines großen Ortsbereiches zur zentral gelegenen Vermittlungsstelle zum Teil bedenkliche Längen erreichen.

Es leuchtet ein, daß man dann über das Ortsgebiet mehrere Vielfachämter passend verteilt und sie untereinander durch besondere Leitungen — Verbindungsleitungen — zusammenfaßt.

Mit diesen sog. Verbindungsleitungen ist ein neuer Begriff der Vermittlungstechnik eingeführt, welcher bei der größenmäßigen Weiterentwicklung eine bedeutende Rolle spielt.

Neben den früher ausführlich erklärten Teilschritten zu einem Verbindungsaufbau gewinnen daher bestimmte Begriffe Bedeutung, die wie die Ausdrücke Vielfachschaltung, Verbindungsleitung usw., sich nicht so sehr auf diese Teilschritte beziehen, als vielmehr auf die Art, wie eine Verbindung leitungsmäßig zustande kommt.

Es ist daher notwendig, die Möglichkeiten der Schaltwege näher ins Auge zu fassen. Zu diesem Zweck mögen die bisher gezeigten Schaltwegbegriffe grundsätzlich für sich allein ihrem Wesen nach erläutert und dargestellt werden. Es gelingt dann auch, das Wesen der Verbindungsleitung ohne näheres Eingehen auf eine praktische Schaltung des Handbetriebes herauszuschälen.

1. Grundbegriffe der Schaltwege

a) Die Schaltwegskizze des Vielfachsystemes

Unter Weglassung aller Relais, Widerstände oder sonstigen am Schaltungsweg stromdurchflossenen Organen ergibt sich die Schaltskizze Bild s 4.

Die noch gezeichnete c-Ader bleibt dabei für die Verbindungswege bedeutungslos. Die a- und b-Adern erscheinen als völlig gleichartig.

Bild s5 zeigt — nur mehr einpolig gezeichnet — den inneren Aufbau eines Vielfachamtes und läßt dabei alle wesentlichen Merkmale vollständig erkennen.

Bild s6 gibt das vorausgehende Bild unter weiterer Vereinfachung wieder, ohne aber die wesentlichen Merkmale verloren zu haben[1]).

b) Die Bündelung von Vermittlungseinrichtungen

Schon beim Einfachschrank wurde darauf hingewiesen, daß nur auf mehrere Teilnehmer ein Vermittlungsschnurpaar zu entfallen braucht und zwar in selbstverständlicher Forderung nach Wirtschaftlichkeit. Für einen Einfachschrank gilt die Schaltwegskizze von Bild s7.

Nun lassen wir die oben erwähnte Forderung einmal fallen und rüsten jeden Teilnehmer mit einer eigenen Vermittlungseinrichtung in der Zentrale aus, die nun folgerichtig zum Einschnurgerät wird[2]), Bild s8.

Zwischen der technischen Einrichtung der Einfach- und Doppelschnur sind wesentliche Unterschiede maßgebend. Die Einfachschnur gehört fest zum Teilnehmer, daher muß ihre Verwendungsart als individuell oder zugehörig bezeichnet werden.

Die Doppelschnüre sind dagegen allen Teilnehmern zugänglich und unter sich gleichwertig für jeden beliebigen Verbindungsaufbau. Man bezeichnet eine Anzahl solcher Einrichtungen, wie z. B. die gleichwertigen Doppelschnüre als Bündel.

Unter Bündelung versteht man dann also das Auflassen der unmittelbaren Zugehörigkeit bei Verbindungseinrichtungen (schaltwegtechnisch einfach von Leitungen); die dadurch erreichte Gleichwertigkeit ermöglicht eine bedeutende Verringerung der Anzahl nach, und zwar auf das verkehrsmäßig erforderliche und wirtschaftlich mögliche Maß.

Wie aber schon die Gegenüberstellung von Bild s7 und s8 erkennen läßt, bedarf es zur Bündelung von Einrichtungen eines gewissen Kaufpreises: z. B. lassen sich zwar für 20 Teilnehmerleitungen die 20 Einschnurgeräte auf 4 Doppelschnüre verkehrsmäßig verringern, jedoch wurden aus den Einfachschnüren eben Doppelschnüre, abgesehen von den sonstigen vielleicht notwendig gewordenen Zusätzen in den technischen Einrichtungen.

---

[1]) Die Tatsache, daß ja ein Teilnehmer nicht mit sich selbst zu verbinden ist, spielt in dieser Skizze, die einen solchen Gedanken zuzulassen scheint, keine Rolle. Solche und ähnliche Schaltwegskizzen sind sehr häufig zu finden und stellen eigentlich nichts anderes als ein Stenogramm eines bestimmten Schaltungstypes dar.

[2]) Es ist selbstverständlich, daß jede wesentliche Änderung einer Schaltwegskizze auch Änderungen in den praktischen technischen Einrichtungen mit sich bringt, um die Teilschritte richtig erledigen zu lassen. Dies gilt auch bei den folgenden Schaltwegskizzen. Für das Verständnis der Schaltwege bleibt dies jedoch ohne Bedeutung.

Die Gesichtspunkte zum Belassen ungebündelter Einrichtungen und zum Übergang zur Bündelung sind mannigfacher Art. So z. B. kommt nicht immer nur die mögliche Verringerung der Anschaffungskosten in Frage, sondern auch die Kosten des Betriebes; oder ohne Rücksicht auf beide gelten gewisse Forderungen der Betriebsführung.

Als besonders anschauliche Beispiele verschiedenartiger Bündelungsverfahren werden späterhin der Vorwähler und der Anrufsucher bekannt werden.

c) Die Gruppenbildung auf der Abfrageseite (Das Vielfachsystem)

Von einem Einfachschrank ausgehend, dessen Einrichtungen noch ungebündelt sind, bedeutet die Bündelung den ersten Schritt zur wirtschaftlichen Lösung von schaltwegtechnischen Aufgaben; ein Schritt weiter führt zur Vielfachschaltung, die in diesem Falle ihr Entstehen der Gruppierung der Teilnehmer auf der Abfrageseite verdankt[1]).

2. Die Verwendung von Verbindungsleitungen

a) Die Zusammenfassung von Teilnehmergruppen durch Verbindungsleitungen

Die Verbindungsleitungen entstanden in erster Linie aus der Forderung, kleine Ortsanlagen zusammenzuschließen. In der Weiterentwicklung sind die heutigen Fernkabelleitungen auch nichts anderes als Verbindungsleitungen. Bleiben wir aber bei den einfachsten Verhältnissen.

Zwei Ortsanlagen mit Vielfachschaltung sollen miteinander vereinigt werden. Bild s9a zeigt die Schaltwegskizze der für sich bestehenden Anlagen. Bild s9b läßt dann erkennen, wie die Zusammenfassung je einer Teilnehmerleitung aus beiden Anlagen die Verbindungsleitung schafft, und zwar eine solche, die den Verbindungsaufbau nach beiden Richtungen zuläßt.

Das Merkmal von Verbindungsleitungen ist die Hintereinanderschaltung von Bedienungsstellen. Ein Anruf wird vom 1. Beamten auf die Verbindungsleitung weitergegeben und erst vom 2. Beamten zum gewünschten Teilnehmer weitergeführt.

Selbstverständlich tragen die Verbindungsleitungen den Charakter von Bündeln.

Sollten die Verbindungsleitungen nur in einer Richtung in Betrieb genommen werden, dann ergibt sich Bild s10.

Wenn zwischen zwei Ortsanlagen ein ziemlich starker Verkehr herrscht, sind die Verbindungsleitungen gut ausgenützt. Nach Bild 9s

---

[1]) Die Vielfachschaltung von Leitungen kann auch noch andere Ursachen haben, wie später noch behandelt wird.

und s10 reihen sich Leitungen aus drei Bündelgattungen hintereinander: Schnurpaar — Verbindungsleitung — Schnurpaar. Eine Ausrüstung nach Bild s11 dürfte sich praktisch sehr bewähren. Unter Weglassung der Abfrageklinke und des Abfragestöpsels am Ende der Verbindungsleitung endigt dieselbe nun unmittelbar am Verbindungsstöpsel (Einschnurplatz).

Die bisher besprochenen Verbindungsleitungen fassen kleine Ortsanlagen zu einem größeren Netz zusammen. Der Aufbau von Fernsprechverbindungen geht bei solchen zusammenfassenden Verbindungsleitungen nicht mehr einheitlich vor sich, weil ja nur bei Verbindungen von einem Ort zum anderen Verbindungsleitungen eingeführt werden, während Verbindungen innerhalb des Ortes noch ohne solche zustande kommen.

b) Die Unterteilung von großen Fernsprechnetzen durch Verbindungsleitungen

Einheitliche Gruppierung auf der Verbindungsseite.

Bei dichter Verteilung von Fernsprechteilnehmern über größere Ortsgebiete handelt es sich um die Aufteilung von Verbindungsämtern, um dadurch die Längen der Teilnehmerleitungen zu verkürzen, die Größe und Ausdehnung der Vielfachfelder und deren Verkabelungen erträglich zu gestalten.

Der Einheitlichkeit halber gehen nun sämtliche Verbindungen über Verbindungsleitungen, wie es Bild s12 zeigt. Die Abfrageplätze werden gewöhnlich mit A bezeichnet, diejenigen am Ende der Verbindungsleitungen mit B.

Bei einem Anruf verbindet der A-Platz der eigenen Gruppe über eine Verbindungsleitung zu einem B-Platz der verlangten Gruppe, wo endlich der gewünschte Teilnehmer erreicht wird. Bei Verbindungen innerhalb der gleichen Gruppe verlaufen die Verbindungsleitungen im Amt selber, sonst aber stellen sie wirklich auch die räumliche Verbindung zwischen den Ämtern her.

Hat die Vielfachschaltung das Nebeneinander der Bedienungsplätze ermöglicht, so verlangt nun die Gruppenschaltung mit Verbindungsleitungen das Hintereinander der Vermittlungsstellen.

Da nun aber beide oben genannten Systeme in der Regel gleichzeitig bestehen, gibt das Bild s12 abgesehen von der Darstellung der Vielfachschaltung zwar den Grundgedanken einer solchen Anlage wieder, läßt jedoch über die wirkliche praktische Lösung noch viele Fragen offen.

Selbstverständlich kann auch der B-Platz mit Einschnurgeräten bedacht sein, wie es Bild s13 zeigt.

Der Grundgedanke aus Bild s12 und s13 läßt sich nach zwei Seiten hin erweitern: einmal in der Annahme, daß mehr als zwei Ämter miteinander in Verbindung stehen und zum zweiten in der Voraussetzung, daß die Staffelung um noch eine Stufe weiter getrieben wird, daß also A-, B- und C-Plätze vorhanden sind. Die erste Verbindungsleitung führt in eine große Gruppe, von der die zweite Verbindungsleitung zu einer Untergruppe weitergeht.

Bei Handvermittlungsämtern bedeutet die Hintereinanderschaltung von Bedienungsplätzen immerhin eine Betriebserschwerung. Bevor sich noch die Handvermittlungstechnik in großen Städten mit solchen Problemen bis zu allgemein befriedigenden Lösungen durchkämpfte, setzte schon die Automatisierung ein und machte die Fragestellung gegenstandslos.

Die Wähltechnik findet in der Hintereinanderschaltung von Einstellgliedern, also in der ausdrücklichen Betonung der Gruppierung keine großen Schwierigkeiten; im Gegenteil, sie sieht darin einen ihrer bedeutendsten Grundgedanken.

Die bisher entwickelten Schaltwegskizzen sind für Handvermittlungsämter mit Klinke und Stöpsel gezeichnet. Sie lassen sich aber unmittelbar für jede andere denkbare Art und Weise des Zusammenschlusses von Leitungen auswerten.

An Stelle von Klinke und Stöpsel tritt dann der Wähler in das Bild; aber wie wir sehen werden, ist der Austausch nicht ohne weiteres zulässig.

Die zum Verbindungsaufbau erforderlichen Teilschritte und die Grundbegriffe der Schaltwege behalten aber ungeändert ihre Gültigkeit. Neu werden dabei nur die technischen Lösungen der Konstruktion und des Betriebes sein; mit anderen Worten: Die Frage, was eigentlich mechanisiert und automatisiert werden soll, ist grundsätzlich mit den bisherigen Abschnitten beantwortet.

II. Der Wähler als Verbindungsglied beim Aufbau von Fernsprechverbindungen

Die Schaltwegskizzen der Handvermittlungstechnik beinhalten schon die wesentlichen Grundgedanken des allgemeinen Verbindungsaufbaues. Es ist nun die Aufgabe gestellt, sinngemäß Klinke und Stöpsel mit Wählern zu vertauschen. Wir denken uns dabei die Wähler vorläufig als handbediente Schalter, ohne Rücksicht darauf, ob diese Annahme praktisch geeignet erscheint.

A. Die ungebündelte Wählerschaltung

Als Gegenstück diene Bild s8. Nach Durchführung des Tausches ergibt sich Bild z1.

Der Wähler oder Drehschalter besitzt eine unbeschaltete Ruhelage und soviel Kontaktlamellen, als Teilnehmer angeschlossen werden sollen.

Nun erlaubt aber der Wählerarm nicht jene freizügige Bewegung, wie die Stöpselschnur; es folgt daraus eine wesentliche Abweichung: die Vielfachschaltung der Teilnehmerkontakte wird jetzt schon notwendig. Die Vielfachschaltung ist daher kein alleiniges Merkmal der Abfragegruppierung, sondern auch eine Folge des Wählerbaues[1].

Für gewöhnlich zeichnet man die Wähler in den Schaltwegskizzen so ein, daß die Richtung des Weiterbaues der Verbindung zum gewünschten Teilnehmer von links nach rechts aufscheint, wie es Bild z2 wiedergibt.

Für kleine Fernsprechanlagen baut man tatsächlich Einrichtungen nach Bild z2, bei denen die Teilnehmer selbst von Hand aus mit einem Drehschalter die gewünschte Verbindung einstellen. Bild z3 entsteht dadurch aus Bild z2, daß man die Vermittlungsanlage örtlich auseinanderzieht und die Vielfachleitungen bis zu den Teilnehmern führt. Man nennt solche Anlagen Linienwähler[2].

B. Die Bündelung von Wählern

1. Nach Art des Einfachschrankes (Anrufsucher)

Bild z4 veranschaulicht den Grundgedanken des Einfachschrankes, bei dem die Abfrage- und Verbindungsstöpsel durch Drehschalter oder

---

[1] Schrifttum: Die praktische Durchführung von Vielfachschaltungen an Wählern: (6) Hettwig, S. 274 ff., (53) Neuhold.

[2] Schrifttum: (3) Goetsch, (12) Niendorf.

Wähler ersetzt wurden. Hier gewinnt die durch die Wähler konstruktiv bedingte Vielfachschaltung noch größere Ausmaße.

Will man die Wählerschaltung (Schaltwegskizze) auf einfachste Form bringen, dann ist die Darstellung der einzelnen Kontaktlamellen nicht mehr zweckmäßig. Man geht vereinbarungsgemäß auf leicht zu zeichnende Schaltzeichen über, wie sie Bild 3 zeigt.

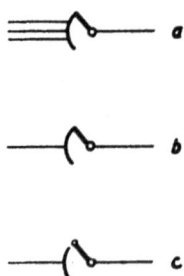

Bild 3. Vereinfachte Darstellungszeichen für Wähler.
a) mit angedeuteten mehreren Kontaktlamellen, b) einfachstes Wählerschaltungszeichen, c) Schaltzeichen eines Wählers mit beschalteter und betonter Ruhelage.

Unter sinngemäßer Vereinfachung erhält man für die Grundschaltung des Einfachsystemes das Bild z5. Es scheint das Gegenstück von Bild s6 zu sein, was jedoch nicht zutrifft. Bild z4 und z5 sind sinngemäß dem Bild s7 gegenüberzustellen. Man sieht daraus, welche schaltwegtechnische Änderung allein die Einführung des Wählers bedingt.

Wollte man wirklich neben der Bündelung auch die Abfragegruppierung in der Schaltwegskizze betonen, dann ergäbe sich das Bild z6 und in weiterer Vereinfachung das Bild z7[1]).

Ihren Aufgaben entsprechend, ergeben sich zwei Arten von Wählern: Abfragewähler, oder weil sie den anrufenden Teilnehmer aufzusuchen haben, mit dem Namen Anrufsucher (AS) bezeichnet, und Verbindungswähler, die, weil sie unmittelbar die Teilnehmerleitungen überstreichen, mit dem Namen Leitungswähler belegt werden (LW).

Der Wesensunterschied zwischen AS und LW tritt noch stärker in den Bildern z6 und z7 hervor, wo die LW das ganze Vielfachfeld der Teilnehmerleitungen aufzunehmen haben, während die AS nur diejenigen ihrer Gruppe abstreifen.

2. Die Bündelung der LW durch Hilfswähler (Vorwählersystem)

In der Wähltechnik wurde noch ein anderer Weg zur Bündelung der LW beschritten, der allerdings aus der Handvermittlungstechnik unbekannt, oder wenigstens dort vor der Entwicklung für die Wählertechnik ungebräuchlich war[2]).

Bild z8 gibt die Schaltwegskizze einer solchen Bündelung wieder. Der jeder Teilnehmerleitung zugehörige Wähler, hier als Vorwähler

---

[1]) Wie späterhin gezeigt werden kann, haben die Bilder z6 und z7 für die Wählertechnik wirklich Bedeutung, wenn z. B. eine Anlage für 50 TN auf eine solche mit 100 TN erweitert werden soll und 50teilige Anrufsucher vorgesehen sind.

[2]) Heute findet man nämlich auch bei Handämtern großen Ausmaßes eine ähnliche Einrichtung, indem nämlich jede TN-Leitung an den Armen eines als Platzwähler bezeichneten Wählers endigt, durch welchen selbsttätig ein freier Abfrageplatz aufgesucht und belegt wird.

bezeichnet, sucht bei einem Anruf einen freien *LW* auf, der dann zum eigentlichen Aufbau der Verbindung dient.

Bei der *VW*-Schaltung werden der Reihe nach die in Vielfachschaltung angeschlossenen *LW* auf ihr Freisein geprüft und der nächste freie belegt.

Die Zuweisung eines *LW* erscheint demnach bei der *VW*-Schaltung etwas anschaulicher, als bei der *AS*-Schaltung, wo die Frage, wie ein *LW* zum Verbindungsbau bereitgestellt wird, noch ungeklärt steht.

C. Die Verbindungsleitungen in der Wähltechnik

Wenn man Bild s13 in das Wählerbild übersetzt, erhält man Bild z9. Die Abfrageschalter auf den *A*-Plätzen werden selbstverständlich zu *AS*, während die Verbindungsschalter auf den *B*-Plätzen als *LW* arbeiten.

Einer genaueren Betrachtung müssen wir aber die Gruppenschalter unterziehen, mit welchen auf den *A*-Plätzen die Verbindungsleitungen bereitzustellen sind. Die bisher in der Schaltwegskizze zu findenden Wähler waren stillschweigend als Drehwähler gedacht, deren Kontaktzahl höchstenfalls dem Bedarf anzupassen ist. Drehwähler sind normalerweise solange am Platz, als es sich um gleichartige (z. B. *TN*-Leitungen) oder um gleichwertige Ausgänge (z. B. Verbindungsleitungen zu einer bestimmten Gruppe) handelt.

Der hier arbeitende Gruppenschalter — Gruppenwähler — hat eine Reihe von Bündeln nach zwei oder mehreren Unterämtern abzugreifen. Es ist daher eine zweckmäßige Anordnung, für jedes Bündel einen getrennten Lamellenkranz vorzusehen, so daß aus dem einfachen Drehwähler ein Schiebedrehwähler wird: Der Wählerarm muß zuerst auf den der bestimmten Gruppe gehörigen Lamellenkranz axial verschoben werden und dann hat er die gewohnte Drehbewegung über die Lamellen des betreffenden Gruppenkranzes auszuführen.

Da die Wählerwelle bei solchen Gruppenwählern in der Regel lotrecht steht, also die schrittweise axiale Bewegung in der Hubrichtung erfolgt, nennt man solche Wähler Hebdrehwähler[1]).

Bei einem Anruf muß am *A*-Platz (wenn wir noch Handbedienung voraussetzen) der Anrufsucher auf die anrufende *TN*-Leitung eingestellt werden. Dann kommt der Gruppenwähler auf die Höhenlage (Dekade) für die betreffende Gruppe und nun ist in der Drehbewegung an den Lamellen des Kranzes eine freie Verbindungsleitung herauszusuchen. Daraufhin stellt der *B*-Platz, also der *LW* die verlangte Verbindung her.

Die Bündelung der Gruppenwähler erfolgt in Bild z9 durch *AS*. Unter der Voraussetzung von *VW* ergibt sich Bild z10.

---

[1]) Die nähere Bau- und Arbeitsweise des Hebdrehwählers wird später noch erläutert. Beachte das Schaltzeichen in Bild z9, z10.

Es ändert sich daher nun die Zuweisungsart der Gruppenwähler, über die aber inzwischen noch nichts Näheres ausgesagt werden konnte.

D. Zusammenfassung

Auf die einfachste Form gebracht schauen die einzelnen Schaltweg-skizzen für die behandelten Arten von Wählanlagen nach Bild z 11 aus.

z 11 a gibt eine Schaltung mit AS und LW wieder. Es sind nur soviel AS als LW vorhanden. Je ein AS und ein LW zusammen stellen ein Vermittlungsgerät vor. Die Teilnehmerleitungen liegen an den Kontakten der AS und LW vielfachgeschaltet.

z 11 b zeigt eine Anlage mit VW und LW. Jede TN-Leitung verfügt über einen VW. Jeder VW kann die vorhandenen LW erreichen, und zwar über die Vielfachschaltung an den VW-Kontakten. Die TN-Leitungen sind nur an die Kontakte der LW vielfachgeschaltet.

z 11 c gilt für eine Gruppenwählerschaltung, bei der jeder GW mit einem AS zusammenarbeitet, während in z 11 d die Gruppen-wähler von VW erst gesucht werden müssen.

z 11 c—d wurden gegenüber z 11 a—b dadurch geändert, daß ein GW zur Anlageerweiterung in den Verbindungsaufbau eingeschoben wurde.

Aus den Bildern z 11 läßt sich ein gewisser Überblick über die Mög-lichkeiten der Selbstanschlußtechnik[1]) gewinnen: Man kann sich den Antrieb der Wähler auf verschiedene Weise vorstellen und erhält dadurch konstruktiv-betriebstechnische Unterschiede verschiede-ner Systeme; man kann weiterhin alle Möglichkeiten über Kontakt-zahl bzw. Anzahl der Kontaktkränze (Dekaden) offenlassen und wird darin bezüglich der Wählerkonstruktion und der Gruppen-bildung neuerliche Systeme auseinanderhalten können.

Bei den normalen Einrichtungen der Deutschen Reichspost findet man nur Wähler, die schrittweise von Kontakt zu Kontakt bzw. von Kranz zu Kranz geschaltet werden; daher der Name Schrittschalt-system.

Die Kontaktzahl oder die Kontaktkranzzahlen sind schlechterdings auf die Zahl 10 abgestimmt, so daß mit Recht von einem dekadischen System gesprochen werden kann[2]).

Bei dekadischem Aufbau bewältigen daher Anlagen nach Bild z 11 a—b je 100 Teilnehmeranschlüsse, während diejenigen nach z 11 c—d bis zu

---

[1]) Schrifttum: (5) Hebel; (10), (42) Lubberger.
[2]) Daher rührt auch der Name Dekade für einen Kranz der Hebdrehwähler. Man nennt gemeinhin aber auch bei nichtdekadischen Wählern, die in beliebiger Anzahl vorhandenen und beliebig lamellierten Kränze Dekaden. Bei den Dreh-wählern (AS, VW) weicht man natürlich begründeterweise auch von 10 Lamellen ab.

1000 *TN* umfassen. Bei noch größeren Anlagen schieben sich zwischen dem Gruppenwähler und Leitungswähler nach 27c—d weitere Gruppenwähler ein.

Das Prinzip der Verbindungsleitungen gestattet daher jede beliebige Teilnehmerzahl zu bewältigen.

Von allen weiteren Fragen der Schaltwege, die sich um das bisher aufgestellte Kerngerüst als Zwischenlösungen ergeben können, soll hier nicht die Rede sein. Zu einer grundsätzlichen Einführung bleiben sie ohne Belang.

III. Entwicklung einer vereinfachten ungebündelten Leitungswählerschaltung

A. Aufgabenstellung für die Schaltungsentwicklung

Im folgenden soll schrittweise eine Leitungswählerschaltung nach gegebenen Forderungen entwickelt werden. Der stufenweise Aufbau der Schaltung erstreckt sich allerdings nicht auf die Bündelung und sieht noch keine Signaleinrichtung vor.

Um die jeweilige Entwicklungsstufe der Schaltung einer gewissen Beurteilung unterziehen zu können, sollen die wichtigsten Teilschritte beim Aufbau einer Verbindung (nach den vom Handamt erlangten Gesichtspunkten) zusammengestellt werden.

1. Der Anruf

In ähnlicher Weise, wie bei der *ZB*-Schaltung soll jetzt durch das Abheben ein Anreiz zur Betriebsbereitschaft der Einrichtungen gegeben werden.

2. Zuweisung einer Verbindungseinrichtung

Kommt bei ungebündelten Leitungswählern nicht in Betracht.

3. Anrufabschalten

Ähnliche Vorgänge fallen ohne Bündelung ebenfalls aus.

4. Sperren des anrufenden Teilnehmers

Auch der anrufende Teilnehmer darf nicht von anderer Seite erreicht werden. Für ihn gilt die Forderung, daß er als besetzt erscheint und die dadurch bedingten Hemmungen bei einer versuchten Aufschaltung bewirkt.

5. Abfragen — Amts- oder Wählzeichen

Kommt vorderhand nicht in Frage.

6. Die Nummerwahl

Der Teilnehmer betätigt zur Abgabe der Fernsteuerstromstöße für den Wähler die Nummernscheibe. Je nach der Größe der Anlage werden sich bei den mehrziffrigen Wählvorgängen eine Reihe von Besonderheiten einfügen, über die erst an Hand der Schaltungen das Nähere zur Sprache kommt.

7. Übersetzen oder Umrechnen

Kommt hier und überhaupt bei gewöhnlichen dekadischen Schritt-schaltsystemen nicht in Frage.

8. Verbinden

Der Wähler stellt nach Beendigung seiner Einstellbewegung die Verbindung mit dem gewünschten Teilnehmer her. Der Stromlauf ist aber noch durch eine oder mehrere Trennstellen offen gehalten, bis die Prüfung das Durchschalten erlaubt.

9. Das Prüfen

Vor dem lückenlosen Herstellen der Verbindung muß geprüft werden, ob keine Gefahr des Aufschaltens auf eine bestehende oder im Aufbau begriffene Verbindung besteht. Ist der Teilnehmer frei, dann dürfen erst die folgenden Teilschritte einsetzen.

10. Durchschalten

Nach befundenem Freisein darf die noch offene Trennstelle ge-schlossen werden.

11. Belegen

Mit dem Durchschalten ist der Teilnehmer wirklich belegt; er darf nicht mehr anderwärtig erreicht werden.

12. Sperren

Nachfolgende Prüfvorgänge müssen den Teilnehmer gesperrt finden und vor Aufschaltungen sichern.

13. Abschalten der TN-Schaltung des Gewählten

Kommt hier noch nicht in Frage.

14. Rufen

Bleibt noch außer Betrachtung.

15. Rufkontrolle — Frei- oder Rufzeichen

Noch nicht notwendig.

16. Melden

Wir müssen mangels eines Rufsignales bei den kommenden Schaltungen annehmen, der Teilnehmer sei gerufen worden und melde sich. Dadurch muß dann die normale ZB-Schaltung hergestellt werden. Von den Einrichtungen bleiben nur solche unter Strom, die zur Sprachübertragung, dem Halten der Verbindung und dem Sperren dienen.

17. Auflegen — Auslösen

Wenn die Teilnehmer aufgelegt haben — die Reihenfolge spielt vorderhand keine Rolle — muß dies den Anreiz zur selbsttätigen Rückführung aller Einrichtungen in die Ruhelage geben. Die TN-Leitungen sind frei zu geben. Man bezeichnet diese Vorgänge in der Selbstschlußtechnik mit Auslösen.

18. Besetztmelden — Besetztzeichen

Bleibt außer Betracht.

19. **Vorzeitiges Trennen — Vorauslösen**

Es kann durch Zufall oder Absicht die Teilnehmerschleife noch vor beendigtem Verbindungsaufbau unterbrochen werden. Dieser vorzeitige Anreiz zum Auslösen muß gleichfalls die vollständige Rückführung aller Teile nach sich ziehen und darf keine Störung durch unvollkommenes Auslösen verursachen.

B. Der Grundgedanke der Fernsteuerung

Nach Bild z2 entstand zweipolig ausgeführt das Bild s14, welches den Grundgedanken der Wähler-Fernsteuerung zeigt; die Wirkungsweise der Schaltung ist kurz folgende: Sobald der Teilnehmer abhebt, schließt HU; dadurch kommt der Antriebsmagnet AM unter Strom und zieht die Stoßklinke K zurück, bis sie in die nächste Zahnlücke einfällt. TN 1 wolle mit TN 3 sprechen. Dann muß er dreimal kurz die Wähltaste WT drücken und den Strom in AM dreimal unterbrechen. Bei jeder Unterbrechung fällt der Anker ab, die Feder F treibt die Stoßklinke K vorwärts und schiebt so das Zahnrad um einen Zahn und die Arme des Wählers um einen Kontakt weiter. Beim Loslassen von WT zieht AM den Anker wieder an und bereitet den nächsten Schritt vor[1]).

Wenn nun der gewählte Teilnehmer abhebt, sind 1 und 3 durch die normale ZB-Schaltung miteinander verbunden, wobei beide AM als Speisedrosseln dienen.

Gelöste Teilschritte. Sperren des Anrufenden durch Abschalten, Verbinden, Gespräch.

Vorteile. Sprechschleife dient gleichzeitig zur Fernsteuerung.

Mängel. Wähltaste noch ein ungeeignetes Mittel für die Nummernwahl; Führung der hohen Antriebsleistung für AM über die TN-Leitung; periodische Stromstöße nicht günstig für das Mikrophon; Rückstellung der Wähler sehr umständlich.

---

[1]) Die Kondensatoren vor den Wählerarmen müssen verhindern, daß WT auch die AM der erreichten TN betätigt.

C. Die Fernsteuerung und Rückführung des Wählers über Relaiskreise

1. Relaissteuerung eines Leitungswählers mit Federrückstellung
Erste Entwicklungsstufe

Wir erweitern nun die Schaltung von Bild s14 schrittweise mit jenen Relaisstromkreisen, über welche der Wähler richtig gesteuert und rückgeführt wird. Das erfordert zuerst die kurze Beschreibung der Nummernscheibe und des Drehwählers.

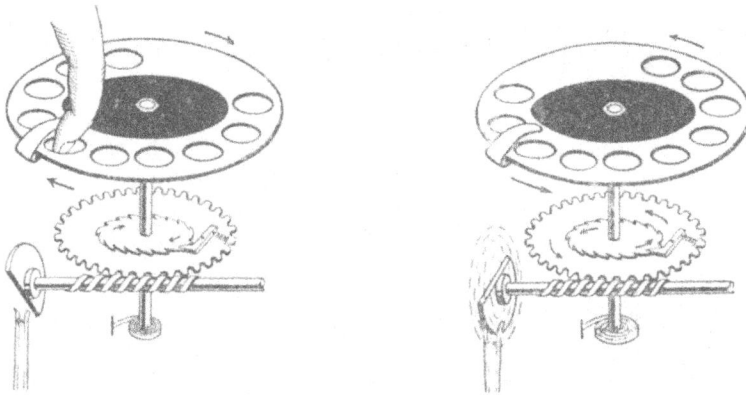

Bild 4. Schematische Darstellung des Triebwerkes für den Stromstoßkontakt einer Nummernscheibe.

a) Beim Aufziehen der Nummernscheibe wird die auf der Achse befestigte Triebfeder gespannt. Das kleine Zahnrad rutscht unter der Sperrklinke durch. Das große sitzt lose auf der Welle

b) Beim Ablauf treibt die Sperrklinke das große Zahnrad mit und betätigt über die Schnecke die Kontaktnocke

a) Die Nummernscheibe als Mittel zur Stromstoßgabe[1])

Zur leichten und richtigen Abgabe der Stromstöße für die Wählerfernsteuerung ist die Nummernscheibe entwickelt worden. Die Dauer der einzelnen Stromstöße und Stromlücken erfährt ihre zeitliche Bemessung nach den notwendigen Schaltzeiten von Wähler und Relais.

Es ist klar, daß bei dem Wechselspiel zwischen Wähler und Relais die Stromstoßgabe zeitlich strengen Anforderungen unterliegt. Aus diesem Grunde betätigt der Teilnehmer nur mittelbar das Kontaktwerk, indem er die Antriebsfeder entsprechend spannt. Die Kontaktgabe erfolgt dann erst beim Rücklauf unter Federkraft (Bild 4 und 5).

----

[1]) Schrifttum: Bauteile, konstruktive Fragen für Drehwähler und Nummernscheiben: (2) Führer, (9) Langer, (10) Lubberger, (15) Woelk; (20) bis (24) Eberst; (25) bis (26) Flad; (58) Scharf.

Es genügt, für die folgende Schaltung die nachstehenden abgerundeten Zeiten festzuhalten:

Öffnung: 60 Millisekunden,

Schließung: 40 Millisekunden.

Das bedingt eine Umlauffrequenz der Kontaktnocke von 10 Hertz und ein Stromgabeverhältnis von 1:1,5.

Der elektrische Teil der Nummernscheibe besteht für die vorderhand zu erklärenden Schaltungen aus den Kontakten *nsi* und *nsa*. *nsa* schließt, sobald die Nummernscheibe ihre Ruhelage verlassen hat, und bleibt geschlossen, bis die Ruhelage wieder erreicht worden ist. *nsi* dient der eigentlichen Stromstoßgabe.

Unter Berücksichtigung des Einbaues der Nummernscheibe

Bild 5. Rückansicht einer Nummernscheibe.
(Bauweise mit leicht erkennbaren Einzelteilen.)

Br Regelbremse
LN Nocke zur Unterdrückung von Stromstößen gegen Ende des Scheibenablaufes
nsi Stromstoß- (Impulskontakt) der Nummernscheibe
IF Impulsfeder
IN Impulsnocke
Schn Antriebsschnecke

der Regelbremse (Bauweise der Nummernscheibe etwas abweichend gegenüber Bild 4)
KN Nocke zum Öffnen des Kontaktes *nsa* in der Scheibenruhestellung
nsa Kurzschlußkontakt der Nummernscheibe

ergibt sich die Schaltung einer Sprechstelle nach Bild s15. *nsa* hat also die Aufgabe, das Mikrophon vor den schädlichen Stromstößen zu schützen und auch die induktiven Stromstöße zum Hörer unmöglich zu machen; dadurch wird nicht nur der Hörer vor großen Stromstößen bewahrt, sondern es bleiben auch dem Teilnehmer, der den Hörer vielleicht am Ohr hält, die Knallserien erspart.

b) Der Drehwähler

Bild 6 zeigt die grundsätzliche Bauskizze eines Drehwählers mit **Federantrieb** zur **Rückführung der Arme**[1]).

Beim stoßweisen Erregen von *LWD* wird die Wählerwelle **schrittweise** angetrieben und erst nach Beendigung des Gespräches gibt *LWM* mit Lösen der Klinke *Km* die Welle frei, die nun unter **Federkraft** in die Ausgangslage **zurückkehrt**. Jeder Arm hat seine eigene **biegsame Stromzuleitung**.

LWw bezeichnet man als **Wellenkontakt**. Er bleibt nur in der Wählerruhelage offen und schließt sofort nach Verlassen und bis zum Wiedererreichen derselben.

---

[1]) Heute praktisch nicht mehr gebräuchlich und dient hier nur als Zwischenglied zur Schaltungsentwicklung. Die Ansichtsbilder im folgenden zeigen schon moderne Wähler.

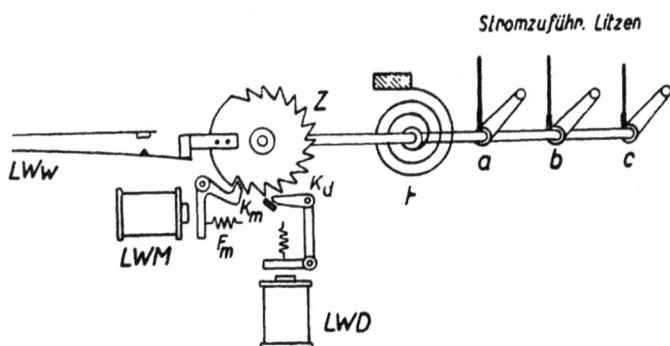

Bild 6. Bauskizze eines Drehwählers mit Auslösungsmagnet und Federrückstellung.

LWD	Antriebsmagnet	*F*	Spiralfeder zum Rück-
Kd	Antriebsstoßklinke		stellen der Wählerarme
LWM	Auslösemagnet	*a-b-c*	Wählerarme
Km	Sperr- und Auslöseklinke	*LWw*	Wellenkontakt, wird ge-
Z	Zahnrad zum schrittweisen		schlossen, sobald der Wähler
	Antrieb		die Ruhelage verlassen hat

Bild 6 gibt keine Kontaktlamellen wieder. Es gelten aber dafür folgende Bezeichnungen:

Kontaktkranz: Nebeneinanderliegende Kontakte für die Drehbewegung eines Armes.

Kontaktsatz: Gesamtheit aller Kontaktlamellen.

Der hier verwendete Wähler hat in der nächstfolgenden Schaltungs-
stufe 2 Arme und daher 2 Kontaktkränze zu je 10 Lamellen (für die
a- und b-Ader). Der Kontaktsatz besteht demnach aus 20 Lamellen.

Bei den späteren Schaltungen verfügt der Wähler über 3 Arme,
also über 3 Kontaktkränze und einen Kontaktsatz von 3×10 Lamellen.

Die Bilder 7 bis 8 beziehen sich auf moderne Wähler ohne Auslösemagnet, wie sie in zwei folgenden Schaltungsbeispielen verwendet
werden. Der vierte Arm überstreicht ein ungeteiltes Kontaktsegment
als Hilfsmittel zur selbsttätigen Rückführung in die Ruhelage[1]).

c) Der Schaltungsaufbau

Bild s16. Von der Sprechstelle wurde nur ein Auszug gegeben.
Statt des Antriebsmagneten *AM* liegt nun das Relais *A* mit seinen
beiden Wicklungshälften *I* und *II* zwischen der a- und b-Ader. Der
Wähler hat keine beschaltete Ruhelage mehr; die Verbindung zum *TN*-
Vielfachfeld ist eine dauernde. Der Antriebsstromkreis für den Leitungswähler besteht nun getrennt von der Teilnehmerschleife; dafür ist aber
ein Verzögerungsrelais *V* notwendig geworden, um *LWD* bei Strom-
unterbrechungen in der *TNL* betätigen zu können.

---

[1]) 10teilige Drehwähler als *LW* kommen nur in Kleinstanlagen zur Verwendung.
In der gezeigten Bauart von Bild 7 und 8 finden sie vor allem als Vorwähler starke
Verwendung.

Tabelle 1 gibt für die einzelnen Schaltorgane die näheren Einzelheiten an.

Tabelle 1. Leitungswählerschaltung. Erste Stufe.

Benennung	Kontakte usw.	Schaltzeiten		Bemerkungen
		an	ab	
A	1 2 a r	10	10	**Teilnehmerrelais,** löst die Betriebslage der TN-Schaltung aus; empfängt die Wählstromstöße und betätigt den Wähler.
V	1 u	20	100	**Betriebsrelais,** steuert den LW von Drehen auf Auslösen.
LWD	a b LWw Arme a	15	10	**Drehmagnet des Wählers,** betätigt zwei Wählerarme. LWw Wellenkontakt.
LWM	m	20	45	**Auslösemagnet des Wählers.** m Sperr- und Auslöseklinke.

d) Die Beschreibung der Schaltvorgänge

Abheben[1]) Bild s17 und z12. Der Anrufende hebt ab. Dadurch wird HU umgelegt und leitet eine Reihe von Schaltvorgängen ein:

1) HU wird geschlossen;
 HU erregt A . . . . . . [1]
 schließt für A . . . [2] (nsa)
 schließt für die Verbindung.

2) a_1 erregt V . . . . . [4]
 a_2 öffnet LWD . . . . [5] (v)
3) v öffnet für LWM . . [6] (LWw)
 schließt für LWD . . [5] (a_1)

LWD ist also für den Empfang der Steuerstöße bereit, während LWM noch vor dem Schließen von LWw abgeschaltet wird.

Jetzt tritt eine Pause ein, bis der TN die Nummernscheibe zur Wahl bedient.

Aufziehen der Nummernscheibe:

4) nsa wird freigegeben und schließt;
 schließt die Sprechstelle kurz . . . . [3]
 erhöht den Strom für A . . . . [2] (1)

Ablauf der Nummernscheibe:

5) nsi wird geöffnet,
  unterbricht A . . . [2]
  öffnet für A . . . [1] (nsa)
6) a_1 unterbricht V, verzögert [4]
 a_2 erregt LWD . . . [5]
7) LWw wird geschlossen;
  schließt für LWM . [6] (v)

8) LW_{a-b} auf der eigenen Leitung.
9) nsi wird geschlossen;
  erregt A . . . . [2]
  schließt für A . [1] (nsa)
10) a_1 erregt V, hielt sich [4]
 a_2 unterbricht LWD [5]

Die Vorgänge 5) bis 10), außer 7) wiederholen sich nun zweimal. Der Wähler kommt schrittweise vorwärts. Im Zeitpunkt 18) hat der LW die Verbindung hergestellt.

Bei 20) bleibt V unter Strom und unter 21) besteht nach völligem Ablauf der Nummernscheibe die alte Schaltung für A und die Sprechstelle.

---

[1]) Um den Gang der Schaltungsentwicklung nicht zu unterbrechen, wurde die notwendige Einführung für die kommenden Schaltungsbeschreibungen nach dem Schaltzeitplan in den Abschnitt VIII versetzt. S. 111.

Der Gewählte meldet sich. Nach dem Melden, d. h. Aufheben beim Gewählten, verlaufen die Vorgänge, wie beim Anruf. In 24) ist die Gesprächslage erreichte [7].

Ein Teilnehmer legt auf. *ZB TN_r*[1])

25)	HU	unterbricht A . . . . [1])[2]	32)	LWm	läßt die Wählerwelle zu-
26)	a_1	unterbricht V . . . [4]			rückschnellen.
	a_2	erregt LWD . . . . [5]	34)		Der Wähler hat die Ruhelage
28)	LW_{a-b}	sind um einen Schritt			erreicht.
		weiter gekommen.		LWw	wird geöffnet,
30)	v	unterbricht LWD . . [5]			unterbricht LWM . . . [6]
		erregt LWM . . . . [6]			

LWw kann praktisch mit LW_{a-b} zur Ruhe kommen, ohne daß ein grober Fehler
gemacht worden wäre.

35) LWm hält die Wählerwelle fest.

Beim Auslösevorgang wurde also der Wähler noch um einen
Schritt weiter geschaltet, bevor er zurückschnellen kann. Aus dem
Schaltzeitplan läßt sich auch die Bedingung ersehen, wonach der Aus-
lösemagnet etwas verzögert ansprechen muß, damit der Antriebs-
magnet beim Abfallen die Klinke noch vollständig aus dem Bereich der
Zähne zieht.

Als Nächstes ist nun das Auflegen beim Gerufenen zu be-
sprechen. Der Gerufene hat nur abgehoben, mithin das gleiche getan,
wie der Anrufende, als er wählen wollte. Hätte der Anrufende ohne zu
wählen wieder aufgelegt, so wäre seine *TN*-Schaltung zur Vorauslösung
gekommen. Daher gilt die Auslösung beim Gerufenen in gleicher Weise
auch für den Vorauslösungsfall beim rufenden *TN*.

Aus dem Schaltzeitplan sind die Einzelheiten zu entnehmen. Der
LW schaltet von der Ruhelage in die erste Stufe und schnellt wieder
zurück.

e) Kurze Beurteilung der Schaltung.

Die wesentlichsten Merkmale der Schaltung sind die Abgabe der
Steuerstromstöße über die *TN*-Schleife und die Mitwirkung
des Verzögerungsrelais *V*. Durch die beiden genannten Daten ist
ein bestimmtes Schaltungssystem gekennzeichnet: Das Schleifen-
system oder die Schleifenwahl (zum Unterschied der heute fast nicht
mehr gebräuchlichen Erdungswahl mit Differentialrelais).

---

[1]) Im folgenden müssen oft gleichbenannte Relais usw. mit der verschiedenen
Zugehörigkeit zum Anrufenden oder Gerufenen besprochen werden; zur leichteren
Unterscheidung erhalten dann, wenn es nötig sein sollte, alle Benennungen für den
Anrufenden die Fußbezeichnung *r* (TN_r, A_r usw.) und die für den Gerufenen die
Fußbezeichnung *g* (TN_g, A_g usw.).

[2]) Weiterhin werden unwirksame oder nebensächliche Vorgänge nicht mehr
angeführt; sie sind aus dem Schaltzeitplan und dem Verkettungsplan zu entnehmen.

Als Teilschritte sind durchgeführt:

Anrufen (Abheben), Nummernwahl, Verbinden, Melden, Auslösen, Vorauslösen.

Abgesehen von den fehlenden Teilschritten ist die Möglichkeit der Aufschaltung auf den gewählten Teilnehmer, wenn er auch selbst angerufen hat oder angerufen wurde, als störend anzusehen.

Übrigens findet auch beim Drehen des *LW* kurzzeitiges Aufschalten an den überstrichenen Kontakten statt.

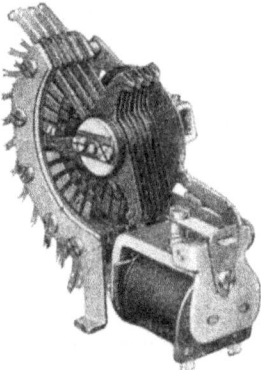

Bild 7. Ansicht eines Drehwählers.

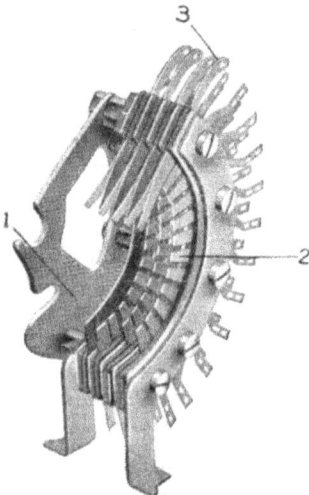

Bild 8. Kontaktbank eines Drehwählers.
1. Wählerkörper, 2. Kontaktlamelle eines Kranzes, links Segment, 3. Stromzuführungsfedern für die Wählerarme.

2. Die Rückführung des Leitungswählers durch Weiterschalten mit eigenem Treibsatz.

Zweite Entwicklungsstufe

a) Anpassung der Wählerkonstruktion

Die nach Abschnitt 1 beschriebene Wählertype (mit Federauslösung) führt mit den Kontaktarmen hin- und hergehende Bewegungen aus; hingehend beim schrittweisen Schalten, zurückgehend unter Federkraft. Die Stromzuführung an die Wählerarme darf daher ein biegsames Litzenkabel sein.

Anders die nun zu besprechende Wählerart, deren Bauart mit den Bildern 7 bis 8 übereinstimmt. Die 10teiligen Kontaktkränze nehmen einen Kreisbogen von 120 Grad in Anspruch. Wollte nun der Wählerarm durch Weiterschalten in die Ausgangslage kommen, dann müßte er nach Kontaktstellung 10 bis zur Stellung 0 die übrigen 240 Grad mit 20 Drehschritten durchlaufen. Um das zu vermeiden, führt man die Arme als 3teilige Armsterne aus, deren Einzelarme um 120 Grad versetzt sind. Nun braucht der Wähler von der Stellung 10 eines Armteiles nur noch einen Schritt auszuführen, um den nachfolgenden Armteil zufolge seiner Versetzung um 120 Grad auf die Stellung 0 zu bringen (Bild 7).

Selbstverständlich ist nun eine Litzenzuführung unmöglich, es müssen vielmehr Schleifkontakte an deren Stelle treten.

Das Bild 7 zeigt einen Wähler mit 4 Armen, von denen 3 normale Kontaktkränze überstreichen, während der vierte von Stellung 1 bis 10 auf einer lückenlosen Kontaktschiene (Segment) liegt (Bild 8).

Die Schaltung nach Bild s18 verlangt nur 2 normale Kontaktkränze, während der dritte Arm, wie schon erwähnt, auf dem Segment läuft. Letzteres dient zur selbsttätigen Weitersteuerung des Wählers, wie im nachfolgenden zu zeigen ist.

b) Der Aufbau der Schaltung, Bild s18

Der Schaltungsabschnitt für die a- und b-Ader blieb unverändert. Neu ist die Stromlaufführung für den Wähler: LWD kann wie früher durch v für die Kontaktarbeit von a_2 vorbereitet werden; es besteht aber die zweite Möglichkeit seiner stoßweisen Erregung durch den Kontakt 2_2.

Das Relais II wird von dem Relais I ebenfalls stoßweise erregt, und zwar unter Mitwirkung von II. I und II arbeiten als Treibsatz. Sobald das Relais V abfällt, besteht für I solange die Möglichkeit mit II zusammenzuarbeiten, als LWc sich auf dem Segment befindet, d. h. bis der Wähler die Ruhelage erreicht hat und den Stromlauf für I endgültig unterbricht.

Tabelle 2. **Für die Schaltung des ungebündelten Wählers mit eigenem Treibsatz**
Bild s18.

Gilt auch für die Schaltung mit gemeinsamem Treibsatzrelais, Bild s20; nur ist dort der Wähler anders gebaut. LWw statt LWc

Benennung	Kontakte usw.		Schaltzeit		Bemerkungen
			an	ab	
A	1 a	2 r	10	15	**Teilnehmerrelais,** setzt die Schaltung in Betriebsbereitschaft, nimmt Wählstromstöße auf, betätigt den Wähler.
V	1 u		20	100	**Betriebsrelais,** gibt den Wähler zur Wahl frei, oder den Treibsatz zum Auslösen.
LWD	a b c Arme		15	10	**Wählerantrieb.** a-b-Arme für die Verbindung; c-Arm zur Auslösesteuerung.
I	1 a		15	15	**Treibsatz** zum Weiterschalten des Wählers in die Ruhelage.
II	1 r	2 a	15	15	Relaiszeiten und Schaltzeit des Wählers reichlich angenommen.

c) Die Beschreibung der Schaltvorgänge

Nach den bei der vorausgehenden Schaltung gemachten Erfahrungen bleibt es für die Betrachtung ungebündelter Wähler gleichgültig, ob man nur einen Teilnehmer beim Aufbau der Verbindung verfolgt, da beim anderen Teilnehmer keine neuen Schaltvorgänge zu erwarten sind. Aus diesem Grunde kann der Verkettungsplan Bild s19 auf einen Teilnehmer beschränkt bleiben. Da auch die Arbeit von *nsa* keine besonderen Verhältnisse mit sich bringt, wurde auf seine Registrierung kurz verzichtet.

Die Vorgänge beim Anruf und bei der Wahl laufen ähnlich ab, wie bei der vorausgehenden Schaltung, nur im Zeitpunkt 6) schließt der Wählerarm *LWc* den Stromlauf für *I* [5], nachdem *v* schon umgeschaltet hat.

Erst die Auslösevorgänge geben zu genauerer Betrachtung Anlaß:

Der Teilnehmer legt auf: *HU* unterbricht *A*, welches einerseits nochmals *LWD* erregt [3] und anderseits *V* unterbricht [2]. Kurz nachdem der Wähler noch einen Schritt getan hat, ist *V* abgefallen und erregt nun *I* [5].

I erregt *II* [6], *II* erregt *LWD* und bringt *I* zum Abfallen [4, 5]. Damit muß auch *II* abfallen. Sobald nun aber 2_1 schließt, kommt *I* wieder unter Strom und das Spiel beginnt von neuem. Der Wähler wird schrittweise weitergebracht, bis sein *c*-Arm das Segment verläßt und damit verhindert, daß *I* nochmals ansprechen kann. Der Treibsatz ist zur Ruhe gekommen und der *LW* hat seine Ausgangsstellung erreicht.

Der Schaltzeitplan Bild z13 gibt die einzelnen Vorgänge wieder.

d) Kurze Kritik der Schaltung

Die Teilschritte haben sich im Wesen nicht geändert. Auch die Nachteile sind dieselben geblieben; während der vorausgehende Wähler unter Aufschaltung auf die überstrichenen Kontakte zurückschnellt, schreitet der jetzige unter der gleichen Störungsmöglichkeit zur Ruhelage weiter. (Die Kondensatoren C_a und C_b liegen beim Berühren eines stromlosen *A* an Spannung, bei Berühren eines erregten *A* dagegen nicht, es ist daher die Möglichkeit von störenden Ausgleichsentladungen beim Vorwärtsschreiten der Arme vorhanden, die der Teilnehmer der berührten Leitung wohl zu hören bekäme.)

Die Einsparung des Auslösemagneten mußte mit 2 Relais erkauft werden (*I* und *II*), ist also im Grunde wirtschaftlich fraglich. In der weiteren Entwicklung sollen nun mehreren *LW* ein gemeinsamer Treibsatz zur Verfügung gestellt werden.

3. Leitungswählerschaltung mit für mehreren *LW* gemeinsamem Rückstellungstreibsatz. Dritte Entwicklungsstufe

Bild s20 gibt die Schaltung wieder, während die Schaltvorgänge aus den Bildern s21 und z14 zu entnehmen sind[1]).

---

[1]) Die bisher gezeigten Schaltzeitpläne sind noch einfacherer Natur und mögen vom Leser selbst nachentworfen werden. Man halte sich dabei an eine vollständige, lückenlose Aufzeichnung der Vorgänge textlich, wie es im Abschnitt VIII gezeigt wird, oder man entwerfe die ausführlichen Relaiskarten. Nur so gewinnt man vollständig Einblick in die Schaltvorgänge. Ein Versuch wird den Leser überzeugen, welche Überlegungen und exakte Gedankengänge hiezu nötig sind und — welche Schulung damit verbunden ist.

In der Schaltung wurden die a- und b-Adern weggelassen, da für sie gegenüber der ersten Entwicklungsstufe keine Änderung eingetreten ist.

Die Einteilung in Felder macht Bild s 20 anschaulicher; normal könnte bei der Schaltungsdarstellung der zweite LW weggelassen werden, die Wiedergabe der Felder muß genügen.

Der Wähler besitzt nun wieder nur 2 Arme a—b, weil mit einem Segment die Forderung nach 2 Arbeitskontakten für die Zeit, in der der Wähler die Ruhelage verlassen hat, nicht erfüllt werden kann. Sonst gilt hier Tabelle 2 zur näheren Übersicht.

D. Weiterentwicklung der ungebündelten LW-Schaltung zum Prüfen, Sperren und Durchschalten

Prüfen und Sperren sind Teilschritte, die unbeachtet der technischen Lösung einer Vermittlungseinrichtung ihre Berücksichtigung finden müssen. Bisher hatte die Schaltung zwar eine Reihe von Hilfsstromkreisen aufzuweisen, die jedoch keinesfalls mit den Hilfs- und Prüfkreisen der Handvermittlungstechnik Beziehungen haben. Die Einführung der Sperr- und Prüfvorgänge bringen daher in die Schaltung einen oder mehrere Stromkreise, die teilweise, wie beim Handvermittlungsamt, mit den a—b-Adern als c-Ader parallel laufen. Die Prüfkreise gingen ja auch über Stöpsel und Klinken, also müssen sie in der Selbstanschlußtechnik über den Wähler verlaufen. Wie schon beim Prüfen in der Vielfachschaltung erwähnt wurde, kommen hier ähnliche physikalische Grundsätze zur Geltung.

1. Umfang der Schaltungserweiterung

Bild s 22 läßt die getroffene Erweiterung gegenüber Bild s 16 erkennen. An Stelle des Kondensatorpaares C_{a-b} tritt nun ein regelrechter Übertrager mit besseren elektrischen Durchgangsverhältnissen, wobei die Kondensatoren C_{1-2} die Kurzschließung der a--b-Adern für Gleichstrom verhindern.

Neben V_1 arbeitet noch ein gleichartiges Relais V_2 mit. Für die Prüf- und Sperrvorgänge ist das Relais P eingeführt worden, das am dritten Wählerarm liegt und durch ihn mit dem c-Vielfach aller TN in Verbindung kommen kann.

Der Widerstand W_p in der Zuführungsleitung zum c-Vielfach eines TN ist bei den Prüf- und Sperrvorgängen wesentlich beteiligt.

Der LW ist demnach dreiarmig ausgeführt und braucht nach der Schaltung eine Wellenkontaktgruppe von 2 Kontakten.

Tabelle 3 zu Bild *s* 22. **Drehwähler als *LW* mit Prüf- und Sperrmöglichkeit.**

Benennung	Kontakte usw.	Schaltzeit an	Schaltzeit ab	Bemerkungen
A	1 2 3 *a r r*	10	10	**Teilnehmerrelais.**
V_1	1 2 3 *w a a*	20	100	**Betriebsrelais.**
V_2	1 2 *r a*	20	100	**Wahlsicherungsrelais,** nur während der Wahl unter Strom; sperrt wechselseitig Prüfen und Wähler-antrieb.
P	1 2 3 4 *a a a r*	10	10 (50)	**Prüfrelais,** prüft, sperrt und schaltet durch; verhindert Auslösen bei Durchschaltung. Eine Hochohm-und eine Niederohmwicklung.
LWD	*a b c* LWw_1 LWw_2 Arme Wellenkont. *a* *r*	10	10	**Antriebsmagnet.**
LWM	*m* Auslöseklinke, Sperrklinke	20	45	**Auslösemagnet.**

2. Beschreibung der Schaltvorgänge

Wir wählen teilweise wieder eine abgekürzte Anführung der wichtigsten Vorgänge, deren Gesamtheit nach dem Verkettungs- und Schaltzeitplan nachentworfen werden möge (Bild *s* 23 und *z* 15.

a) Verbindungsaufbau zu einem freien Teilnehmer

Abheben. Der Teilnehmer hebt ab. *A* wird erregt [*1*]. a_1 erregt *V*$_1$ [*5*], während a_2 und a_3 wirkungslos öffnen. v_{11} legt vom Auslösekreis [*8*] zum Antrieb um [*7*]; v_{12} bereitet *V*$_2$ vor; v_{13} bereitet *P* vor [*9*].

Nummernwahl. Die Mitarbeit von *nsa* wurde im Schaltzeitplan vernachlässigt. *nsi* unterbricht *A* [*2*]. a_1 will *V*$_1$ unterbrechen, das sich aber verzögert hält; a_2 erregt *V*$_2$ [*6*]; a_3 kann *LWD* noch nicht erregen.

Bei 6) kommt das Ansprechen von *V*$_2$ zur Geltung. Wenn der Wähler sich in Bewegung befindet, oder auch schon auf dem gewählten *TN* steht, darf unter keinen Umständen nach rückwärts zum Kondensator C_2 eine Verbindung bestehen, um störende Entladungen zu vermeiden[1]). Erst wenn der gewählte *TN* als frei befunden wurde, kann die Durchschaltung erfolgen. Vorläufig muß also während der Wähler-bewegung schon die Durchschaltung verhindert werden, darf also *P* auf keinen Fall ansprechen.

V$_2$ wird während der Wahl angezogen sein und mit v_{21} *P* abschalten, wie es mit v_{22} den Wählerantrieb erst freigibt. Umgekehrt wird p_4 den Wählerantrieb sperren, so-lange die Durchschaltung späterhin bestehen wird. *V*$_2$a rbeitet mit starker Verzögerung wie *V*$_1$, so daß es sich über die kommenden Stromlücken ebenfalls halten wird.

Nun steht nach erstem Erregen von *LWD* der Wähler auf den Kontakten des 1. *TN*, ist aber nirgends über die Arme durchgeschaltet. Der erste Wellenkontakt bereitet das Auslösen vor [*8*], während der zweite das *c*-Vielfach des Anrufenden von der Erde wegschaltet. [*13*] soll später seine Erklärung finden.

---

[1]) Die Kondensatoren am Übertrager liegen an verschiedenen Spannungen, je nachdem, ob das zugehörige A-Relais stromlos ist oder nicht.

Die Vorgänge 4) bis 7) wollen wir als **Einleitungsschritt** der Wahl bezeichnen. Nun folgen nach Annahme einer mehr als eine Stromlücke umfassenden Wahl eine Reihe von Schaltvorgänge, die sich so oft abspielen, als nach der ersten Stromlücke noch weitere nachkommen. Daher die Überschrift:

Wiederholungsschritte 7) bis 13); 13) bis 18). Sie umfassen die Zeiträume vom 1. Schließen bis zum 2. Schließen der Nummernscheibe, vom 2. Schließen bis zum dritten usw.

V_1 und V_2 bleiben als Verzögerungsrelais in Arbeitsstellung, der LW schreitet weiter, er erhält aber k e i n e n verkürzten Stromstoß mehr. Mit 10) wäre der e r s t e W a h l s t r o m s t o ß samt Lücke abgelaufen; wir betrachten aber die Vorgänge nicht nach den Perioden der Nummernscheibe, sondern nach Perioden w i r k l i c h gleichen Verlaufes.

Nach den Wiederholungsschritten kommt nun der S c h l u ß s c h r i t t der Wahl, der seinem Wesen nach auch die Beendigung des Einleitungsschrittes sein könnte, wenn nur die Ziffer 1 gezogen worden wäre.

Schlußschritt und Einleitung des Prüfens. Nach dem letzten Schließen der Nummernscheibe 18) kommt V_2 zum Abfallen, welches nun LWD abschaltet und P freigibt [9]. P könnte, wie später gezeigt wird, nicht ansprechen, wenn der Gewählte nicht frei sein sollte. Spricht es aber an, dann leitet es die S p e r r u n g und D u r c h s c h a l t u n g ein.

Sperren und Durchschalten. Die S p e r r u n g ist mit dem Kurzschließen der hochohmigen Wicklung von P vorgenommen (siehe später). Das D u r c h s c h a l t e n erfolgt beim Schließen der Kontakte p_{2-3} Schließlich schaltet p_4 noch den Antrieb und die Auslösung des Wählers ab, so daß er auf keinen Fall nach vorwärts oder rückwärts streichen kann, solange die Durchschaltung besteht.

Nun sind alle Vorgänge zum Aufbau der Verbindung beim Anrufenden beendigt. Gerufen werden kann der Gewählte nicht.

Das Melden. Wie bei allen bisherigen ungebündelten LW-Schaltungen unterscheidet sich das Melden vom Anrufen überhaupt nicht; mit den Vorgängen 1) bis 3) beim Gerufenen ist endlich die ZB-Schaltung zwischen beiden Teilnehmern hergestellt.

b) D i e P r ü f - u n d S p e r r v o r g ä n g e

Das Sperren des Anrufenden. Gleich beim ersten Wählerschritt hat LWw_2 die für einen Prüfvorgang nötige Zuleitung zur Erde unterbrochen; d. h. ein P-Relais, das den Anrufenden prüft, kann auf keinen Fall ansprechen: d e r A n r u f e n d e i s t g e s p e r r t (Bild 9 b).

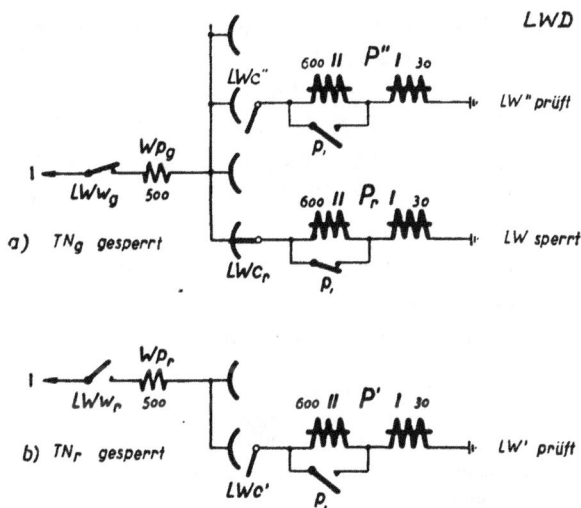

Bild 9.
b) Das Sperren des Anrufenden durch Unterbrechen eines etwaigen Prüfstromkreises. a) Das Sperren des Gerufenen durch Stromentzug für ein prüfendes P-Relais.

Das Sperren des Gewählten. Die Kurzschließung von P_{II} hat die Strom-windungszahl für P etwas verringert, wenn auch die Stromstärke angestiegen ist. Das Relais kann sich aber bei angezogenem Anker leicht halten.

Ein prüfendes weiteres P kommt nach Bild 9a parallel an P_I zu liegen. Die Stromverzweigung ist aber für die hochohmigen Wicklungen P_{I-II} zusammen sehr ungünstig, da W_{pg} den Gesamtstrom begrenzt und für das prüfende neue Relais nur rd. $1/20$ der Gesamtstromstärke abfällt, bei der es gewiß nicht ansprechen kann: der Gerufene bleibt gesperrt.

c) Schaltvorgänge beim Auslösen

Der Anrufende legt auf. Bild z16 zeigt, wie der LW noch einen Schritt weiter macht, allerdings erst, nachdem P schon abgefallen ist. In den Schaltzeitplänen dieser Schaltung wurde angenommen, daß die Wellenkontakte praktisch beim Erregtsein von LWD und beim völligen Zurückkehren der Arme um- bzw. zurück-legen[1].

Der Gewählte legt auf. Beim Auflegen werden sich die gleichen Vorgänge ab-spielen, als hätte der Anrufende ohne zu wählen aufgelegt.

3. Beurteilung und Übersicht

Mit der vorliegenden Schaltung konnten nun schon eine Reihe von Teilschritten verwirklicht werden: Anrufen, Wahl, Verbinden, Prüfen, Sperren Durchschalten, Auslösen und Voraus-lösen.

Bezüglich der für die Selbstanschlußtechnik eigentümlichen Vorgänge seien die Vorgänge nochmals ins Auge gefaßt:

Abheben. Umschalten des Wählers von Auslösen auf Drehen. Vor-bereitung von V_2 und LWD.

Wahl. Einleitung: Abschalten des Prüfkreises, Freigabe des Antriebs-kreises[2], erster Drehschritt, Sperrung des Anrufenden, Vorbe-reitung zur Auslösung.

Wiederholung: Weiterschalten des Wählers.

Abschluß der Wahl: Abschalten des Wählerantriebes, Freigabe des Prüfkreises, Prüfen, Sperren, Durchschalten, Abschalten jeder Wählerbewegung.

Melden. Herstellung der ZB-Schaltung.

Auslösen. Herstellung der völligen Ruhelage, wenn auch unter ein-maligem Weiterschalten des Wählers.

---

[1] Neben der empfohlenen selbständigen Erarbeitung der gezeigten Schaltzeit-pläne seien folgende Übungsaufgaben gestellt:

1. Der TN legt nach dem Abheben auf.

2. Auflegen nach dem Gespräch ohne Mitwirkung von Kontakt p_4. (Weglassen und überbrücken.)

[2] Die Aufgabe von V_2 wird fernerhin bei ähnlichen Schaltungen kurz als **Wahlsicherung** bezeichnet; der Aufgabenkreis zum gleichen Zwecke kann sich noch bedeutend vergrößern.

E. Die ungebündelte Hebdrehwählerschaltung

Für *TN*-Zahlen über 10 reicht natürlich der 10teilige Drehwähler nicht mehr aus. Unter Anwendung einer Wahlscheibe, die mehr als 10 Stromstöße aussenden kann, läßt sich auch gleichzeitig der Drehwähler in seiner Kontaktzahl vergrößern. Diese Lösung ist aber schon längst verlassen worden; die Nummernscheibe bleibt zur Abgabe von 10 Stromstößen einheitlich festgelegt.

Bei weniger als 25 *TN* werden zwar heute noch Drehwähler mit 25 Kontakten verwendet, deren Fernsteuerung mit der normalen Nummernscheibe in Raten erfolgt, wobei die gegebenen 2 oder 3 Stromstoßfolgen beim Weiterschalten des Wählers addiert erscheinen (Wahl mit Raststellen).

Auch die Anordnung besonderer Zehner- und Einerwähler, die hintereinander zur Geltung kommen, trifft man in der Praxis. Alle diese und noch mehrere andere Versuche gehen darauf hinaus, den 100teiligen Hebdrehwähler, solange er größenmäßig noch nicht nötig ist, zu ersetzen, oder ihn überhaupt zu umgehen.

Im Gebiete von Großdeutschland ist aber der Hebdrehwähler allgemein als die wichtigste größenmäßige Weiterbildung von Drehwählern aus anzusehen und in Verwendung. Seine bauliche Lösung wurde schon auf S. 29 angedeutet, allerdings zur Verwendung als Gruppenwähler.

1. Der Hebdrehwähler[1])

a) Der Strowger-Wähler

Die Weiterbildung des Drehwählers nach Bild 6 zu einem Hebdrehwähler führt zu einer Wählerbauart, die zu den ersten Wählerkonstruktionen überhaupt gehört. Bild 10 zeigt die Ansicht eines solchen, als Strowger-Wähler, nach seinem Schöpfer benannten Wählers (1895) in neuerer Durchbildung. Seine Arme arbeiten mit Kabelzuführung, weil die Wählerwelle hebt, dreht, zurückschnellt und fällt, also nicht weiterschaltet. Der Wähler besitzt einen Hebemagneten, einen Drehmagneten und einen Auslösemagneten.

b) Der Vierechwähler

Er kann in gewissem Sinne als Weiterentwicklung des Drehwählers von Bild 7 gelten, da ihm der Auslösemagnet fehlt. Bild 11 zeigt den Vierechwähler in einer Bauskizze, Bild 13 in seiner Ansicht. Bei Bild 11 ist angenommen, der Wähler befinde sich schon in der dritten Dekade, allerdings ohne Eingriff in die Kontakte.

---

[1]) Schrifttum: Über Wähler: (5) Hebel; (6) Hettwig; (9) Langer; (10) Lubberger; (16) Behm; (18) bis (19) Boysen; (25) bis (26) Flad; (36) Kleemann; (41) Loran; (47) bis (48) Mehdorn; (73) S & H.

Der Wähler wird von der Hubklinke gehoben, von einer nicht gezeigten Gleit- und Sperrklinke am Abfallen gehindert; von der Drehklinke eingedreht und dabei am Zurückschnellen unter Federdruck durch eine nicht gezeichnete Gleit- und Sperrklinke verhindert. Am Ende des Gesprächs dreht der Wähler unter dem Einfluß eines Treibsatzes oder Stromstoßgebers bis über die Kontakte hinaus, fällt dann ab und schnellt jetzt erst unter Federkraft in die Drehruhelage zurück.

Bild 10. Ansicht eines älteren Hebdrehwählers (Strowger-Wähler).

Unten die drei Kontaktsätze in je 10 Dekaden. Stromzuführungen als Litzenschnüre. Die Wählerwelle trägt unten die drei Arme und in der Höhe des mittleren Kontaktsatzes zwei Nockenscheiben für Sammelanschlüsse; der Nockenscheibe gegenüber am Wählerkörper der Sammelkontakt. (Wählerwelle nicht in Ruhelage abgebildet!)
Die Welle zeigt oben die Antriebszähne für die Steig- und darunter die Zähne für die Drehbewegung. Die unteren zwei Spulen dienen den Antriebsklinken, die oberste zur Bedienung der gut sichtbaren Sperr- und Auslöseklinke.
Betriebsbewegung eines Kontaktarmes nach Bild 12 linkes Teilbild.

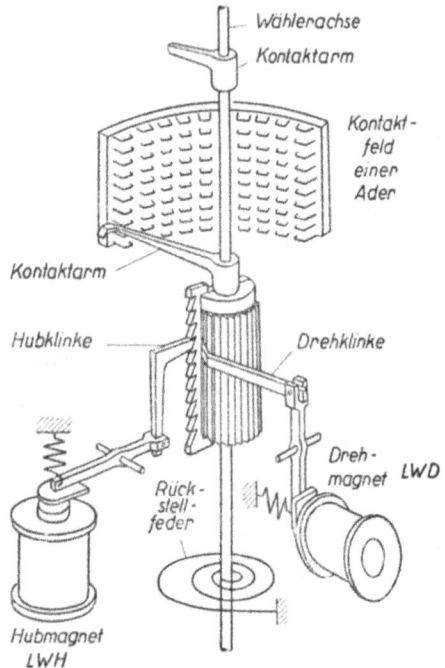

Bild 11. Bauskizze eines Viereckwählers.

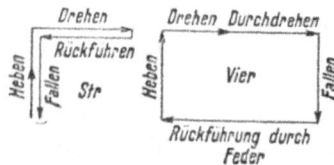

Bild 12. Schema der Bewegungen eines Kontaktarmes,
Links: Strowger-Wähler.
Rechts: Viereckwähler.

Der Wähler kann die nötigen Kopf- und Wellenkontakte tragen, wie auch solche, die mit der Ankerbewegung mitlaufen.

Bild 13 zeigt, woher der Viereckwähler seine Bezeichnung hergenommen hat, nämlich von der ein Viereck beschreibenden Armbewegung.

Bild 13. Ansicht eines modernen Viereckwählers.
Links Kontaktsatz mit gehobenen und eingedrehten Armen; rechts Kontaktmesser zum Anschluß an die Rahmenverkabelung für die Antriebsmagnete, Kopf- und Wellenkontakte und Wählerarme.

Tabelle 4 erläutert die Bezifferung der 100 Kontakte eines Kontaktfeldes, je nachdem, ob man bei der Zählung mit 0 beginnt und mit 9 endigt, oder ob mit 1 begonnen wird und die 0 die Zahl 10 versinnbildlicht.

Tabelle 4. **Bezifferungsweise von 100-teiligen Hebdrehwählern.**

01	02	03	. . .	08	09	00	10. Dekade
91	92	93		98	99	90	9. »
81	82	83		88	89	80	8. »
.			→				.
.	∧						.
.							.
31	32	33		38	39	30	3. »
21	22	23		28	29	20	2. »
11	12	13		18	19	10	1. »

a) Die Zählweise der Kontakte am Hebdrehwähler nach der Deutschen Reichspost.
Zahlenfolge mit 1 beginnend.

90	91	92	.	.	.	97	98	**99**	10. Dekade
80	81	82				87	88	89	9. »
70	71	72				77	78	79	8. »
.									.
.									.
.									.
20	21	22				27	28	29	3. »
10	11	12				17	18	19	3. »
00	01	02				07	08	09	1. »

b) Österreichische Zählweise.
 Zahlenfolge mit 0 beginnend.

2. Beispiel einer ungebündelten Hebdrehwählerschaltung mit Strowger-Wählern

a) Die Schaltungserweiterung

Um auch die nötige Hebebewegung ausführen zu können, scheint auf der erweiterten Schaltung der Magnet *LWH* auf (Bild s 24). Die selbsttätige Umsteuerung der Stromkreise von Heben auf Drehen, die in der Zwischenpause nach der Zehner- und vor der Einerwahl in Frage kommt, hat die Einstellung des Relais *C* nötig gemacht. *C* wird durch eine besondere Schaltanordnung nur während der Zehnerwahl unter Strom gehalten. Bei dieser zeitlich bedingten Schaltung arbeitet auch ein neuer Kontakt LWk_3 und das Relais V_2 mit.

Tabelle 5 zu Bild s 24. **Hebdrehwählerschaltung.**

Benennung	Kontakte usw.	Schaltzeit		Bemerkungen
		an	ab	
A	1 2 3 *a r r*	10	10	**Teilnehmerrelais.**
V_1	1 2 3 *w a a*	20	100	**Betriebsrelais.**
V_2	1 2 3 *r a a*	20	100	**Wahlsicherungsrelais.**
C	1 2 *w a*	10	10	**Umsteuerrelais** von Heben auf Drehen. Nur während der Zehnerwahl unter Strom.
P	1 2 3 4 *a a a r*	10	10 (50)	**Prüfrelais.**
LWH	k_1 k_2 k_3 *a r r* Kopfkontakte	10	10	**Hubmagnet.**
LWD	*a b c* Wählerarme	10	10	**Drehmagnet.**
LWM	*m* Sperr- und Auslöseklinke	20	45	**Auslösemagnet.**

Zum Unterschied zu den früheren Kontakten *LWw*, den Wellenkontakten, die bei der Drehbewegung des Wählers betätigt wurden, werden nun sog. Kopfkontakte verwendet, die ihren Namen davon erhalten haben, daß sie von dem Wellenstumpf, dem Wellenkopf, bei der axialen Bewegung, also beim Heben umgelegt werden und erst wieder in die Ruhestellung gelangen, wenn der Wähler zurückgefallen ist.

(Dessen ungeachtet wären daneben Wellenkontakte möglich, falls sie erforderlich schienen.)

Der übrige Teil der Schaltung blieb unverändert, so daß die Erweiterung nicht sehr ins Gewicht fällt.

b) Die Schaltvorgänge

Abheben. Als neuen Vorgang unter 3) ist die Erregung von C zu verzeichnen. C bereitet mit c_1 das Heben vor, während es mit c_2 sich selbst den Haltekreis sichert (Bild z17).

Nummernwahl. Zehnerwahl: Beim Einleitungsschritt kommt *LWH* wieder verspätet unter Strom. C verliert seinen Ansprechkreis [4], hat aber dafür schon den Haltekreis [5].

Die Wiederholungsschritte lassen den Wähler weiter steigen. Nach Abschluß der Stromstöße fällt C ab und steuert von Heben auf Drehen um; C kann nicht mehr ansprechen.

Einerwahl: Sie bringt gegenüber der Drehwählerschaltung nichts Neues (Bild z18).

Auflegen. Bild z19 zeigt, daß beim Auflegen nach dem Gespräch der Wähler noch einen Schritt macht (p_4!) Beim Auslösen dreht er zurück, fällt ab und legt die Kopfkontakte zurück[1].

c) Beurteilung der Erweiterung

Bezüglich der Teilschritte kamen keine Neuerungen vor. Nur im Hinblick auf die Automatisierung sind einige Vorgänge neuartig: Selbsttätige zeitbedingte Heranziehung eines Relais (C), Umsteuern von Heben auf Drehen.

---

[1] Als Übungsaufgaben seien folgende empfohlen:
  1. Vorauslösen nach dem Abheben;
  2. Vorauslösen nach der Zehnerwahl.

IV. Das Anrufsucher- und Vorwählersystem zur Bündelung von Leitungswählern[1])

Wenn wir von der Bündelung der *LW* sprechen, setzen wir natürlich vorerst nur Anlagen ohne Verbindungsleitungen voraus. In Anlagen mit *GW*, also mit Verbindungsleitungen, sind die *LW* freilich auch gebündelt, was schon aus den allgemeinen Schaltwegskizzen zu entnehmen war. Doch hängt die Bündelung innerhalb solcher Anlagen noch mit ganz anderen Fragen zusammen.

A. Das Anrufsuchersystem

1. Schaltwegtechnische Grundlagen

Von den kleinsten Anlagen für 10 *TN* bis zu solchen für 50 oder 100 findet man die elementare Anrufsucherschaltung sehr häufig. Die Frage, bis zu welchen Teilnehmerzahlen das *AS*-System überhaupt wirtschaftlich und betriebstechnisch anderen Lösungsformen der Bündelung überlegen ist, bleibt außer Belang.

Als Ausgangspunkt für die folgende Betrachtung sei das Bild z5 genommen, oder das schon übersetzte Bild z11a. Das Bild gilt noch für den Einfachbetrieb nach Handvermittlungsgrundsätzen, oder nach jetzigen Gesichtspunkten für Anlagen, bei denen *AS* und *LW* alle *TN*-Leitungen in ungeteilter Weise überstreichen. Mithin sind *AS* und *LW* in gleicher baulicher Ausführung zu verwenden, solange es sich um *TN*-Zahlen bis 10 handelt. Bei Anlagen für 25 oder 50 *TN* wird sich der *AS* vom *LW* unterscheiden müssen, weil der *AS* in der Regel ein reiner Drehwähler bleiben kann; im Gegensatz zum *LW*, der nur ausnahmsweise in einer Anlage für 25 *TN* ein Drehwähler sein wird.

Für *TN*-Zahlen zwischen 50 und 100 läßt sich die einfache Schaltung nach Bild z11a nicht mehr gut verwenden, weil *AS* mit mehr als 50 Kontakten in der Regel nicht gebräuchlich sind[2]). Für 100 *TN* mit 50teiligen *AS* besteht dann eine gewisse Ähnlichkeit mit dem

---

[1]) Schrifttum: (5) Hebel; (6) Hettwig; (10), (45) Lubberger; (13) Scheibe; (32) Hoffmann; (35) Kleemann; (57) Rieth; (64) Schwender.

[2]) Gerade die *AS*-Schaltungen weisen bezüglich der baulichen Durchbildung von *AS* und *LW* in Nebenstellenanlagen große Mannigfaltigkeit auf. Hier handelt es sich aber nicht um solche von der Industrie in Umlauf gesetzte Sonderlösungen, sondern um die kleine Gruppe von Anlagen mit *AS*, die öffentlichen Netzen dienen.

Vielfachsystem der Handvermittlungstechnik: Teilung in Abfrage-, oder wie es jetzt heißen kann, in Anrufgruppen. Die 100teiligen *LW* stellen dann die Vielfachplätze dar. Solche Anlagen haben aber den Nachteil, daß die *LW* der einen Gruppe der anderen Gruppe bei Verkehrsbedarf nicht aushelfen können; die Bündelung ist daher im Hinblick auf die Gesamtanlage unvollkommen.

2. Die beim AS-System zu lösenden Aufgaben

Dem zeitlichen Verlauf nach ergeben sich folgende Forderungen:

a) Beim Anruf eines *TN* muß der *AS* eines freien *LW* für den Verbindungsaufbau zugewiesen werden. Diese Zuweisung entspricht dem Griff des Beamten im Handvermittlungsdienst nach einer freien Schnur. Da die *TN*-Leitung und die *AS* an und für sich keinen unmittelbaren Zusammenhang aufweisen.

b) Der zugewiesene *AS* muß so lange fortgeschaltet (weitergeschaltet) werden, bis seine Arme auf den Kontakten des Anrufenden zu stehen kommen. Man nennt diese selbsttätige Fortschaltung des Wählers zu Suchzwecken, freie Wahl[1]). Die *AS* haben keine Ruhestellung, liegen daher auf irgendwelchen vorher erreichten Kontakten.

c) Beim Stehen oder Vorüberstreichen über einzelne Kontakte muß der *AS* prüfen, ob von dort ein Anruf vorliegt. Es ergeben sich dabei eine Reihe von Prüffällen, ob nämlich der *TN* vollkommen frei ist, ob er selber schon eine Verbindung aufgebaut hat, ob er von einem anderen *TN* gewählt wurde, oder endlich, ob er den Anruf getätigt hat, zu dessen Erledigung der suchende *AS* angelaufen ist.

d) Beim Überstreichen von Kontakten darf keiner der daran angeschlossenen *TN* gestört werden. (Durchschalten)

e) Beim Stehen oder Auftreffen auf die Kontakte des Anrufenden ist der *AS* sofort stillzusetzen.

f) Der stillgesetzte *AS* muß sofort gegen andere Belegungen gesperrt werden; d. h. er muß aus dem schalttechnischen Verband der Zuweisung gelöst und für andere Anrufe unerreichbar bleiben.

g) Der Anrufende muß gegen prüfende *LW* und weitere suchende *AS* gesperrt werden.

h) Es ist zu verhüten, daß beim Melden ein *AS* zugewiesen wird und anläuft[2]). (Anrufvorabschalten)

---

[1]) Im Gegensatz dazu spricht man von erzwungener Wahl bei der Wählerbewegung durch die Nummernscheibe.

[2]) Die Meldevorgänge spielen sich dann notwendigerweise in der *LW*-Schaltung ab! Nicht mehr in der *TN*-Schaltung.

i) Nach beendigtem Gespräch muß der *AS* wieder freigegeben, d. h. er muß wieder in den Verband der Zuweisungsschaltung aufgenommen werden.

k) Auch der Anrufende muß wieder freigegeben werden. (Von· den etwa nötigen Signalen ist hier noch nicht die Rede.)

3. Beispiel einer *AS*-Schaltung nach Siemens & Halske

Die Anlage ist normal für 50 *TN* oder in zwei Gruppen auch für 100 *TN* gedacht und arbeitet mit 50teiligen *AS*. Die *AS* tragen die Kontakte über einen Bereich von 180 Grad verteilt. Die 50 Kontakte für einen Arm liegen in zwei Kontaktkränzen zu je 25 Kontakten nebeneinander. Für jede Ader trägt der *AS* einen um 180 Grad versetzten Doppelarm, aber derart, daß der eine Armteil den ersten Kontaktkranz mit 25 Lamellen abgreift, während der andere, sobald der erste seinen Kontaktkranz verlassen hat, den zweiten danebenliegenden abstreifen kann. Die Wählerwelle macht mithin für alle 50 Kontakte eine volle Umdrehung, obwohl die Lamellen in zwei Kränzen nur 180 Grad beanspruchen (Bild 14).

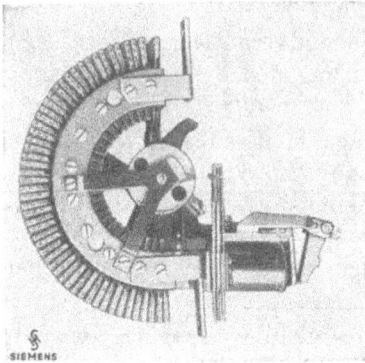

Bild 14. Ansicht eines 50teiligen Anrufsuchers, zweiter Armteil des Doppelarmes zufällig verdeckt.

a) Der Schaltungsaufbau

Die Erweiterung der Schaltwegskizze von Bild z5 zur betriebstechnischen Schaltung ist durch Bild s26 wiedergegeben. Die *a--b*-Adern lassen sich leicht verfolgen. Die Führung der *c*-Ader weicht etwas von dem Gewohnten ab, weil der *AS* und der *LW* zwei getrennte *c*-Vielfache aufweisen, da zwischen beiden vor dem *c*-Vielfach des *AS* ein Kontakt t_2 liegt. In der *TN*-Schaltung kann das *T*-Relais als Stufenrelais einmal mit einem Vorwiderstand *rT* in die erste Stufe vom *TN* aus erregt werden; in die zweite volle Stufe gelangt es erst bei Erregung über t_2 von der *AS*-Seite her, wobei das Relais *S* noch mitspielt.

In der *LW*-Schaltung braucht nur das *P*-Relais mitberücksichtigt werden, weil es auch Einfluß auf die *T*-Kreise haben kann.

Neben den erweiterten Schaltwegen kommt nun noch die Zuweisungs- und Antriebsschaltung in Frage. Alle *AS* liegen, nur noch durch· Kontakte der eigenen Relaissätze gesteuert, parallel vor dem Treibsatzrelais *I*. *I* und *II* wirken mit einem anzutreibenden, oder deren mehreren *ASD* zusammen, wie später noch gezeigt wird.

Die 50 *TN* sind in 5 Gruppen geteilt. Für jeden *TN* einer Gruppe gibt es eine Kontaktreihe t_1—t_3, die dann alle parallelgeschaltet über ein s_2 zum Anlaßrelais *R* führen, aber vor s_2 auch noch Anschluß an die sog. Ringkette finden. Letztere wird aus einer Hintereinanderreihung von 5 Parallelschaltungen der Kontakte r_1 und *th* gebildet. Wie für die betrachtete Gruppe, gibt es für jede andere einen Stromlauf für *R* mit dem entsprechenden Anschluß an die Ringkette, wie es aus dem Bild s 26 deutlich zu entnehmen ist[1]).

Tabelle 6. **Anrufsucherschaltung.** Bild s 26.

Benennung	Kontakte usw.						Wicklung	Schaltzeit		Bemerkungen
								an	ab	
T	1 2	3	4	5			*I* 210	1 10	10	**Teilnehmerrelais,** Stufenrelais mit nur einer Wicklung; erste Stufe über den Vorwiderstand *rT* und *TN*-Leitung.
	a *a*	*r*	*r*	*r*			*rT* 300	1—2 15	10	
	erste	zweite						2 15	10	
	Stufe									
R	1	2	3				*I* 250	*Vh* 7	50	**Anreizrelais,** verzögertes Ansprechen, r_1 Vorhub.
	a	*za*	*a*				*II* 500	20		
	Vor-hub									
S	1	2	3	4	5	6	*I* 300	12	10	**Prüf- und Sperrelais.**
	r	*r*	*a*	*a*	*a*	*a*	*II* 21	(*I kurz*	60)	
ASD	*a*	*b*	*c*	*as*			*I* 10	10	10	**Antriebsmagnet** des *AS*
	Arme		*a*							
	Ankerkont.									
I	1						*I* 320	10	10	**Treibsatzrelais.**
	a									
II	1						*I* 400	10	10	
	a									

b) Beschreibung der Schaltvorgänge

Es muß unterschieden werden, ob der einer Gruppe zugeordnete *AS* frei ist oder nicht, und ob der in Frage kommende *AS* vielleicht schon auf den Kontakten des Anrufenden steht. Vom einfachsten Fall ausgehend schreiten wir weiter:

α) Der zugeordnete *AS* ist frei und steht zufällig auf den Kontakten des Anrufenden. Beim Abheben gelangt *T* in die erste Erregungsstufe [1]. *T* legt nur die Kontakte t_1—t_2 um. Bild s 27 u. z 20. t_1 erregt *R* [2] und heizt die Thermowicklung.

Die Ringkette bringt es mit sich, daß auch die übrigen *R*-Relais in Mitleidenschaft gezogen werden, zumal die beiden Nachbarrelais *R'* und *R''*. Der Kontakt r_1 der *R*-Relais ist so justiert, daß er als erster umlegt, bevor noch r_2—r_3 nachkommen.

---

[1]) Neben dieser typischen Zuweisungsschaltung findet man in der Praxis auch anders geartete, auf die hier einzugehen, nicht der Platz ist. S. Schrifttum auf S. 134.

Die Folge davon ist nun beim Relais R des anzulassenden AS die Unterbrechung der Ringkette zu R'; R' muß daher gleich abfallen. Es konnte selbst nur mit r_1 öffnen. Anders dagegen die Wirkung auf R''. Es unterbricht sich selbst mit r_1'' den Stromlauf und arbeitet mit r_1'' als Selbstunterbrecher-Relais, ohne aber je mehr als r_1'' betätigen zu können.

Nur R kann die Kontakte r_2—r_3 durchziehen. r_2 erregt S_I [7, 12], ohne vorderhand T weiterzubringen. S spricht an und schließt mit s_4 S_I kurz, erregt T voll [15], hält sich mit s_3 über die Wicklung S_{II}, unterbricht mit s_2 das Relais R, welches nun von der Ringkette abgeschaltet wurde und verhütet mit s_1 das Anlaufen von ASD. Schließlich schaltet es mit s_5—s_6 vom AS zum LW durch. A im LW wird ansprechen und die gleichen Vorgänge einleiten, wie früher bei der ungebündelten LW-Schaltung.

Das Relais T trennt bei voller Erregung den Stromlauf [1] für sich ab (t_4—t_5) und öffnet hinter dem geschlossenen t_1 den Kontakt t_3. Da dies kurz vor dem Abfallen von R geschieht, also vor dem Schließen von r_1, kommt auch kein anderes Relais R über t_1—t_3 zur Erregung.

Wäre in der Zwischenzeit bis zum Abfallen von R noch ein Anruf aus der gleichen Gruppe gekommen, dann hätte er mit dem Zuteilen eines AS bis jetzt warten müssen, da r_1 immer noch offen hielt; lediglich R'' wäre zum Rasseln gekommen.

Nach dem Schließen von r_1 erzielte ein Anruf aus der gleichen Gruppe den Stromlauf [22] für R'; es würde AS' aus Gruppe II der Gruppe I aushelfen.

β) Der zugeordnete AS muß den TN erst suchen. Die Vorgänge verlaufen zuerst wie früher. Weil aber S_I nur den Stromlauf [7] erhält und nicht ansprechen kann, erregt r_3 das Relais I, welches nun Relais II in Tätigkeit setzt, wodurch I kurzgeschlossen[1]) dem ASD die volle Stromstärke zum Ansprechen verschafft: der AS geht um einen Schritt weiter. Das Wechselspiel zwischen ASD, I und II geht nun solange weiter, bis der AS stillgesetzt wird, sobald er den Anrufenden erreicht hat (Bild z 21).

Bis zum Stillsetzen des AS spielen sich bei der freien Wahl folgende Prüfvorgänge ab (Bild s 28).

Der TN ist frei: Sein t_2 ist offen. S_I findet keinen Strom. ASD muß weiterschalten auf den nächsten Kontakt.

Der TN hat angerufen und spricht: Sein t_2 ist zwar geschlossen, aber s_4 legt die c-Ader an Erde. Ein prüfendes S_I findet keinen Minuspol der Batterie und verliert sogar die Vorerregung [8].

Der TN wurde angerufen und spricht: Sein T-Relais ist über das Relais P im LW voll erregt worden. t_2 ist jedenfalls geschlossen; aber ein prüfendes S_I kommt parallel zu dem niederohmigen Teil des P-Relais vor das Relais T geschaltet und erleidet auf Grund der schon bekannten Sperrschaltung eine derartige Stromschwächung, die ein Ansprechen verhindert [10].

Der TN hat angerufen und wird gesucht: Sein t_2 ist geschlossen; S kann endlich ansprechen und den AS stillsetzen, wie es beim vorigen Falle schon das Anlaufen verhindert hatte.

Der weitere Verlauf des Schaltungsaufbaues geht in gleicher Weise vor sich wie früher.

γ) Das Auslösen des AS. Der Auslöseanreiz kann nur von LW kommen, da der TN nur noch Einfluß auf das A-Relais hat. Die Schaltung nimmt an, daß der

---

[1]) Die Treibsatzschaltung wurde sehr vereinfacht. Es fehlt vor allem die schalttechnische Begründung, warum I trotz Kurzschluß nicht verzögert abfällt. S. später I.—II. VW-Schaltung (Bild s 36).

LW beim Auslösen mit einem Kontakt des Auslösemagneten das Relais S_{II} unterbricht. *S* bringt durch sein Abfallen die Schaltung in die Ruhelage. Der *AS* bleibt auf dem innegehabten Kontakt liegen. Bild z 20[1]).

4. Die Lösung der vorausgeschickten Aufgabenstellung an der gezeigten Schaltung

a) Die Zuweisung. Sie erfolgt nach dem Grundsatz der Zuordnung, d. h. die besondere Bereitstellung eines *AS* für jede Gruppe ist damit beabsichtigt, wobei die Ringkette dafür sorgt, daß die einzelnen *AS* sich gegenseitig nach Bedarf aushelfen können, gleichgültig in welcher Gruppe der Bedarf vorliegt.

Als neue jetzt verständliche Forderung muß aber auch die Sicherung der Anreizweitergabe hervorgehoben werden. Wenn z. B. ein *AS* gestört ist, so könnte immerhin das entsprechende *R*-Relais ansprechen und nun dauernd die Kette mit r_1 auftrennen, ohne daß der *AS* anläuft und den Anruf erledigte.

Um solche Unzukömmlichkeiten zu vermeiden — die Anlage wäre nämlich erheblich gestört —, liegt parallel neben r_1 ein Thermokontakt *th*, dessen Heizwicklung mit *R* unter Strom kommt, jedoch weit länger zum Ansprechen braucht als eine normale Anruferledigung Zeit beansprucht. Falls r_1 mangels der Wirksamkeit des *AS* nicht wieder schließt, überbrückt *th* die Stelle und bringt damit das nächste *R* zur Wirkung. Der zweite *AS* wird anlaufen und den Anruf bedienen.

Nach Erledigung des Anrufes wird von t_3 auch das erste *R*-Relais unterbrochen. r_1 schließt wieder, so daß *th* später unbesorgt um die Stromläufe längs der Kette öffnen kann. Die Anlage hat zwar einen *AS* weniger zur Verfügung, bleibt jedoch verwendungsfähig.

Die Zuweisung dieser Art verursacht mitunter bemerkbare Wartezeiten, insbesondere muß ein Anruf aus der gleichen Gruppe solange warten, bis der vorausgehende erledigt ist.

b) Die Fortschaltung. Sie wird für mehrere Relais vom gleichen Treibsatz besorgt, ähnlich wie es schon bei den Drehwählerschaltungen der Fall war. Der bei einem *AS* angedeutete Kontakt *as*, ein Kontakt, der bei jedem Anzug des *AS*-Ankers mitgeht, dient dazu, dem *ASD* noch die Stromzuführung aufrecht zu erhalten, wenn auch *S* bei sehr schnellem Ansprechen mit s_1 unterbrechen wollte, bevor der Wähler ganz durchgezogen hat.

c) Prüfen und Sperren. Bild s28 gibt genauen Aufschluß über die vielen Prüf- und Sperrmöglichkeiten und die dabei eingeschlagenen Wege einfachster Art.

d) Störungsloses Überstreichen der Kontakte. Dies bezieht sich natürlich auf die *a*- und *b*-Adern. Die Schaltung zeigt, daß

---

[1]) Übungsaufgabe: TN_r hebt sofort wieder ab (z. B. im Zeitpunkt 4).

die Durchschaltung erst bei erledigtem Anruf zustande kommt (s_5—s_6).

e) Stillsetzen. Um die Stillsetzung ja verläßlich wirken zu lassen, hat das Relais S eine vorausgehende Vorerregung, welche die Ansprechzeit erheblich verkürzen wird (im Schaltzeitplan nicht kürzer als normal eingetragen).

f) Anrufvorabschaltung. Beim Prüfen eines TN vom LW aus kommt das Relais T in Erregung. Es schaltet zum ersten für das Relais T die Verbindung zur Sprechschleife selbst weg und trennt mit t_3 den Zugang zu den R-Relais auf. Das Melden verursacht daher keinerlei Beeinflussung der Zuweisungskreise (Meldevorgänge im LW!).

g) Die Freigabe eines belegten AS. Sobald S beim Auslösen abfällt, wird das Relais R des AS durch s_2 an die Ringkette angeschlossen und der AS wieder zur Verfügung gestellt.

h) Freigabe des Teilnehmers. Mit dem Abfallen von S wird auch der Kurzschluß von S_1 aufgehoben, so daß das c-Vielfach, solange t_2 noch geschlossen hält, die Erdung verliert. Übrigens trennt t_2 kurz darauf überhaupt auf und vollendet die Freigabe.

Es gibt natürlich gerade beim AS noch eine Fülle von anderen Lösungsmöglichkeiten der Zuweisung und der Schaltungsausführung, die aber auf wenige Grundsätze zurückzuführen sind. Es ist jedoch hier nicht der Platz näher darauf einzugehen.

B. Das Vorwählersystem

Der Grundgedanke des VW ist schon aus Bild z8 ersichtlich gewesen. Für mittlere und große Anlagen wird der VW entschieden bevorzugt, zum mindesten im Bereich der Deutschen Reichspost, weil der VW immer ein kleiner Wähler bleiben kann und von jeder besonderen Zuweisungsschaltung befreit bleibt[1]).

1. Aufgabenstellung für den VW

In geringer Abweichung gelten die gleichen Forderungen wie für die AS-Schaltung:

a) Anlaufen.

b) Sperren des Anrufenden.

c) Weiterschalten, freie Wahl.

d) Prüfen.

e) Beim Drehen nicht durchgeschaltet (a—b-Adern).

---

[1]) Inwieweit man bei VW die Erreichung von LW oder GW durch besondere Kunstschaltungen im Vielfachfeld oder durch Hilfs-, d. h. sog. Mischwähler, einer gewissen Zuweisung unterwirft, soll später erläutert werden.

f) Stillsetzen.

g) Sperren des belegten *LW*.

h) *VW* muß vor dem Melden abgeschaltet werden (Melde-vorgänge im *LW*).

i) *LW* ist nach beendigtem Gespräch freizugeben.

k) *LW* muß sich selbst solange sperren, bis er einwandfrei aus-gelöst hat.

l) Der Anrufende muß für prüfende *LW* und für sich selbst nach Beendigung des Gespräches freiwerden.

m) Es soll verhütet werden, daß der *VW* bei Besetztsein aller *LW* dauernd dreht. (Rückwärtige Sperrung)

(Signale werden hier noch nicht mitberücksichtigt.)

2. Beispiel einer Vorwählerschaltung

a) Der Schaltungsaufbau

Ähnlich wie bei der *AS*-Schaltung wurde die Schaltung eines ein-zelnen *VW* im Zusammenhang mit den *LW* und den übrigen *VW* ge-zeigt (Bild s 29). Die beiden Relais der *VW*-Schaltung *R* und *T* ver-richten schon ihrer Benennung zufolge ähnliche Aufgaben, wie bei der *AS*-Schaltung.

Das Relais *R* liegt unmittelbar in der *TN*-Schleife und läßt jetzt natürlich ohne Zuweisung den zugehörigen (nicht zugeordneten) *VW* an. Das Relais *T* bleibt ganz in der *c*-Ader und kann ähnlich wie früher bei der *AS*-Schaltung vom *LW* aus ansprechen, wenn *P* den *TN* prüft und frei findet (Ruhelage von *VW*). Während der Vorwahl spricht *T* in der Arbeitsstellung des *VW* über einen Widerstand W_p im *c*-Viel-fach zu dem belegten *LW* an.

Der hier verwendete *VW* ist eine ältere Bauart als Bild 7 u. 8. Sein Fortschalten wird durch einen eigenen Selbstunterbrecher-kontakt bewerkstelligt. Um dem Wähler das volle Durchziehen des Ankers zu sichern, wurde der vom Anker herrührende Antrieb des Kontaktes als Gewichtspendel durchgeführt — ein mit einem Ge-wicht belastetes Federblatt — wodurch der Kontakt zeitlich der Anker-bewegung zufolge der Gewichtsträgheit nachhinken muß.

Der *VW* arbeitet mit drei normalen 10teiligen Kontaktkränzen und mit einem schon aus den früheren Treibsatzschaltungen bekannten Segment, das wie dort mit dem 4. Arm die Rückstellung beim Weiter-schalten übernimmt.

Das Relais *T* dient als Prüfrelais während der *VW*-Bewegung und schaltet bei Belegung eines *LW* den *VW* still und stellt die Durch-schaltung zum *LW* her. Zur Einleitung der Auslösung wurde wieder ein Kontakt *LWm* angenommen, der *T* unterbricht.

Tabelle 7 zu Bild s29. *VW*-Schaltung.

Benennung	Kontakte usw.				Wicklung	Schaltzeiten		Bemerkungen
						an	ab	
R	1 2 a a				I	10	10	**Anlaßrelais.**
T	1 2 3 w w w				I 600 II 12	10	10	**Prüf-, Sperr-** und **Trennrelais.**
VWD	a b c Arme	d Arm und Segment		u Selbst-unter-brecher	I rVW	10	10	*VW*-**Antrieb.**

b) Beschreibung der Schaltvorgänge

Es müssen wieder zwei Fälle unterschieden werden, ob der *VW* schon beim ersten Schritt einen freien *LW* findet, oder ob er noch weitergeschaltet werden muß.

α) Der *VW* findet beim ersten Schritt einen freien *LW* s30 z22 Der *TN* hebt ab. *HU* erregt *R* [1]. r_1 erregt *VWD* [2]. r_2 bereitet die Stromläufe [5, 7] vor.

Der *VW* steht auf den Kontakten des 1. *LW*. *VWc* hat den *TN* durch Öffnen des Stromlaufes [9] gesperrt. *VWd* sitzt auf dem Segment und bereitet die Kreise [3, 6, 7] vor. *VWa*—*b* bleiben noch ohne Durchschaltung.

T kann ansprechen [5]. t_3 schließt T_{II} kurz [7], setzt *VWD* still und sperrt den belegten *LW* [6]. t_2—t_1 unterbrechen *R* und schalten zum *LW* durch [4]. Sobald der *VW*-Anker durchgezogen hatte, hinkte *VWu* durch das Pendel nach und unterbrach den Stromlauf. Bevor nun der Anker noch abgefallen war, trat t_3 dazwischen und nahm die Abschaltung vor. Das Unterbrecherpendel schließt noch etwas später, so daß *VWD* abgeschaltet bleibt.

Nach der Durchschaltung zum *LW* spricht dort das Relais *A* an, wie bei den ungebündelten Wählern.

β) Der *VW* muß einige Schritte bis zum freien *LW* machen (Bild z23. Die anfänglichen Vorgänge decken sich mit den vorigen. Wenn nun der *VW* den ersten *LW* erreicht hat, der besetzt sein soll, kann *T* nicht ansprechen, weil derjenige *VW*, welcher den 1. *LW* besetzt hält, die schon bekannte Sperrschaltung erzwingt, derzufolge das nun prüfende *T* nur eine Vorerregung erhält, die es nicht ansprechen läßt. Das Unterbrecherpendel vermag daher weiterzuarbeiten, bis beim Auftreffen auf einen freien *LW* die gleichen Stillsetzungs- und Sperrvorgänge einsetzen, wie im vorigen Fall.

γ) Das Auslösen des Vorwählers. Nach dem Auflegen wird *A* unterbrochen und die Auslösung des *LW* veranlaßt. Beim Umlegen von *LWm* kommt auch *T* im *VW* zum Abfallen.

t_3 überliefert *VWD* der Steuerung vom Segment aus, so daß der *VW* in die Ruhelage schreitet [3]. t_1—t_2 heben die Durchschaltung auf, noch bevor der *VW* weitergekommen ist. *R* liegt wieder in der Schleife.

3. Die Lösung der gestellten Aufgaben an der gezeigten *VW*-Schaltung

Über die Punkte des Anlassens, des Weiterschaltens, des durchschaltlosen Drehens, des Prüfens und Sperrens gibt der Schaltzeitplan genügend Auskunft.

Ein Nachteil muß jedoch noch erwähnt werden: bei Besetzung aller *LW* dreht der *VW* dauernd. Für den Anrufenden kann dies als Vorteil gelten, wenn der *VW* für ihn auf der *LW*-Jagd bleibt, nicht aber für die Anlage, weil der Betrieb des *VW* (rd. 1,5 Amp.) nicht billig sein dürfte.

Im folgenden einige Punkte, deren Erörterung noch aussteht:

Das Anrufvorabschalten. Wenn ein *LW* einen freien *TN* erreicht hat, spricht das Relais *P* über das Relais *T* im *VW* an. *T* schaltet *R* und *VWD* ab. Der *TN* darf sich also melden, ohne daß Gefahr vorhanden ist, einen *LW* unnütz zu belegen oder die eben hergestellte Verbindung zu stören[1]).

Die Freigabe des Anrufenden. Wenn der *VW* den ersten Schritt zur Ruhelage gemacht hat, darf der *TN* für eigene Anrufe als frei angesehen werden. Wollte es der Zufall, daß er noch während des Laufens von *VW* wieder abhebt, dann würde nach dem Ansprechen von *R* der *VW* nicht auslösen, sondern sofort wieder suchen. Für fremde Anrufe muß der *VW* erst die volle Ruhelage erreicht haben.

Freigabe des *LW*. Der *LW* gibt sich erst dann selbst frei, wenn er mit *LWm* den Prüfkreis für ein wartendes *T* herstellt. Der *LW* hat dann vollständig ausgelöst und kann neuerlich verwendet werden. Zum Unterschied mit der durch den *VW* nach vorne gerichteten Sperrung spricht man jetzt von einer rückwärtigen Sperrung des *LW*, die einen sonst freien *LW* aus Betriebsgründen gesperrt hält.

Freigabe des Gerufenen. Beim Auslösen im *LW* fällt *P* ab und zugleich mit ihm muß *T* im *VW* abfallen.

Durch die Unterbrechung von P_r ist im *TN-c*-Vielfach des TN_g die Freigabe des Angerufenen für andere Anrufe erfolgt. Für eigene Rufe ins Netz wird TN_g erst frei, wenn auch *T* abgefallen ist und *R* an die Schleife legt[2]).

---

[1]) Die Meldevorgänge im *LW*, sowie die Speisung des gewählten *TN* kann in den bisher besprochenen Schaltungen noch nicht gezeigt werden.

[2]) Ein *VW* dieser Art kommt auch in der folgenden betriebsrichtigen Schaltung zur Besprechung, wo dann hiemit das Wesentlichste schon jetzt vorweggenommen wurde.

VW neuerer Type zeigt dann die Eingangsschaltung einer *GW*-Anlage am Schluß des Buches.

V. Die Signale und Signaleinrichtungen in der Selbstanschlußtechnik

Schon bei der ersten Aufgabenstellung der Selbstanschluß-technik aus den Teilschritten zum Aufbau einer Verbindung im Hand-amt wurde mehrmals darauf hingewiesen, wie der mündliche Verkehr von der Vermittlungsstelle zum anrufenden *TN* in verschiedenen Ver-ständigungsfragen durch andere Mittel ersetzt werden muß. Als solche Verständigungsmittel von der selbsttätigen, bedienungslosen Ver-mittlungszentrale zum anrufenden *TN* kommen praktisch nur Hör-signale in Frage, seltener auch optische. Der Betrieb von Licht-signalen über die mitunter längeren *TN*-Leitungen würde zu kost-spielig sein. Selbstverständlich wird aber das Rufen des gewählten *TN* unverändert vom Handvermittlungsdienst übernommen.

Zur Auslösung bestimmter Signale werden verschiedene Stadien und Zustände während des Verbindungsaufbaues herangezogen.

Die technische Lösung der Fernmeldung bestimmter Ereignisse läßt sich bei bedienungslosen Vermittlungszentralen mit Vorteil auch außer für die *TN*-Signale ebenso zur Meldung von Störungen oder Abweichungen vom Regelbetriebe weiter entwickeln, wobei diese Signale dann in der Zentrale selbst bemerkbar werden müssen.

A. Die Teilnehmersignale[1])

1. Die nötigen und gebräuchlichen Signale

a) Das Amtsfreizeichen — oder Wählzeichen

Im Anfange der Verbindungsherstellung leitet der abhebende *TN* an der anrufenden Stelle die Schaltvorgänge der Vorwahl, oder all-gemein der Vorwahlstufe, z. B. beim *AS*, ein. Bis zur Belegung eines freien *LW* (oder *GW*) hat der *TN* mit der Abgabe der Wählimpulse zu warten, weil sonst die Wahl vielleicht nur verstümmelt in den zur Aufnahme noch nicht bereit gewesenen *LW* oder *GW* kommt. Deshalb ist die Abgabe eines Amtsfreizeichens oder Wählzeichens not-wendig. Bei Vorwählern kommt praktisch nur dann ein Zeichen in Be-tracht, wenn kein freier *LW* oder *GW* mehr vorhanden wäre, da sich die

---

[1]) Schrifttum: (2) Führer; (4) Grau; (6) Hettwig; (12) Niendorf; (39) Liebknecht; (75) S & H.

Einstellvorgänge so schnell abspielen, daß der Anrufende sich beeilen müßte, wollte er absichtlich mit der Wahl zuvorkommen. Bei *AS* dagegen würde es zufolge der größeren Kontaktzahl des Wählers und infolge der möglichen Zuweisungsverzögerung zu einer Fehlverbindung führen[1]).

b) Das Amtsbesetztzeichen

Bei stärkerem Sprechverkehr bleibt es nicht ausgeschlossen, daß alle Ausgänge in die erste Wahlstufe schon besetzt sind. Das Amtsfreizeichen muß unterbleiben und an dessen Stelle ein Amtsbesetztzeichen treten, welches einer Aufforderung, aufzulegen, gleichkommt, um später den gewünschten Verbindungsaufbau zu versuchen.

c) Das Gruppenbesetztzeichen

Bei Anlagen mit mehreren *GW*-Stufen und der dadurch bedingten jeweiligen freien Wahl einer Verbindungsleitung in die gewählte Gruppe spielen sich die Vorgänge wieder so schnell ab, daß praktisch kein Signal nötig wird, welches die Weiterwahl irgendwie lenken müßte.

Immerhin ist aber der Fall möglich, daß die Ausgänge nach einer neuen Gruppe alle besetzt sind, mithin eine Weiterwahl zwecklos wäre. Die Abgabe eines Gruppenbesetztzeichens kann dann die Weiterwahl verhindern; nicht weil die Weiterwahl stören könnte, sondern weil gerade in der verkehrsstarken Zeit die weitere nutzlose Belegung der Einrichtungen bis zur erreichten Stufe möglichst zu vermeiden ist. Das Signal wird aber vor allem dem *TN* die Unsicherheit nehmen, der sonst nicht weiß, was los ist.

d) Das *TN*-Besetztzeichen

Ist schließlich die Verbindung aufgebaut worden, dann wird vielleicht das *TN*-Besetztzeichen nötig, welches dem Anrufenden die vorläufige von anderer Seite herrührenden Besetzung des gewählten *TN* zur Kenntnis bringt.

Je schneller alle vergebens Anrufenden wieder auflegen, um so geringer wird dann die wohl fühlbare Zahl von Fehlbelegungen, welche für eine sonst mögliche Verbindung die Aufbauwege nutzlos sperren.

e) Das Rufen des gewählten Teilnehmers

Ein gewählter freier *TN* ist nach Beendigung der Wahl zu rufen; d. h. genau so, wie im Handamt ist seine *TN*-Leitung einmal oder periodisch an die Rufstromquelle zu legen.

---

[1]) Es gibt gewisse *AS*-Schaltungen, bei denen die Zuweisung möglichst beschleunigt wird; im allgemeinen ist jedoch die Beachtung des Wählzeichens beim *AS* aus dem ersten Grunde schon unerläßlicher. Übrigens spielt dies in der Praxis keine Rolle, weil der *TN* bald, ohne es zu spüren, sich an die Verhältnisse gewöhnt

f) Das *TN*-Freizeichen oder Rufzeichen

Als Rufkontrollzeichen, welches die Rufabgabe erkennen läßt und dem Anrufenden das Freisein des Gewählten kennzeichnet, wird das *TN*-Freizeichen, kurz Freizeichen, oder nach neuerem Sprachgebrauch das Rufzeichen gegeben.

Es liegt nun wieder in der Hand des Anrufenden, beim Nichtmelden des Gerufenen eine nutzlose längere Belegung zu vermeiden.

Die *TN*-Signale dienen daher, allgemeiner gesehen, nicht nur zur Orientierung des Anrufenden, sondern auch in vielen Fällen als Hinweis zu seiner Mitarbeit; nicht nur zum richtigen Aufbau der gewünschten Verbindung, sondern auch zur betriebsfördernden Verringerung von Fehlbelegungen.

Die eben angeführten Signalarten sind selbstverständlich nicht immer ausnahmslos in einer Anlage vorgesehen. Auch nicht in Großnetzen; so z. B. gibt das Wiener Ortsnetz kein Wählzeichen, ohne dadurch einen wirklich fühlbaren Mangel aufzuweisen. Der *TN* kennt bald die für eine richtige Erledigung der Vorwahl charakteristischen Knackgeräusche und den unvermeidlichen, bekannten Störspiegel.

Andererseits gibt es wieder Anlagen, die über die aufgezählten Signale hinaus noch weitere Verständigungszeichen verwenden oder verwenden müssen. So z. B. erhält der Anrufende ein Warnzeichen, wenn er einen *TN* gewählt hat, dessen Anschluß aufgelassen oder geändert wurde, oder aber wenn irrtümlich eine Dekade gewählt wurde, die zufolge des noch teilweise unbenützten Nummernraumes keine Ausgänge aufweist usw.

Insbesondere werden bei Nebenstelleneinrichtungen eine Reihe von Signalen benützt, wie sie im normalen Vermittlungsaufbau nicht bekannt sind. Ein Teil dieser Signale kann nun, weil sie dem *TN* schon vor dem Abheben zur Kenntnis zu bringen sind, als Lichtsignale aufscheinen, zumal die Stromläufe dafür innerhalb des Hauses oder eines kleinen Bezirkes verlaufen.

2. Die Einrichtungen zur Signalgabe

Zur Abgabe eines Signales, d. h. gewöhnlich zur Abgabe eines akustischen Zeichens zum anrufenden Teilnehmer bzw. zur Abgabe des Rufzeichens zum gewählten Teilnehmer, bedarf es dreierlei verschiedener Einrichtungen:

a) die Stromquellen zur Erzeugung der nötigen Wechselspannung,

b) die Einrichtungen zur zeitlichen Formung der Signale,

c) Schaltungsteile der Wähler und Wählerrelaissätze zum zeitgerechten Einsatz eines Signales und dessen Abschaltung.

a) Die Stromquellen zur Signalgabe

Je nach der Größe einer Anlage wird man nach verschiedenen Stromquellen greifen. Große Anlagen arbeiten mit eigenen Wechselstrommaschinen; dies gilt vor allem für den niederfrequenten Rufstrom; für die höherfrequentigen Wechselströme von gut hörbarer Periodenzahl werden neben normalgebauten Generatoren gern die sog. Tonräder herangezogen. Letztere sind gezahnte Räder aus magnetischem Material, die beim Vorbeilauf an induzierbaren Wicklungen den vorher gleichmäßigen magnetischen Fluß periodisch ändern und so eine Wechselspannung erzeugen. Zahnzahl und Umlaufgeschwindigkeit bestimmen in einfacher Weise die Periodenzahl des Wechselstromes. Durch Aufsetzen mehrerer Tonräder auf ein und dieselbe angetriebene Achse können in ebensovielen Abnahmespulen Wechselströme erzeugt werden, deren Frequenz von den jeweiligen Zähnezahlen abhängt.

Kleinere Anlagen begnügen sich mit Summerschaltungen oder Siebketten zur Aussiebung der gewünschten Frequenzen aus den Oberwellen gewöhnlicher Unterbrecher, die auch zur Erzeugung des Rufstromes dienen (Polwechsler). Auch Röhrensummer sind nicht selten, die in bekannten Schaltungen die Glühkathodenröhre zur Tonfrequenzerzeugung heranziehen.

Bei einfacheren Schaltungen verzichtet man auf besondere reintonige Frequenzen und benützt z. B. bei Vorwahl mit Treibsätzen zum Wähl- oder Wartezeichen induktiv übertragene Stromstöße der Treibsätze, die als Schnarren oder Tickergeräusche anzuhören sind.

Für den Rufstrom kommen auch nicht selten Kleintransformatoren aus dem 50periodigen Starkstromnetz in Verwendung, allerdings nur bei sehr kleinen Anlagen oder zur allfälligen Reserve.

Zwischen der Erzeugung und dem Weiterleiten von Rufstrom bzw. tonfrequentem Signalstrom besteht insofern ein beachtbarer Unterschied, als die Energie für den Rufvorgang größenmäßig auch wirtschaftlich von Bedeutung wird, während die Signalströme zum anrufenden Teilnehmer in der Größenordnung des Sprechwechselstromes liegen, also verschwindend klein sind. Dies äußert sich auch in der Tatsache, daß die Stromläufe für die niedervoltigen Signalströme meist einen eigenen Vorspann zur Überwindung der Kontaktwiderstände benötigen: man gibt gern mit den Tonströmen auch einen geringen Gleichstrom mit, der dadurch zustande kommt, daß der betreffende Stromlauf unter entsprechender Widerstandsvorschaltung auch an der ZB liegt. Der geringe Gleichstrom nimmt den Wechselstrom in Form einer Überlagerung sicher über die mitunter zahlreichen Kontaktstellen.

b) Die zeitliche Formung der Signale

Man darf an den Teilnehmer bezüglich der Gewöhnung an einen Telegraphenschlüssel für verschiedene Zeichen keine großen Ansprüche stellen. Es ist daher im Betriebe mit möglichst wenig und einfachen Zeichen auszukommen. Zur Zeichenbildung kann mit Vorteil neben der zeitlichen Formung auch die Wahl verschiedener Frequenzen in Betracht kommen. Man geht aber nicht gern über zwei auffallend verschiedene Frequenzen hinaus und bleibt im übrigen lieber bei der Unterscheidung durch den Rhythmus der Signale.

Praktisch genügen auch nur wenige Morsezeichen, insbesondere, wenn alle Signale, die einer Aufforderung,a ufzulegen, gleichkommen, auf eines zusammengezogen werden; also z. B. alle Besetztzeichen oder Zeichen, daß die Wahl mangelhaft war.

Als einfachstes Zeichen darf das Dauerzeichen aufgefaßt werden. In nächster Einfachheit reiht sich daran das gewöhnliche Unterbrecherzeichen, wobei allerdings unterschieden werden kann, ob die Zeichen lang oder kurz sind, ob die Zeichenfolge rasch oder langsam verläuft usw.

Als eindringliches und einfaches Zeichen gilt auch noch das Morse-A: ein kurzes und darauffolgendes längeres Zeichen mit größerer Pause vor der Wiederholung.

Zur Formung all dieser Zeichen, deren Bedeutung leider noch nicht allgemein genormt wurde[1]), bedarf es besonderer Einrichtungen. Große Anlagen formen die Signalstöße über maschinell angetriebene Nocken und Kontaktfedern, die womöglich von der gleichen Achse angetrieben werden, wie die als Generatoren wirkenden Tonräder. In einer solchen mechanisch-elektrischen Formung sind natürlich alle nur erdenkbaren Zeichen durch Formgabe der Nockenscheiben erreichbar.

Kleinere Anlagen nehmen für einfache Stromstöße gern langsam laufende Treibsätze oder Relaisketten. Mit bestimmten Relaisschaltungen sind auch weniger einfache Zeichen ausführbar. Im Gegensatz zu den meist dauernd laufenden Formungseinrichtungen und Stromquellen bei großen Anlagen, läßt man Treibsätze und Relaisketten nur nach Bedarf an.

Eine beliebte und anpassungsfähige Einrichtung bilden oft Drehwähler, deren Kontakte zur Zeichenformgebung entsprechend beschaltet werden. So z. B. für den alle 5 oder 10 s abzugebenden Ruf oder zur Abgabe des Morse-A usw. Die Drehwähler erhalten ihren Antrieb gewöhnlich durch nicht zu schnell laufende Treibsätze.

c) Der zeitgerechte Einsatz und das Abschalten des Signales

Bei den bisher besprochenen Schaltungen stellte es sich heraus, daß gewisse Relais beim Erreichen bestimmter Teilschritte des Ver-

---

[1]) Bestrebungen hiezu sind im Gange. S. (4) Grau.

bindungsaufbaues ansprechen oder abfallen. Es ist demnach erklärlich, daß solche Relais vor allem mitherangezogen werden, Signale auszulösen oder abzuschalten; andernfalls müssen neue Relais mit ihren Stromläufen die Schaltung erweitern.

So z. B. wäre das schon bekannte V_1 geeignet, die Signaleinrichtungen überhaupt in Tätigkeit zu setzen, während C vor der Zehnerwahl das Amtszeichen ermöglicht und nach der Zehnerwahl beim Abfallen auch abschalten könnte. Das Prüfrelais wird für den Ruf und das Rufzeichen Sorge tragen, oder beim Nichtansprechen das Besetztzeichen auslösen. Schließlich werden die Meldevorgänge den Ruf und das Rufzeichen abschalten und gegebenenfalls auch die gesamte Signalanlage stillsetzen[1]).

d) Das Zusammenwirken aller an der Signalgebung beteiligten Einrichtungen

Es mag klar erscheinen, daß mit der Einführung der Signalgabe in die Schaltungen ein neues Gebiet von Fragen auftaucht. Bei großen Anlagen z. B. werden wenige Stromquellen genügen; jedoch müssen schon eine größere Reihe von gleichartigen Formungseinrichtungen vorhanden sein. Für beide technische Gerätegruppen melden sich nun aber unzählige Wählerschaltungen als Abnehmer und nicht zuletzt als steuernde Organe.

Das innere Gefüge einer großen Anlage bedeutet daher schaltungstechnisch ein Zusammenarbeiten unzähliger gleichartiger und verschiedener Schaltungsabschnitte. Für den Verbindungsaufbau herrscht dabei die strenge Forderung der Sperrung, d. h. die Forderung nach nur einziger Belegung eines Vielfachkontaktes. Die Signaleinrichtungen dagegen kommen in mehrfacher gleichzeitiger Verwendung mit beliebig vielen Wählerschaltungen in Verbindung. Selbstredend besteht dafür wieder die Forderung, daß von einem Wähler zum anderen die Signalgabe und deren Ablauf nicht im geringsten beeinflußt werden darf.

B. Die Überwachungssignale für das Dienstpersonal[2])

Wenn in einer Wählanlage auch für den normalen Verlauf von Verbindungen keine Vermittlungsbeamten tätig sind, so bleiben natürlich alle jene Fachleute in Verwendung, die ja auch im Handamt nicht zu entbehren sind, nämlich das betriebstechnische Dienstpersonal, welches die Anlagen in Betrieb setzt, überwacht, Störungen behebt und die fortlaufenden Wartungen erfüllt.

---

[1]) Das setzt natürlich voraus, daß auch bei notwendig gewordener Abschaltung der Teilnehmerschaltung des Gewählten die Meldevorgänge im LW sich abspielen.

[2]) Schrifttum: (7) Hirsemann; (12) Niendorf; (14) Strecker; (56) Riebeling.

Störungen im Handamt werden von den Vermittlungsbeamten selbst sofort bemerkt, soweit sie sich beim Vermittlungsdienst geltend machen. Die Meldung zum technischen Personal erfolgt dann mündlich. Beim Wähleramt fehlt diese Möglichkeit und muß durch selbsttätige Einrichtungen ersetzt werden.

1. Störungen und Entstörungsdienst

Auch bei fortlaufender Wartung birgt jede Anlage in ihren weitläufigen Netzen, in den verwickelten technischen Schaltanlagen, wie auch in den manchmal beträchtlichen Energiequellen ständige Gefahrenherde für den reibungslosen, sicheren Betrieb, die leicht bei Außerachtlassung der größten Vorsicht und Umsicht zur Gefährdung der gesamten Anlage führen können.

Die anfallenden Störungen sind mannigfacher Art: bald liegen Kurzschlüsse, Erdungen und Brüche von TN-Leitungen oder Verbindungsleitungen vor, bald kommen sie in Berührung mit fremden, womöglich hochspannungführenden Leitungen; oder es sprechen in der Zentrale selbst nach unregelmäßigen Vorgängen, mechanischen Berührungen usw. die fein abgestimmten Sicherungen an, oder es stehen durch andere Versager Einzelteile dauernd unter Strom, oder es klemmen die Wähler und können nicht auslösen, erreichen Schaltungen nicht die Ruhelage usw. Kurzum bei der Vielzahl von Organen, Leitungen und Kontakten steigt auch die Wahrscheinlichkeit der Störungen und Mängel, wenngleich die Technik in den letzten Jahren nach dem ersten Zeitraum der stürmischen Entwicklung der Schaltungen schon daran gegangen ist, die erkannten Störungsmöglichkeiten in den Ursachen von vornherein zu beheben.

Die immer noch möglichen Störungen würden zwar vom Dienstpersonal in ihren Folgen gewiß erkannt werden, aber dies könnte unter Umständen zu spät sein, nachdem die anfangs geringe Unzukömmlichkeit sich zu einer empfindlichen Schädigung entwickelt hat. Ganz davon abgesehen, welche Beschwerden von seiten der Teilnehmer einlaufen würden, wenn längere Zeit TN-Leitungen oder Teile der Anlage außer Betrieb gesetzt sein würden.

Man hat nun Störungen, die eine gewisse Häufigkeit aufweisen oder zu großen Schäden führen könnten, als Anlaß zur selbsttätigen Abgabe von Warnsignalen herangezogen. Bei großen Anlagen erreichen diese Schutzschaltungen ganz beträchtliche Ausdehnung und dringen bis in die kleinste Betriebsschaltung vor.

Selbstverständlich erlangen die Störungssignaleinrichtungen bei solchen Anlagen noch weit größere Bedeutung, die als Unteranlagen ohne dauernde Wartung bestehen und nur zeit- oder bedarfsweise vom Pflegepersonal aufgesucht werden.

2. Die gebräuchlichen Überwachungssignale

Größere Anlagen sind in der Regel Eigentum und Betriebsstätte der Reichspost. Es ist daher für die Störungssignale eine weitgehendere Einheitlichkeit zu erkennen, als z. B. bei den *TN*-Signalen.

Grob angedeutet ist der Grundgedanke der Störungswarnung folgender: Tritt eine Störung auf, dann bringt die geänderte Sachlage einen oder mehrere Stromläufe in Tätigkeit, wodurch am fehlerhaften Gestell eine Lampe bestimmter Farbe, der Art der Störung entsprechend, aufleuchtet. Das Warnsignal wird an eine Zentralstelle weitergegeben, an der die gleichfarbige Lampe aufleuchtet. Schließlich endigt die Warntätigkeit in einem Weckerkreis, der je nach Bedeutung der Störung nur einen Warnschlag oder ein Dauersignal auslöst.

Der diensttuende Beamte erhält somit Kunde von einem Vorfall, wenn er die Lampe an der Zentralstelle oder am Gestell nicht ohnedies zufällig gesehen haben sollte. An der Zentralstelle aufmerksam gemacht, sucht der Beamte die in leicht beobachtbarer Stelle angebrachte Gestellampe auf und behebt die angedeutete Störung.

Die berufliche Einschulung der Fachleute erlaubt natürlich eine viel weitergehende Unterscheidung verschiedener Zeichen, als bei den *TN*-Signalen. Damit wird die geplante Eingrenzung der Störungsanzeige wesentlich erleichtert.

Die nachfolgenden Schaltungen mögen als Beispiele dienen und erlauben es, vorderhand die Aufzählung bestimmter Signalarten und deren technische Durchführung zu übergehen.

C. Beispiel einer kleinen Wählanlage mit allen betriebsmäßigen Ausrüstungen [1])

1. Allgemeine Bemerkungen zur technischen Ausführung

Die Anlage ist für 100 *TN* bestimmt und zwar als reine Vermittlungsanlage, nicht etwa als Nebenstellenzentrale. Sie arbeitet mit *VW* und *LW*. Die letzteren sind noch in der älteren Bauweise nach Strowger ausgeführt. Die 100 *VW* arbeiten zusammen mit 10 *LW*.

Die Zentrale gibt ein Wählzeichen, ein Rufzeichen, ein Amtsbesetztzeichen und ein *TN*-Besetztzeichen.

Die Wählzentrale ist mit einer einfachen Überwachungseinrichtung ausgerüstet, welche das Durchgehen der Haupt- und Zweigsicherungen anzeigt, nötigenfalls alarmiert. Auch Wählerklemmungen, welche das Auslösen verhindern und dauernden Strombezug des Auslösemagneten verursachen, werden gemeldet.

---

[1]) Schrifttum: Die gleiche Anlage ist anderweitig beschrieben in: (5) Hebel; (12) Niendorf; (14) Strecker; (15), (71) Woelk; (50) Minx.

Die gesamten für 100 *TN* vorgesehenen Einrichtungen werden auf zwei Gestelle aufgeteilt. Jedes der Gestelle nimmt 50 *VW* und 5 *LW* auf, wobei aber die 10 *LW* von allen *VW* beider Gestelle erreichbar bleiben. Aus diesem Grund ist zwischen beiden Gestellen eine Kabelverbindung der betreffenden Vielfachfelder nötig, wie sie aus Bild s 31 ersichtlich wird.

Auf dem ersten Gestell sind dazu noch die Einrichtungen für die Teilnehmersignale untergebracht, während die Stromquellen und der Polwechsler als Wechselstromquelle getrennt davon Aufstellung finden. Als Zwischenglied zwischen Polwechsler und Signalstromabnahme trägt das erste Gestell noch eine Summerplatte. Das erste Gestell vermag daher als erste Ausbaustufe für eine *TN*-Zahl bis zu 50 dienen, wonach dann bis zu 100 *TN* die Erweiterung mit einem zweiten Gestell möglich wird.

Die Verteilung der einzelnen Schaltungsgruppen auf einem (ersten) Gestell ist aus Bild 15 zu entnehmen. Der oberste Rahmenteil umfaßt die Hauptsicherung und die Anlage der Überwachungs- und Alarmeinrichtung, d. s. Relais und Signallampen; die Meldekontakte für durchgegangene Zweigsicherungen befinden sich unmittelbar am jeweiligen Sicherungsstreifen der Zusammenfassung mehrerer Sicherungen.

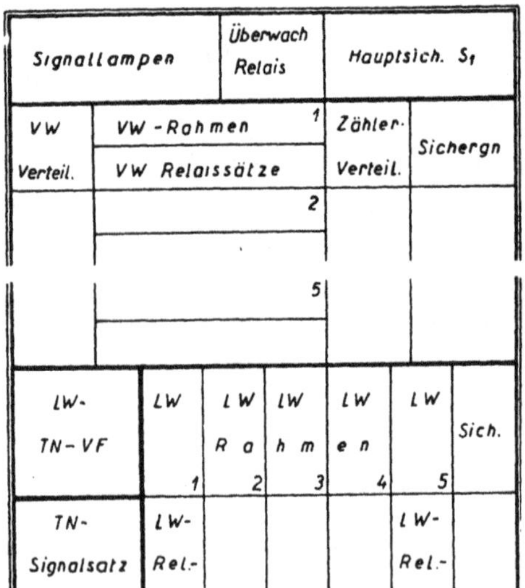

Signallampen	Überwach Relais		Hauptsich. S₁	
VW Verteil.	VW - Rahmen	1	Zähler-Verteil.	Sichergn
	VW Relaissätze			
		2		
		5		
LW-TN-VF	LW / R a h m e n (1)	LW (2)	LW (3)	LW (4) LW (5)	Sich.
TN-Signalsatz	LW-Rel-satz			LW-Rel-satz	

Bild 15. Die Austellung der Einrichtungen eines (des ersten) Gestelles.

Darunter reihen sich 5 Rahmen für die 50 *VW* samt ihren Relaissätzen. An den beiden Enden der Rahmen ist Platz gelassen für je ein kleines Verteilerfeld. Das eine dient zur Aufnahme der *TN*-Leitungen vom Hauptverteiler und deren Weiterführung zum *VW* und zum *TN*-Vielfachkontaktfeld der *LW*. Das andere Verteilerfeld nimmt die Anschlüsse zu den Gesprächszählern auf. Rechts neben dem Zählerverteiler sind die Sicherungsstreifen für die Zweigsicherungen eines Rahmens zu denken.

Unter den *VW*-Rahmen findet ein größerer Verteiler Platz, auf dem die Verteilung der Leitungen zu dem *TN*-Vielfachkontaktfeld der *LW* stattfindet. In ihn mündet auch das Kabel der Vielfachleitungen vom anderen Gestell und von ihm verläßt ein gleiches Kabel das Gestell zum Verteiler des Nachbargestelles.

Neben dem *LW*-Verteiler reihen sich die 5 *LW* an; am Rande ist wieder ein Sicherungsstreifen angefügt. Die Relaissätze der *LW* kommen unter den *LW* zur Aufstellung.

Den Platz unter dem *LW*-Verteiler nimmt die *TN*-Signaleinrichtung ein.

2. Der schaltungstechnische Aufbau der Anlage

Die Schaltung (Bild s 32) kann man sich als Zusammenfassung der schon bekannten Teilschaltungen für *VW* und *LW* denken. Selbstverständlich erfahren sie jedoch alle jene Erweiterungen oder Änderungen, die für den vollständigen Betrieb nötig sind. Ganz neu dazugekommen sind natürlich die Einrichtungen für die Signalgabe[1]).

Das Schaltbild Bild s 32 ist in eine Anzahl Felder eingeteilt, und zwar bestehen solche Felder für die folgenden Schaltungsabschnitte:

a) Der *VW* und *VW*-Relaissatz 50   100
b) der *LW* und *LW*-Relaissatz 5   10
c) der Signalsatz 1   —
d) die Summerplatte 1   —
e) Gestellüberwachung und Alarmeinrichtung . . 1   1
f) Polwechsler 1   [2])
g) *ZB* 1   [2])

                                        Gestell   Anlage

Die Schaltung von Bild s 32 bezieht sich auf das erste Gestell. Um aber den Zusammenhang mit dem zweiten Gestell anzudeuten, findet man in dem Bild die nötigen Feldspalten eingefügt.

Die Durchgangslinien von einem Feld in das andere verdienen nun besondere Beachtung, weil sie ja Folgen der Bündelung und der Mehrfachanschlüsse gewisser Einrichtungen sind.

a) Der *VW* und der *VW*-Relaissatz. Die mehrfach nötigen Abzweigungen einer vom Hauptverteiler kommenden *TN*-Leitung gab Anlaß zu zwei besonderen Arten von Verteilerplatten auf jedem Gestell (Bild s 31). Der *VW*-Verteiler — sein Platz unter mehreren gleichartigen war schon in Bild 15 zu ersehen — nimmt die vom Hauptverteiler kommenden 10 *a-b*-Adern eines *VW*-Rahmens auf und

---

[1]) Beim erstmaligen Übergang von den bisherigen Schaltungen zu den Schaltungen der Praxis treten nun eine Reihe von Gesichtspunkten auf, die für das Lesen der üblichen Schaltungen von großer Bedeutung sind. Das ist nun auch die Ursache, die kommenden weiteren Bemerkungen über die vorliegende Schaltung sehr ausführlich zu halten, um auf die bei den gewohnten Schaltbildern und deren Beschreibungen als selbstverständlich vorausgesetzten Zusammenhänge hinzuweisen.

[2]) Polwechsler und *ZB* sind in der Regel doppelt vorhanden zum Wechseln und zur allfälligen Reserve.

bringt sie an dreiteilige Lötspitzen, wie es Bild s 31 für einen *TN* (17) des ersten *VW*-Rahmens zeigt. Von den Lötspitzen gehen Abzweigungen der *a—b*-Adern zu den betreffenden t_{1-3}-Kontakten in der *VW*-Schaltung und zu dem *LW*-Verteiler des gleichen Gestelles.

Die *c*-Ader eines *TN* geht von der Lötspitze im *VW*-Verteiler aus einerseits zum Widerstand *rT*, anderseits gemeinsam mit der *a—b*-Ader zum *LW*-Verteiler.

Die *TN*-Schaltung ist in ihrer schon bekannten Zusammensetzung leicht wiederzuerkennen. Neu ist nur die Einführung des Zählers *Zl* und die Zwischenschaltung des Widerstandes *rT* in die verbindende Leitung von der Ruhelage des *VWc*-Armes zum *TN-LW*-Vielfach.

Die drei nötigen Anschlüsse zur Batterie gehen über die Sicherung 7, und zwar sichert je eine Sicherung einen *TN*.

Nun zu den Felddurchgangslinien: Nicht jedes Relais *R* der 10 zu einem Rahmen zusammengefaßten *VW* hat einen Anschluß an die Batterie, sondern alle 10 Leitungen eines Rahmens werden zusammengelegt und vorerst gemeinsam durch eine Sicherung 6 abgesichert, welche sich ebenfalls auf dem Sicherungsstreifen rechts vom Rahmen befindet. Die 5 Ausgänge von den 5 Rahmensicherungen werden neuerdings zusammengefaßt und münden als eine Leitung in die Summerplatte. Mit der gleichen Leitung des zweiten Gestelles vereinigt führt der Weg endlich in die Zweitwicklung des Übertrager $\ddot{U}_1$ und von dort in die Hauptsicherung des ersten Gestelles (Bild s 33). Von der Hauptsicherung aus strahlen daher $2 \times 5 \times 10$ Leitungen zu den *R*-Relais beider Gestelle aus.

Auch von *VWD* rührt eine Durchgangslinie her: Je 10 *VWD* eines Rahmens erhalten zusammengefaßt eine Sicherung *Si* 8; von den Sicherungen aller 2×5 Rahmen beider Gestelle geht nun eine Leitung in das Signalfeld und kommt erst über einen Kontakt g_2 zur Erde. Die *VWD* sind daher nicht nur einzeln durch *Si* 7, sondern auch rahmenweise gegen Erde gemeinsam abgesichert.

Schließlich verlassen das *VW*-Feld noch die vielfach geschalteten Zugänge zu den *LW*. Aus jedem Feld treten 3×10 Leitungen — von den 3 Kontaktkränzen des *VW* herrührend — in das Vielfach zu den 10 *LW*.

b) Der *LW* und *LW*-Relaissatz. Die *LW*-Schaltungen hat das Relais *C* und den Auslösemagneten aus der früheren engen Verkettung gelöst. *C* tritt an Stelle des früheren w_p für den *VW*, während *LWM* für sich allein bestehend die *LWD*-Schaltung zur freien Wahl innerhalb eines Sammelanschlusses erweitern läßt. Man erkennt deutlich die zwei getrennten Ketten von Relaiskontakten für den Antrieb von *LWD*. Unter Aufnahme eines neuen Relais *Z* ist auch der Stromlauf für *P* stark erweitert worden. P_1 und P_2 übernehmen nur die Aufgaben eines Relais *P*, dessen Kontakte nicht von einem Relais allein bewältigt werden können. Auch das Relais V_2 zeigt einen sehr erweiterten Stromlauf, und zwar für die Auslösung des LW im Falle, daß sich die a—b-Adern der TN-Freileitung kurz berührt haben und V_1 dabei kaum zum Ansprechen kam.

In der Sprechschleife des LW bildet nicht mehr das Relais A die Brücke allein, sondern teilt sie mit einem neuen Relais B in einer überdies erweiterten Kontaktfolge im Stromlauf A und B tragen neben den Ansprechwicklungen noch Übertragerwicklungen zur Aufnahme der Signalwechselströme in die TN-Schleife.

Die von den zwei genannten Wicklungen herrührende Doppelleitung wird von einer Reihe Relaiskontakten im LW-Feld zur Auslösung und Abschaltung der Signalströme gesteuert und tritt unter Zusammenfassung der 2×5 Doppelleitungen in das Signalfeld ein[1]).

Das neue Relais L wird, wie ersichtlich, gemeinsam mit den übrigen 9 der beiden Gestelle im Signalsatz von dem Kontaktfeld eines Drehwählers gesteuert, der sich unschwer als Formungswähler erkennen läßt. Die Kontakte von L steuern dann erst den Ruf und das Rufzeichen. Ebenso wird der Antriebskreis für die freie Wählerbewegung für alle 10 LW nach Bedarf von dem Kontakt 1_2 im Signalfeld betätigt. D. h., der Treibsatz im Signalfeld dient auch für diese Arbeit und nicht nur zu Formungszwecken.

Schließlich verläßt noch eine Zuleitung zum Relais V_{3l} das Leitungswählerfeld. Sie und die übrigen der restlichen LW kommen unmittelbar in den Rufstromübertrager des Polwechslers; sie stellt demnach die Rufstromzuführung zum gewählten TN dar. V_3 spricht nur beim Melden an, nicht aber beim Durchfluß des Rufstromes.

Vom Signalfeld führt noch eine Doppelleitung in Verzweigung in jedes LW-Feld, welche als Anlaßleitung der Signaleinrichtung dient (y_3, v_{14}).

Da bei der gebündelten LW-Schaltung die Abschaltung der Teilnehmerrelais (R und T) vor dem Melden notwendig wurde, muß für die Meldung und nachfolgende Speisung ein eigenes Relais vorhanden sein; in unserem Falle das Relais Y. (V_{3l} tritt aushilfsweise an dessen Stelle.) Y hält vor dem Ansprechen seine zweite eigene Wicklung kurz und verhütet dadurch ein Ansprechen auf Stromstöße beim Rufen.

Der Übergang der a—b—c-Adern vom LW in das Vielfachfeld stellt die schon erwähnte Verbindung mit dem VW-Feld her. Es wurde sabei angedeutet, daß die Vielfachschaltung auch ins Nachbargestell reicht.

c) Das TN-Signalfeld. Für beide Gestelle ist nur ein Signalfeld vorhanden, aus dem, wie schon erwähnt, Leitungen aktiver und

---

[1]) Aus den bisherigen Erklärungen wurde die Bedeutung der mit Ziffern versehenen Abzweigungen in den Felddurchgangslinien klar: Eine solche Verzweigung in einem bestimmten Felde bedeutet, daß die genannte Anzahl Leitungen in ebenso viele gleiche Felder abzweigen, oder von dort zusammengefaßt sind.

passiver Art sich in die *LW*-Felder verzweigen. Die Signaleinrichtung besteht aus einem Treibsatz mit den Relais *I* und *II*, dem Signalschalter *SS* und den Relais *K* und *G*.

d) Das Feld der Summerplatte. Die Summerplatte besteht im wesentlichen aus zwei Übertragern, von denen $\ddot{U}_2$ vom Polwechsler her zerhackten Gleichstrom erhält und mittels einer Art Siebkette im Sekundärteil daraus eine hörbare Frequenz für Signale aussiebt. In diese Zweitwicklung von $\ddot{U}_2$ münden die 10 Abnahmeleitungen für Summerstrom, der nun teils vom *LW*, teils von der Signaleinrichtung gesteuert wird.

Bedarfsweise erhält ein Übertrager $\ddot{U}_1$ von $\ddot{U}_2$ die Wechselspannung, um das Amtsbesetztzeichen geben zu können.

In der Summerplatte ist auch die Vorspannung eines Gleichstromes für die Tonströme deutlich zu erkennen.

e) Das Feld der Gestellüberwachung und der Alarmeinrichtung. Die Relais A_1, *GA*, W_1 und W_2 stellen die Behelfe dieser Einrichtung dar. Als Anzeigevorrichtungen kommen die rote und die grüne Lampe und der eine Wecker in Frage; der zweite erhält seine Stellung außerhalb des Dienstraumes, gegebenenfalls in der Wohnung oder im Aufenthaltsraum des technischen Personals.

A_1 spricht an, wenn der *LW* auslösen will (*LW M*) *GA* beim Durchgehen der Hauptsicherung. Die beiden *W*-Relais übernehmen die Rolle einer Verzögerungskette, die dann den Alarm auslöst, wenn A_1 zu lange unter Strom steht. Die rote Lampe wird, wie aus Bild s33 zu ersehen ist, von den Kontakten zum Aufleuchten gebracht, die sich auf den Sicherungsstreifen selbst befinden. Ein solcher Kontakt spricht an, wenn die betreffende Sicherung durchgeschmolzen ist und nicht mehr imstande ist, die gespannte Kontaktfeder offenzuhalten.

f) Der Polwechsler. Er ist ein Pendelunterbrecher langsamer Laufart, dessen Zerhackungsfrequenz der Rufstromfrequenz entspricht. Wie schon erwähnt, dient der zerhackte Gleichstrom als Ausgangsprodukt zur Entnahme von Tonfrequenzen aus den Oberwellen.

Die induktiv aus der Zweitwicklung des Übertragers am Polwechsler entnommenen Stromstöße dienen als Rufstrom zur Betätigung der Wechselstromwecker bei den Teilnehmerstellen.

Auch die Rufstromleitung steht unter Gleichstromvorspann, aber dies hätte der Wechselstrom an und für sich nicht nötig, doch soll beim Melden während des Rufsignales V_{3t} ansprechen können, indem der Gleichstrom dem Wechselstrom einfach überlagert wird; während des Rufens bleibt er ja vom Kondensator abgeriegelt.

g) Die Zentralbatterie[1]). Bild s33 gibt die genaue Übersicht über die Abnahme der vielen Stromläufe und ergänzt die Angaben des

---

[1]) Schrifttum: Grundsätzliches über Stromversorgung: (4) Grau; (7) Hirsemann.

Tabelle 8. Schaltung für 100 *TN*.

Bez.	Kontakte usw.						Wicklungen bf: bifilar (r)			Schaltzeiten		Benennung
	1	2	3	4	5	6	I	II	III	an	ab	
Vorwähler und Vorwählerrelaissatz												
R	1	2					500	400		10	10	Anlaßrelais.
	a	a						bf				
	3 E	2 D					2 B	2 B				
Zl							100					Gesprächszähler.
							4 D					
VWD	a	b	c	d		u	30	200		10	10	VW-Antrieb.
		Arme				r		bf				
	5 A	5 C	5 D	3 D		3 F	3 E	4 E				
T	1	2	3				12	600	400	10	10	Prüf- und Sperr-
	u	u	u						bf			relais.
	2 A	2 C	3 E				4 C	3 C	3 B			
Leitungswähler und Leitungswählerrelaissatz												
A	1	2	3				500	100		10	10	Stromstoß- und
	r	a	r					ü				Speiserelais.
	13 E	14 F	11 F				6 B	6 F				
B	1						500	100		15	15	Sammelanschluß-
	a							ü				relais.
	12 G						7 B	7 F				
C	1	2	3	4			50	400	350	100		Umsteuer- u. Wähl-
	a	a	u	a			I	II	r₁	r₂		zeichenrelais.
	8 F	13 F	11 E	7 F			9 E	9 E	8 D	8 E	30 / 100	
V₁	1	2	3	4			1340			20	100	Betriebsrelais.
	a	u	a	u								
	13 F	15 E	11 E	18 G			14 G					
V₂	1	2	3	4	5	6	360			20	100	Wahlsicher.-Relais.
	a	a	a	r	r	a						
	8 B	13 F	11 F	17 F	12 G	8 G	13 E					
V₃	1	2	3				675	700		20	100	Melderelais.
	a	a	a									
	8 B	17 F	16 E				14 E	14 E				
P₁	1	2	3	4			30	720		10	60	Prüf- und Sperr-
	a	r	r	a							I k	relais.
	10 G	12 F	6 F	17 F			18 E	18 F				
P₂	1	2	3				40			10	10	Durchschalterelais.
	a	a	a									
	17 a	17 B	12 B				18 D					
L	1	2	3				800			10	10	Rufrelais.
	u	a	u									
	15 C	6 F	15 A				10 G					
Z	1	2	3	4			1340			25	100	Zähl- und Ruf-
	u	r	u	r								abschaltrelais.
	15 F	10 F	15 D	7 B			15 G					
Y	1	2	3				420	80		25	10	Melde- und Speise-
	r	a	r							II k		relais.
	13 B	14 E	18 G				13 B	13 B				

Tabelle 8. **Schaltung für 100 *TN*** (Fortsetzung).

Bez.	Kontakte usw. 1	2	3	4	5	6	Wicklungen bf: bifilar (r) I	II	III	Schaltzeiten an	ab	Benennung
\multicolumn{13}{c}{Leitungswähler und Leitungswählerrelaissatz}												
LWH				k_1 r 8F	k_2 a 16E		80 10E			10	10	LW-Hubantrieb.
LWD	a 18A	b Arme 18C	c 18D	d a 12F	w_1 r 13F	w_2 a 7F	60 12E			10	10	LW-Drehantrieb.
LWM	Auslöseklinke				m u 7D		200 16D	500 bf 16D		30	60	LW-Auslösemagnet.
\multicolumn{13}{c}{Teilnehmer-Signaleinrichtung}												
G	1 a 9K	2 r 3I	3 a 5K				2000 17I	3000 bf 17I		10	10	Abschalterelais.
K	1 a 8K	2 a 14K					3000 18I			10	10	Signal-Anlaßrelais.
I	1 r 13J	2 a 12I	3 a 11J	4 a 7I			500 14J	1000 bf 14I		40	200	Langsam-Unterbrecherrelaissatz.
II	1 a 14J						500 12J	1000 bf 13I		40	200	
An	1 a	2 a	12K				100 9J	1400 bf 10I		10	10	Signal-Schalterrelais.
SSD	1 Arme 9I	2 10I					300 11J			10	10	Signalschalter.
\multicolumn{13}{c}{Überwachungseinrichtung}												
GA	1 a 2M	2 a 16N					3000 2N	3000 bf 2M		15	15	Hauptsicherung, Alarm.
A_1	1 a 9O	2 a 18N					4000 7N			15	15	Auslöse-Kontrollrelais.
W_1	1 a 18M	2 r 16M					500 19L	1000 bf 19L	1000 bf 17M	40	200	Verzögerungsrelaiskette.
W_2	1 a 16M	2 f ar 17M	3 r 19M				800 18L	250 18L	400 bf 18K	50	10	

Schaltbildes bezüglich der Zweigsicherungen. Eine Batterie speist beide Gestelle. Eine zweite liegt inzwischen vielleicht zur Ladung in Bereitschaft. Die dazu nötigen Einrichtungen und Sicherungen scheinen natürlich im Schaltbild nicht auf.

Das Schaltbild (Bild s32) und die noch späterhin zu zeigenden Schaltbilder betonen die für den Anfänger wichtigen Zusammenhänge der Gesamtschaltung einer Anlage besonders. Die üblichen Schaltungen der Praxis legen darauf keinen Wert und setzen die Kenntnis solcher kaum angedeuteten Verbände als selbstverständlich voraus. Eine in der Praxis anzutreffende Schaltung zeigt daher nur eine Ebene der Felder auf, in welchen sich die Vorgänge abspielen können; in Wirklichkeit besteht die Gesamtschaltung, wie gezeigt wurde, aus einer Anzahl von gleichen Feldern, die mit vielleicht mehreren Feldern anderer Art und mit Einzelfeldern in Wechselbeziehungen stehen, also bildlich gesprochen aus mehreren Ebenen neben- und übereinander, die aber durch Durchgangsleitungen in mannigfacher Verbindung und Beeinflussung liegen. Beim Verfolgen von Schaltvorgängen und bei der Kontrolle der Wirksamkeit von Schaltanlagen darf dies natürlich nie außer acht gelassen werden. Bilden doch alle Tätigkeitsebenen zusammen das Wesen einer Wählanlage.

3. Beschreibung der Schaltvorgänge

a) Abheben, Vorwahl und Amtszeichen (Wählzeichen), Bild s32 und z24. Der anrufende TN hebt ab, R spricht an und läßt den VW anlaufen. Die Bauart des VW ist noch die gleiche, wie bei der gezeigten früheren VW-Schaltung. Der VW dreht nun solange, bis er einen freien LW gefunden hat. Bild z24, 11), [7].

13) t_2 schaltet den VW ab und setzt den Lauf still [3, 4]; es schaltet auch T_{II} kurz [5] und stellt die erste Sperrschaltung her [8']. t_{1-3} unterbrechen R und schalten zum LW durch. A und B werden erregt [12]. Der Stromlauf [8] besteht erst nach Abfallen von R wirklich.

15) a_2 erregt V_1 [19].
Das Mikrophon erhält seine Speisung vom LW her.

17) c_3 steuert von Drehen auf Heben [24, 25]. c_4 ermöglicht das folgende Wählzeichen [47]. c_1 endlich bereitet für C selbst einen Haltekreis vor [9].

19) v_{14} erregt K im Signalsatz [46].

20) Die Folge davon ist nun, daß der Polwechsler in Tätigkeit kommt [53, 54, 57], und daß der Treibsatz seine Arbeit beginnt [60, 62, 64, 65, 66, 68].

21) Beim Ansprechen von I geraten die Zweitwicklungen von A und B unter Summerstrom und geben diesen über die Erstwicklungen an die TN-Schleife zum horchenden Hörer weiter [47, 12]. l_4 formt mit der weiteren Arbeit von I das Wählzeichen zu gleichmäßigen Stromstößen.

b) Zehnerwahl, Abschalten des Wählzeichens, Umsteuern von Heben auf Drehen.

39) Der TN zieht die Nummernscheibe auf. Das Wählzeichen wird durch nsa zum Verstummen gebracht. Der Treibsatz legt zwar weiterhin in der Arbeitsstellung von C stoßweise Summerstrom an A_{II}—B_{II} [47, 13, 15].

43) Beim Ablauf der Nummernscheibe wird *nsi* geöffnet. *A* und *B* müssen abfallen. .

45) V_1 hält sich über diese und die kommenden Stromlücken. V_2 wird erregt [20] und wird sich über die kommenden Stromlücken halten. *LWH* wird noch von v_{23} abgeschaltet gehalten.

47) v_{23} erregt nun erst *LWH* [24]. v_{26} stellt den Haltekreis für *C* her [9]. v_{21} schließt B_I für die Dauer der Zehnerwahl kurz [14, 15].

48) LWk_1 öffnet und bewirkt, daß *C* nicht mehr ansprechen kann, wenn v_{26} einmal geöffnet haben wird.

Man kann im weiteren Verlauf der Zehnerwahl deutlich wieder den Einleitungs- und die Wiederholungsschritte unterscheiden. Die letzteren bringen den Wähler nur in die gewählte Dekade.

Nach Beginn des Schlußschrittes fällt V_2 ab.

61) v_{21} gibt B_I wieder frei [14, 15, 13]. v_{26} unterbricht *C*. Das Relais *T* im *VW* hält sich nun über [10]. Der Zähler *Zl* stand bisher nur unter schwacher Vorerregung und wird diese bis zur Zählung behalten.

66) c_3 steuert nun von Heben auf Drehen um [24, 25]. c_4 schaltet jetzt erst das Wählzeichen ab [47], noch bevor *nsa* die Sprechstelle freigibt. Der Polwechsler und der Treibsatz arbeiten allerdings ungestört weiter, können aber keinen Einfluß auf den Verbindungsaufbau nehmen.

68) Nach dem Auslaufen der Nummernscheibe öffnet *nsa*, gibt die Sprechstelle frei [1] und stellt die alte Durchschaltung wieder her [12].

c) Das Amtsbesetztzeichen. Der Vorgang ist ohne Schaltzeitplan leicht zu überschauen: Wenn alle *LW* belegt worden sind, stehen alle 10 v_{14} in der Arbeitsstellung und geben das Relais *G* im Signalfeld zum Ansprechen frei [44, 45]. Mit g_1 setzt *G* nun den Polwechsler in Tätigkeit [55, 56]; wenn nämlich alle 10 *LW* ihre Verbindung aufgebaut haben sollten, wäre *PW*, wie wir noch sehen werden, abgeschaltet. g_2 schaltet alle *VWD* ab [3, 4]; ein jetzt dazukommender *VW* kann nicht anlaufen. Mit g_3 endlich wird der Übertrager $Ü_1$ in der Summerplatte tonstromführend und gibt in das *R* des neu anrufenden *TN* ein Dauersummerzeichen als Amtsbesetztzeichen.

Falls nun der *TN* nicht auflegt, kann es sein, daß ein *LW* frei wird, mit seinem v_{14} *G* wieder kurzschließt [44], und den normalen Zustand wieder herstellt. Der wartende *VW* kann anlaufen und den freigewordenen *LW* belegen; der *VW* des *TN*, der gerade aufgelegt hat, findet zum Heimlaufen bereits alle Hemmungen beseitigt.

Die hier gezeigte Schaltung verhütet daher das dauernde Laufen von suchenden *VW*, kann aber nicht verhindern, daß vielleicht, durch die gleichzeitige Jagd mehrerer *VW* nach einem eben freigewordenen *LW* Unzukömmlichkeiten auftreten.

d) Einerwahl, freie Wahl innerhalb eines Sammelanschlusses, Prüfen, Sperren, Durchschalten, Anrufvorabschalten, Rufen (Bild z25). Vorerst mögen kurz die Einrichtungen eines Sammelanschlusses[1] erläutert werden. Unter einem Sammelanschluß versteht man nämlich eine aufeinanderfolgende Reihe von *TN*-Leitungen, die zu einer Nebenstellenanlage führen. Solche Nebenstellenanlagen sind Fernsprechanlagen privater Natur, deren *TN*-Stellen über eine gewisse Anzahl von Anschlüssen auch in das öffentliche Ortsnetz sprechen können. Diese nicht mehr individuellen *TN*-Leitungen haben demnach den Charakter von zusammenfassenden Ver-

---

[1] Schrifttum; (12) Niendorf; (14) Strecker; (30) Günther.

bindungsleitungen. Es ist nun die Frage, ob z. B. 4 Leitungen zu einer Nebenstellenzentrale mit beliebigen Nummern gut ausgenützt sind; wohl kaum, denn wer merkt sich die 4 Nummern oder wer nimmt sich die Mühe, alle 4 Nummern der Reihe nach zu wählen, wenn eine davon besetzt sein sollte. Auch falls die Nummern in der Zahlenreihe aufeinanderfolgen, ist noch nicht viel verbessert, weil das Neuanrufen nur unnötig Einrichtungen der öffentlichen Anlage belegt und überdies für den Anrufenden gleich lästig bleibt.

Solche Verbindungsleitungen zu Nebenstellenanlagen machen sich nur gebündelt wirtschaftlich gut bemerkbar. Dies kann nun dadurch erreicht werden, daß der *LW* nach der Wahl der ersten Nummer eines solchen Anschlußbündels, deren Zahlenfolge sich aneinanderreiht, bei Besetztsein dieser ersten Nummer in freier Wahl aus dem Bündel die nächste freie aussucht und sie für die gewünschte Verbindung belegt.

Zu diesem Zweck muß der *LW* besonders eingerichtet sein, und zwar baulich und in der Schaltungsanordnung. Eingangs wurde schon erwähnt, daß jeder *LW* zwei Dekaden für Sammelanschlüsse erhält. In Bild 10 war ein solcher Wähler zu sehen. Das Bild zeigt auf der Wählerwelle zwei Nockenkränze, deren Nocken dem Kontaktfeld des Wählers abgekehrt sind. Den Nockenreihen gegenüber ist eine Kontaktfeder zu sehen, welche bei Berührung mit einer Nocke geschlossen wird. Beim Steigen der Wählerachse bleibt der Kontakt von den Nockenkränzen unbeeinflußt, erst beim Eindrehen auf einer der beiden Dekaden kommen die Nocken einer der beiden Kränze in Berührung mit der Kontaktfeder. Außerhalb der beiden Dekaden streichen die Nockenkränze unter oder über der Feder wirkungslos durch.

Der Anrufende wähle nun eine Nummer aus dem Sammelanschluß, nehmen wir an, die erste. Vorerst kommt die Welle auf die Höhe der verlangten Dekade, die Arme stehen am Anfang der betreffenden Kontaktreihe; die Nockenscheibe der gleichen Dekade mit der ersten Nocke liegt knapp vor dem Druckstück der beweglichen Feder des Kontaktes *sk*, wie er benannt sein soll (Bild 16).

Wir nehmen an, auf der gewählten Dekade befänden sich zwei Sammelreihen mit den Nummern (Einernummern) *2—3—4* und *6—7—8—9—0*. Für diesen Fall werden aus später noch zu erklärenden Gründen die Nocken *1, 4—5* und *0* so abgebogen, daß sie nicht mehr auf den Kontakt *sk* wirken können.

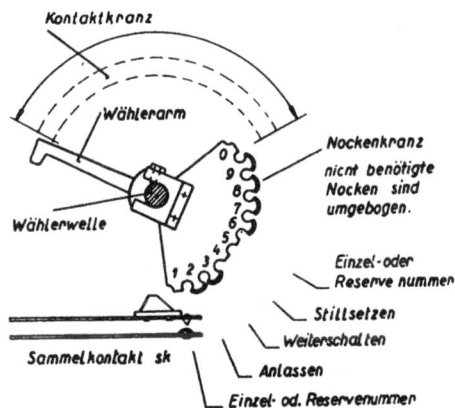

Bild 16. Die Wirkungsweise des Sammelkontaktes. *2-3-4* und *6-7-8-9-0* als Sammelanschlüsse. *1* und *5* Einzelanschlüsse oder Reserveleitungen für die beiden Sammelanschlüsse. Nockenscheibe vor dem Eindrehen der Arme.

Bei der Wahl der ersten Nummer des ersten Sammelanschlusses dreht also der Wähler auf den zweiten Kontakt ein. Dort wird die Feder von *sk* abgebogen, der Kontakt schließt und bleibt geschlossen beim Weiterdrehen, bis die Arme die Nummer *4* erreicht haben, dort findet *sk* keine Nocke und öffnet wieder. Es sei vorweggenommen, daß der Wähler solange bei Besetztsein der Sammelnummern drehen muß, bis er auf der letzten Sammelnummer stillgesetzt wird, gleichgültig ob der letzte Anschluß frei oder besetzt sein wird.

Der Kontakt *5* kann nun (wie der Kontakt *1*) eine Einzelnummer sein, oder eine Reservenummer für den schon bestehenden ersten Sammelanschluß, die aber nicht benützt wird. Hätte der Wähler auf Grund der Wahl die Nummer *6* erreicht, dann müßte er gegebenenfalls wieder in freier Wahl weiterdrehen, würde aber gleichfalls bei Besetztsein aller Anschlüsse bei dem Kontakt *0* stillgesetzt werden. Selbstverständlich darf die freie Wahl gar nicht einsetzen, wenn der gewählte Anschluß frei sein sollte.

Nach Bild 16 wird es auch erklärlich, daß die Wahl irgendeines Anschlusses vor der letzten Nummer die noch mögliche freie Wahl auslösen kann.

Bleibt der Wähler auf der letzten Nummer des Anschlusses liegen und findet er ihn ebenfalls besetzt, dann ist das Besetztzeichen zu geben. In allen übrigen Fällen hat beim Erreichen eines freien Anschlusses der Ruf und das Rufzeichen hinauszugehen.

Nun wieder zurück zu dem Verlauf der Schaltvorgänge während der Einerwahl:

1) Beim Aufziehen der Nummernscheibe nimmt *nsa* wieder den bekannten Wechsel der Stromläufe vor, hat aber keinen Einfluß auf irgendein Signal, weil augenblicklich keines gegeben wurde; es verhindert aber, ein bald darauf vorbereitetes zu vernehmen.

Das Spiel von A, V_1 und V_2 läuft nach bekannter Art ab und braucht nicht mehr erwähnt werden.

5) v_{21} schließt B_I kurz. Dies wird diesmal von Bedeutung, weil B erst nach Beendigung der Wahl beim Ansprechen zur Wirkung kommen darf. v_{22} bereitet sich selbst einen Haltekreis vor [22, 21]. v_{23} verursacht erst jetzt die Erregung von LWD, während gleichzeitig v_{24} für die Wahlsicherung den Prüfkreis abgeschaltet hält [30].

6) Beim Eindrehen auf den ersten Schritt wird w betätigt. w_1 gibt den Stromlauf für V_2 auf, so daß es nach dem nächsten Abfallen nicht mehr ansprechen kann [21]. w_2 legt nun Summerspannung an die Zweitwicklungen von A und B [48]. *nsa* läßt aber das von A_{I-II} übertragene Zeichen noch nicht hören. Vorderhand hat das unterdrückte Zeichen den Charakter eines TN-Besetztzeichens; es wird sich demnach gegebenenfalls in ein Rufzeichen wandeln müssen.

12) Der Wähler hat den gewählten Anschluß erreicht. Wir nehmen an, er sei besetzt und bilde den Anfang einer Sammelreihe. *sk* wird nun von der ersten Nocke der Sammelreihe geschlossen. Die a—b—c-Adern sind noch nirgends durchgeschaltet.

18) V_2 ist nun abgefallen. Es stellt die normale Durchschaltung [12, 13] her, schaltet den Wahlantrieb von LWD ab [25] und gibt dafür den Prüfkreis frei [30]. P_1 kann nicht ansprechen. v_{25} gibt den neuen Antriebskreis für LWD frei [26].

20) *b* überliefert nun endlich den fertiggestellten Stromlauf [26] dem steuernden Kontakt 1_2.

Der Treibsatz war bis jetzt ungestört in Tätigkeit und verrichtet jetzt die Arbeit zum Weiterschalten des Wählers. Bei jedem neuen Schritt kann P_1 wieder prüfen. Wir nahmen im Schaltzeitplan Bild z 25 an, daß der dritte Anschluß der Sammelnummer frei war.

29) P_1 und T (im VW der erreichten Nummer) sprechen an. P_2 erhält derweil noch zu wenig Strom [30].

Bisher war die Wirksamkeit des Kontaktes d beim Drehmagneten nicht zu beachten; nun stellen wir fest, daß d den Kontakt p_{12} überbrückt. d arbeitet wie ein gewöhnlicher Relaiskontakt bei jeder Ankerbewegung mit. Der Zweck dieses Kontaktes gleicht jenem des Kontaktes asd bei der AS-Schaltung von S & H. Sollte P sehr schnell ansprechen, dann sichert d das volle Durchziehen des Ankers zum Aufschieben der Arme.

31) p_{11} erregt $L - An$ [50]; p_{12} beläßt nur noch den Stromlauf [27] für LWD; er ist hier ohne Bedeutung, weil LWD einen vollen Stromstoß erhalten hat; beim Abfallen von LWD wird [27] ohnedies unterbrochen. p_{13} unterbricht das inzwischen bei 24) hörbar gewordene Dauerzeichen. p_{14} endlich stellt die erste Sperrschaltung her und verschafft dem Relais P_2 den nötigen Erregungsstrom [31]. t_{1-3} schaltet beim gewählten TN das Relais R ab; t_2 trennt den VWD ab.

32) Jetzt hat auch P_2 durchgezogen. p_{21-22} schalten nun zum gewählten TN durch.

Die Ansprechzeiten von L und An wurden absichtlich etwas zeitlich verzerrt dargestellt und vergrößert, damit die Vorgänge nicht so zusammenfallen und sich leichter überblicken lassen.

33) l_{1-3} schicken den ersten Ruf zum gewählten TN, während l_2 das Rufzeichen beginnt [41, 49]. V_{3l} kommt dabei unter Rufstrom, der aber zufolge der Verzögerung von V_3 nichts auszurichten vermag.

34) an erregt SSD, den Antrieb des Signalschalters. Die bisher zeitlich stark verkürzte Darstellung der Arbeitsweise von I und II mußte während der eben verlaufenden Vorgänge in ungefähr gleiche Größenordnung mit den anderen Relais gebracht werden.

Der Signalschalter erhält nun fortlaufend durch 1_3 Stromstöße und dreht. Immer wenn ss_1 den Ruhekontakt und die erste Arbeitslamelle berührt, kommt L unter Strom und gibt einen Ruf- und Rufzeichenstromstoß. An hält sich während der Stellungen 1 bis 10 über ss_2.

an schafft für I und II eine Reihe neuer Stromläufe, oder besser gesagt, macht sie von k_2 unabhängig. Sie spielen jedoch erst nach dem Melden eine Rolle.

Der Ruf und das Rufzeichen gehen nun solange hinaus, bis sich der Gewählte meldet. Die Zeichenfolge besteht ungefähr aus einem Stoß innerhalb 5 s, je nachdem der Treibsatz arbeitet.

e) Das TN-Besetztzeichen. Im Zeitpunkt 29) könnte P_1, falls der erreichte Kontakt einen besetzten Einzelanschluß darstellt, oder die besetzte letzte Nummer eines Sammelanschlusses wäre, nicht ansprechen. p_{13} würde das Dauerzeichen nicht unterbrechen, sondern weiterbestehen lassen. L und An kämen nicht zum Ansprechen, kurz der weitere Verbindungsaufbau bliebe unterbrochen.

Der anrufende TN kann nun aber auf das Freiwerden des Gewählten warten. Sobald dessen VW die Ruhestellung erreicht hat, vermag P_1 anzusprechen, wenn er vorher selber angerufen hatte; wurde er angerufen, dann ist er mit dem Abfallen von T freigeworden[1]).

---

[1]) Das Abwarten des anrufenden TN, aber auch schon die Vorgänge beim Rufen lassen eine Reihe von Möglichkeiten offen, sobald die Signalanlage während derselben Zeit auch von anderen LW her in Anspruch genommen sind. Auf sie alle einzugehen, würde zu weit führen. Eine gewisse Übersicht darüber bietet das später gezeigte Folgebild.

f) Melden und Rufabschalten während des Rufstromstoßes. Beim Melden sind zwei Möglichkeiten zu unterscheiden, ob nämlich der gerufene TN während eines Rufstromstoßes abhebt, oder innerhalb der Rufpause. Im Schaltzeitplan ist der erste Fall angenommen.

59) Beim Abheben kommt $V_{3\,I}$ unter Gleichstromerregung und spricht an [*42*], während es vorher unter der stoßweisen Wechselstromerregung in der Ruhelage blieb. HU hat die Sperrwirkung für den Gleichstrom aufgehoben.

61) v_{32} erregt Z [*38*].

62) z_1 bildet sich den Haltekreis [*39*] und stellt den dritten Sperrkreis her [*33*]; während des Umschaltens von z_1 würde es sich selber unterbrechen, bevor es kaum richtig durchgezogen hätte. v_{33} überbrückt die kurzzeitige Lücke und hält auch kurz einen zweiten Sperrkreis aufrecht [*32*]. z_2 unterbricht L—An [*50*]. z_3 bereitet das Zählen [*11*] vor.

Z ist nun unabhängig von V_3 geworden und damit auch unabhängig vom gewählten TN.

64) l_{1-3} unterbrechen den Ruf frühzeitiger als normal [*41*]; dafür wird Y erregt [*35*]. Mit dem Ruf wird auch $V_{3\,I}$ unterbrochen, so daß V_3 nun eine Stromlücke zu überstehen hat.

Y hält vorerst seine Wicklung II kurzgeschlossen und verschafft sich dadurch die notwendige Dämpfung beim Ansprechen, um gegen die Stromstöße, welche von der periodischen Entladung des Kondensators an der gerufenen Sprechstelle herrühren, gefeit zu sein. Ein solcher Entladungsstoß kann bei zufällig zeitlich ungünstiger Umschaltung von l_{1-3} ziemlich groß ausfallen, da die Möglichkeit besteht, daß sich die Gleichspannung und der Maximalwert der Rufstromspannung addieren.

66) y_1 hebt die Dämpfung für Y auf [*34, 36*]. y_2 erregt V_3 über seine zweite Wicklung, lang bevor es durch die eigene Kupferdämpfung verzögert abgefallen wäre. Schließlich unterbricht y_3 das Relais K in der Signalschaltung.

68) k_1 setzt nun den Polwechsler still. k_2 läßt die anfänglich hergestellten Stromkreise für I und II auf, die nun durch *an* weitergehalten werden. Die Folge davon ist das Weiterschalten von SSD, bis der Arm *2* das Relais An unterbricht und nun den Antrieb seinerseits stillegt.

85) Der Signalschalter hat die Ruhelage erreicht und ist für einen neuen Ruf in der richtigen Anfangslage. Auf diese Weise erhält der gewählte TN immer kurz nach dem Durchschalten schon den Ruf.

Diese Vorkehrung versagt aber leider, falls SS durch andere LW schon in Tätigkeit versetzt worden ist, wenn der Ruf in dem gerade betrachteten LW einsetzen sollte; es mag vorkommen, daß dies gerade in die Stellung *3 — 10* am Signalschalter fällt. Der auszugebende Ruf erfolgt erst nach einer mitunter mehrere Sekunden dauernden Wartezeit.

In dem Zeitpunkt 62) ist die Gesprächsverbindung fertig aufgebaut. Die Umschaltung von z_4 nach v_{31} hat nur für die Auslösung Bedeutung.

g) Das Melden in der Rufpause. In diesem Falle spricht beim Abheben Y unmittelbar an und erregt sofort $V_{3\,II}$. Y nimmt die Abschaltung der Signaleinrichtung vor, bevor noch ein weiterer Ruf zustande kommen könnte. Z spricht natürlich etwas später an, als beim vorausgehenden Falle, jedoch bleiben die übrigen Schaltvorgänge unverändert.

h) Der anrufende TN legt nach dem Gespräch als erster auf[1]. Der aufgelassene Stromlauf [*22*] von V_2 verhindert beim Auflegen ein neues Ansprechen von V_2, so daß der LW nicht weiter dreht beim Auslösen. a_2 unterbricht

---

[1] Keine Bilder hiezu; als Übungsaufgabe empfohlen.

V_1. v_{12} unterbricht die Relais $P_1 - P_2 - T_g$, wobei P_1 durch seine kurzgeschlossene Wicklung I verzögert abfällt. v_{14} öffnet für K früher, als y_3 schließen wird. Die Signaleinrichtung bleibt, daher in Ruhe. Mit $P_1 - P_2$ ist auch Z unterbrochen worden und fällt verzögert ab. v_{12} schließt die Widerstände rC_{1-2} kurz [18] und stellt damit die Schaltung zum. Zählen her [11]. Zl erhält genügend Strom zum Ansprechen und registriert, das Gespräch.

Nachdem T im VW des angerufenen TN abgefallen ist, kommt dort R unter Strom, wenn wir annehmen, daß er immer noch nicht aufgelegt hat; der VW läuft an, belegt einen freien LW und vermittelt das Wählzeichen; TN_g könnte eine neue Verbindung aufbauen. Legt der Angerufene dann auf, dann ist es dasselbe, als ob der Anrufende nach dem Abheben auflegt, ohne gewählt zu haben. Durch das abgefallene P_2 ist der Angerufene schon längst vom jetzt auslösenden LW abgetrennt worden.

P_2 bringt auch Y zum Abfallen, welches wieder V_3 unterbricht. P_1 fällt ohne Schaltwirkung ab. Durch z_3 wird der Zähler stromlos, dafür aber der Auslösemagnet erregt, der nun den Wähler ohne jede Durchschaltung auf allen drei Adern zurückschnellen läßt.

T hält sich wohl noch eine Weile, wird aber dann von m kurz unterbrochen, bringt den VW zum Auslösen und gibt damit den Anrufenden für Anrufe von anderer Seite frei.

i) Der gewählte TN legt als erster auf). Der Vorgang dieses Auslösefalles ist etwas verwickelter, dafür aber um so interessanter. Beim Auflegen wird Y unterbrochen, dadurch kommt V_3 zum Abfallen, K wird neuerlich erregt und läßt die Signaleinrichtung an.

v_{31} läßt $A - B$ abfallen. v_{33} unterbricht den Stromlauf für $P_1 - P_2 - T_g$. Dadurch wird einmal der Angerufene frei. p_{13} vermittelt nun dem Anrufenden, der noch nicht aufgelegt hat, ein Besetztzeichen, das aber nur kurz dauert, weil mit dem Abfallen von V_1 das Relais K unterbrochen und die Signaleinrichtung wieder stillgesetzt wird. v_{12} leitet die Zählung ein und unterbricht Z.

z_3 erregt den Auslösemagneten; der Wähler löst aus, unterbricht T im VW des Anrufenden und bringt den VW zum Auslösen. z_4 aber erregt $A - B$ neuerlich; V_1 kommt unter Strom, erregt abermals K und läßt den PW und die Treibsatzrelais arbeiten, doch verhindert das offene w_2 das Übermitteln irgendeines Signales zum Anrufenden.

Gleich zu Anfang des Auslösens des VW wird $A - B$ wieder unterbrochen (t_{1-3}), dafür aber kommt R unter Strom und läßt den schon am Auslösen begriffenen VW neuerlich prüfen. Es wird ein freier LW belegt und der noch immer wartende TN_r erhält das Wählzeichen. Die bisherige Wartezeit beträgt allerdings nicht viel mehr als eine halbe Sekunde.

k) Zusammenstellung möglicher Schaltvorgänge in einem Folgebild. Die zahlreichen Vorauslösefälle und die mitunter abweichenden Rufvorgänge können natürlich nicht alle ausführlich behandelt werden. Um aber doch eine gewisse Übersicht über die zu erwartenden Möglichkeiten zu geben, hat Postrat Josef Woelk die Folgebilder vorgeschlagen. Tabelle 10 gibt so ein Folgebild wieder.

4. Die Arbeitsweise der Überwachungseinrichtung

a) Das Melden einer durchgegangenen Zweigsicherung

Bild s33 faßt die Stromzuführungen in die einzelnen Stromkreise zusammen, soweit sie in dem ersten Gestell verlaufen, oder in das zweite Gestell hineinragen und von der Hauptsicherung des ersten Gestelles ausgehen.

---

[1] Kein Schaltzeitplan, Übungsaufgabe.

Tabelle 9. Folgebild nach Woelk*).   (R)

Teilnehmer TN_r hebt ab und schließt die Schleife.	Wenigstens ein LW frei. — Sperren, Stillsetzen.	Speisung über $A—B$. — Stillsetzen.	Amtsfreizeichen (Wählzeichen). — ($T_r, A, B, V_1, K, PW, I, II$.)	($T_r, C, A, B, V_1, K, PW, I, II$.) — TN_r legt auf, ohne die Einerwahl vorzunehmen.	($T_r, C, A, B, V_1, K, PW, I, II$.) — TN_r legt auf, ohne gewählt zu haben.	Alle LW sind besetzt.
Teilnehmer TN_r hebt ab und schließt die Schleife.	Anlassen des VW, Prüfen.					G ist erregt. PW in Tätigkeit. Besetztzeichen über R an TN_r.
Wahl der Zehnerziffer 3.	nsa läßt $AFZ (WZ)$ verstummen. V_2 spricht an.	nsi steuert LWH über A. C steuert auf Drehen um.	C schaltet d. Amtszeichen ab. nsa hielt es bisher fern.		Wähler macht einen Hebeschritt, löst dann aus. Beim Auslösen von LW wird durch LWm der VW zum Weiterschalten in die Ruhelage veranlaßt. TN_r wird frei.	TN_r legt auf. TN_r frei und wäre auch für Anrufe freigeblieben.
Wahl der Einerziffer 2.	V_2 sichert die Wahl. nsa verhindert Signal.	nsi steuert LWD über A. w_2 bereitet Frei- oder Besetztzeichen vor.	Prüfen. Gegebenenfalls schließt sk. ($T_r, A, B, V_1, K, PW, I, II$.)	Wähler macht einen Drehschritt und löst dann aus. Beim Auslösen des LW wird VW in die Ruhelage getrieben. TN_r wird frei.		TN_r wartet. LW wird frei. →

1. Leitung der Sammelnummer ist besetzt. — I schaltet LWD weiter; Prüfen. ($T_r, A, B, V_1, K, PW, I, II, LWD$.)

Gewählte Nummer oder Sammelnummer ist frei. — Prüfen, Sperren, Durchschalten. ($T_r, A, B, V_1, K, PW, I, II, P_1, P_2, T_g$.)

LW findet eine freie Sammelleitung. Durchschalten.

— Sperren, Stillsetzen.	Speisung über $A—B$. — Stillsetzen.	Amtsfreizeichen (Wählzeichen). — ($T_r, A, B, V_1, K, PW, I, II$.)	($T_r, C, A, B, V_1, K, PW, I, II$.)	Alle LW sind besetzt.
	LW wird stillgesetzt, Sperren. ($T_r, A, B, V_1, K, PW, I, II, P_1, P_2, T_g$.)	Einzelanschluß besetzt.	TN_r wartet Freiwerden ab.	TN_r legt auf, ohne Freiwerden abzuwarten. Signalsatz still. LW löst aus. VW löst aus. TN_r frei.
		Auch die letzte Sammelnummer besetzt. LW still gesetzt. Besetztzeichen.	Besetztzeichen.	Einzelleitung wird frei. Sperren. Durchschalten. Abschalten des Besetztzeichens.

Kein anderer LW ruft. Erster Ruf. TN-Freizeichen.	Andere LW haben SS anlaufen lassen für ihre Rufe.		TN_g hat schon abgehoben.
	Signalpause.	**Zufällig SS in der Rufstellung.** Gegebenenfalls verkürzter Signalstoß.	Wenn sein VW noch in der Ruhestellung ist oder wenn alle VW durch G abgeschaltet sind: **Gesprächszustand.** $(T_r, A, B, V_1, P_1, P_2, T_g, Y, V_3, Z.)$
Weiterer Ruf.		**Darauffolgende Pause.**	TN_r **legt auf, ohne Melden abzuwarten.** PW still. SS geht in Ruhestellung. I, II still. LW löst aus. VW löst aus. TN_r frei.
TN_r **legt auf, ohne Melden abzuwarten.** PW still. SS löst aus. I, II still. LW löst aus. VW löst aus. TN_r frei.		TN_g **meldet sich.** V_3 spricht, schaltet L ab. Y spricht an. PW still, Ruf still.	TN_g **meldet sich.** Y spricht an, PW still. V_3 spricht an, Ruf still.
		Z spricht an, SS bleibt in der Lage 0—1 oder wird in die Ruhelage geschickt. $(T_r, A, B, V_1, P_1, P_2, T_g, Y, V_3, Z.)$ **Gesprächszustand nach vollständiger Verbindung.**	

TN_g **legt zuerst auf.** Zählen, LW löst aus, VW löst aus. TN_r frei. TN_g frei.	TN_r **legt zuerst auf.** A—B werden unterbrochen, leiten die Auslösung ein, Zählen. TN_g frei. TN_r frei.	
TN_g **wartet.** T_g gibt R_g und VW frei. LW belegt. Amtszeichen.	TN_r **wartet.** T_r gibt R_r und VW frei. LW neu belegt. Amtszeichen.	
TN_g **hat inzwischen aufgelegt.**	TN_r **hat inzwischen aufgelegt.**	TN_g oder TN_r legt auf vor der Wahl. wie Auflegen vor der Wahl.

Erklärung zum Folgebild.

In jeden Feld ist ein an und für sich abgeschlossener Schaltvorgang eingetragen. Unter jedem Feld beginnen die Felder jener Vorgänge, die aus dem Schaltvorgang des oberen Feldes möglich werden.

Nach Auswahl eines bestimmten weiterführenden Feldes aus den nebeneinanderliegenden Feldern unter einem Vorfeld scheiden alle Vorgänge zwangsläufig aus, die nicht mehr in Frage kommen und lassen die Möglichkeit nur noch für die restlichen Wechselfälle offen.

Der Durchzug vom obersten Feld über eine Reihe nach unten durchlaufender Felder stellt dann die Aufeinanderfolge jener Schaltvorgänge dar, die einem bestimmten gewählten Gang eines Verbindungsaufbaues oder Versuches zu einem solchen entsprechen.

*) Der Vorschlag zur Verwendung von Folgebildern stammt von Postrat Josef Woelk: TFT 1926, Heft 11.

Die Überwachung der Zweigsicherungen besteht darin, daß jeder der vielen Sicherungen ein Kontakt *si* zugehörig ist, der dann in Tätigkeit tritt, wenn die betreffende Sicherung angesprochen hat. Die Sicherung arbeitet mit einer Lötstelle aus Weichmetall, die, von dem unzulässig hohen Strom über eine kleine Heizwicklung erweicht, ihre Festigkeit verliert und dem Drucke einer Feder nachgibt, die nicht nur den gefährdeten Stromkreis unterbricht, sondern auch den Kontakt *si* schließt. Alle *si*-Kontakte liegen parallel und lassen jeder für sich, wenn nötig, die rote Signallampe am Gestell aufleuchten (Bild s32, s35.

b) Meldung beim Durchschmelzen der Hauptsicherung

Während das Durchgehen einer Zweigsicherung nur einen kleinen Teil der Anlage außer Betrieb setzt, steht die Arbeit der ganzen Zentrale, sobald die Hauptsicherung durchgegangen ist. Der Weckeralarm tritt daher mit Recht in Tätigkeit und zwar folgendermaßen: Das Relais *GA*, normalerweise durch die Hauptsicherung kurzgeschlossen, spricht an. Zufolge des großen Widerstandes seiner Wicklung genügt ihm dazu jede beliebige am Gestell bestehende Stromspeisung. Da aber die Stromschwächung in den vorher bestandenen Kreisen zum Auslösen führen muß, wenn auch vielleicht nicht zum vollständigen, hält sich *GA* noch über eine eigene Haltungswicklung [*79, 80*] auf Bild s35. *ga₂* verursacht das dauernde sofortige Weckersignal.

Beim Neueinsetzen der Hauptsicherung muß darauf geachtet werden, daß durch die vorher unregelmäßigen Unterbrechungen keine weiteren Unzukömmlichkeiten eingetreten sind.

c) Meldung eines klemmenden *LW*

Die Auslösung der Wähler erfolgt rein mechanisch; unter Federkraft zurück auf die Drehruhelage und unter Gewichts- und Federwirkung in die Höhenruhestellung. Es muß sich dabei erwiesen haben, daß öfters Klemmungen auftreten, um daraus einen Regelfall einer Störung anzusetzen. Sobald der Auslösemagnet *LWM* unter Strom kommt, schaltet er von den schon bekannten Sperrkreisen des *VW* mit *m* zu dem Relais *A₁* in der Überwachungsschaltung um [*71 — 73*] — das gilt auch für jeden Vorauslösefall, daher die drei Stromkreise — Bild s35 und z26. Freilich braucht bei Beginn der Auslösung nicht schon ein Alarmzeichen gegeben werden, es soll im Gegenteil eine gewisse Zeit verstreichen, innerhalb welcher der *LW* ungestört zum Auslösen gelangt; erst wenn die übliche Zeit überschritten erscheint, liegt Grund für eine Meldung vor. Diese Verzögerung zu einer gewissen Verspätung vermag keine Ansprechverzögerung (für *A₁*) aufzubringen, daher behilft man sich mit einer sog. Verzögerungskette, das sind zwei oder mehrere Relais, die sich gegenseitig so steuern, daß eines oder mehrere davon eine gewisse Schaltarbeit erst nach Ablauf der verlangten Zeit verrichten. Die Verwendung von Thermorelais käme hier nicht in Betracht, weil deren Wirkungsweise wieder zu grob erschiene. *W₁ — W₂* bilden in unserem Falle eine solche Verzögerungskette, bei welcher *W₁* die kleine Ansprechverzögerung, *W₂* die betonte Ansprechverzögerung und schließlich *W₁* noch die ziemlich bedeutende Abfallverzögerung hergibt, um den Wecker nach rd. einer halben Sekunde in Gang zu bringen, wenn nicht vorher *a₁₂* die Meldung unterdrückt hat. Ohne Verspätung leuchtet aber in der Arbeitsstellung eines *LWM* die grüne Lampe auf.

Zu diesen selbsttätigen Überwachungseinrichtungen, die noch sehr einfach zu nennen sind, kommen nun noch besondere Prüfgeräte[1]), mit denen die einzelnen Schaltungsgruppen, also *TN*-Leitungen, Sprechstellen, *VW*, *LW* usw. in kurzen Zeitabständen einer genauen Kontrolle unterzogen werden. Auf diese Weise wird die Anlage regelmäßig auf ihre Verläßlichkeit und Störungsfreiheit untersucht, um auch vorbeugend die Störungsanfälligkeit herabzusetzen.

---

[1]) Schrifttum: (12) Niendorf.

VI. Die Gruppenwählerschaltungen

A. Die wirtschaftliche Befriedigung schaltwegtechnischer Erfordernisse bei großen Fernsprechanlagen[1]

1. *GW*-Anlagen mit 100 teiligen Hebdrehwählern

Es wurde schon früher gezeigt, wie die Verbindungsleitungen als Mittel zur Weiterentwicklung großer Anlagen zum Gruppenwähler führen[2]. Beim *GW* in der Ausführung als Hebdrehwähler kennzeichnen die einzelnen Dekaden oder Hebeschritte die Gruppen, während die einzelnen Lamellen einer Dekade die Verbindungsleitungen in die betreffende Gruppe aufnehmen.

Der 100 teilige Hebdrehwähler bringt somit den rein dekadischen Aufbau der Wählanlage mit sich, und zwar zufolge seiner 10 Hebeschritte. Eine Ortsanlage mit z. B. rd. 70 000 *TN* ($7 \times 10 \times 10 \times 100$) benötigt daher drei *GW*-Stufen und eine *LW*-Stufe. Jeder *GW* bündelt die an die Lamellen eines Kontaktkranzes angeschlossenen weiterführenden Leitungen. Die Bündelung der I. *GW*-Stufe besorgt der Vorwähler. Die Zahl 10 der gebündelten Ausgänge beim *VW* und *GW* ist aber willkürlich und nicht bindend.

Aus Bild z 27 entnehmen wir den Grundgedanken einer Anlage für 100 *TN*, um daraus in Bild z 28 die Weiterentwicklung zur *GW*-Schaltung vorzunehmen. Muß die Gruppierung noch weitergetrieben werden, dann tritt an Stelle der *LW*- eine neue *GW*-Stufe, während der *LW* wieder die letzte Stufe einnimmt.

2. Der Einfluß der Teilnehmerzahlen und der zeitlichen Verkehrsverhältnisse auf den Aufbau einer Anlage

a) Die reine Zehnerbündelung der Verbindungsleitungen

Die Verkehrsbedürfnisse einer Anlage für 100 *TN* sind in der Regel derartige, daß auch in der Zeit des dichtesten Verkehrs 10 *LW* genügen. Daraus ergab sich der 10 teilige *VW*. Das Bild z 27 ist daher auch wirtschaftlich richtig dimensioniert. Die Erweiterung auf Bild z 28

---

[1] Schrifttum: (3) Goetsch; (6) Hettwig; (9) Langer; (10) Lubberger; (12) Niendorf; (14) Strecker.

[2] Siehe S. 25.

ist aber in bezug der Bündelung unter Beibehaltung der Zehnerausgänge wirtschaftlich ungünstig geworden. Je größer nämlich die *TN*-Zahlen einer Anlage sind, um so ausgeglichener wird der Sprechverkehr und um so geringer werden verhältnismäßig die Verkehrsspitzen. 1000 *TN* z. B. würden kaum über 50 gleichzeitige Gespräche in der Verkehrsspitze aufweisen, also schon im Verhältnis zur Hundertergruppe auf 50% absinken. 10000 *TN* kämen sogar nur auf eine Spitze von 450 Gesprächen. Nach Bild z28 wäre die Anlage überdimensioniert. Weil aber nach Bild z28 die Teilung in 10 Hundertergruppen vollzogen ist, deren *GW* sich nicht aushelfen können, muß dennoch jede Gruppe soviel *GW* finden, als für eine unabhängige Hundertergruppe nötig ist; daher kann an eine Verringerung der Zahl von *GW* nicht gedacht werden. Es sollen nun kurz die Mittel und Wege gestreift werden, wie man die Zahl der Gesprächswege dem Bedürfnis wirtschaftlich anpassen kann.

b) Die Auflassung des dekadischen Systems

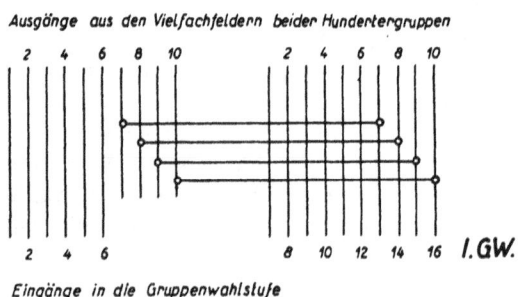

Bild 17. Der Grundgedanke der Staffelung.
Auflassung der reinen Zehnerbündelung durch willkürliche Schaltungen der Ausgänge aus den unveränderten Hundertergruppen. 200 *TN* brauchen nicht mehr 20, sondern nur mehr 16 weiterführende Wähler.

Ein Mittel zur Schaffung größerer *TN*-Gruppen mit geringeren Verkehrsspitzen besteht darin, daß man Wähler für mehr als 100 Anschlüsse schafft, z. B. Wähler mit 500 Anschlüssen in 25 Dekaden zu 20 Lamellen. 500 *TN* verlangen in der Verkehrsspitze rd. 30 Gesprächswege. Jetzt brauchen wir uns z. B. nur 500teilige *AS*, auch ähnlich gebaut, wie die *LW*, denken und wir sehen, daß mit 60 Wählern großer Bauart das Auslangen gefunden werden kann[1]. Freilich ist noch ein zusätzlicher Kaufpreis zu erlegen. Die Ungültigkeit der von der Nummernscheibe eingehaltenen dekadischen Stromfolgen für die Wählersteuerung bedingt ein Zwischenwerk zur Übersetzung der normal abgegebenen Stromstöße in eine solche Stromstoßfolge, wie sie der anders gebaute Wähler verlangt. Wählanlagen nach solchen Grundsätzen sind auch für sehr große Ortsnetze im Betrieb. Im Gebiet der Deutschen Reichspost jedoch kommen sie nur sehr vereinzelt vor und dann nur für kleinere Anlagen bzw. für Nebenstellenanlagen.

---

[1] Die folgenden leicht übersehbaren Zahlenbeispiele sind nur als Erklärungsbeispiele gedacht, nicht als gebräuchliche praktische Anordnungen.

c) Das unvollkommene Bündel

Die deutsche Technik hilft sich unter Beibehaltung des Hebdrehwählers mit anderen Mitteln. Eines davon ist das unvollkommene
Bündel. Wir denken uns als Beispiel dafür eine Anlage für 200 *TN*.
In der reinen Zehnerbündelung nach Bild 79 (z) benötigte man dazu
20 *GW*. 200 *TN* brauchen aber für sich als Ganzes betrachtet nur rd.
16 Sprechwege als Vorsorge für die zu erwartende Verkehrsspitze. Wie
man nun trotz 10 teiliger *VW* die gesamten 200 *TN* in eine ziemlich gut
versorgte Gruppe bringen kann, zeigt Bild 17. Man sieht, wie die restlichen 4 Ausgänge aus beiden *VW*-Gestellen für je 100 *TN* zu gemeinsamen *GW* führen, während die ersten 6 Ausgänge von jedem Gestell
zu je 6 besonderen *GW* kommen, die sich nun aber nicht mehr gegenseitig
auszuhelfen vermögen, wie die 4 letzten. Daher der Name unvollkommenes Bündel. Immerhin scheint aber Vorsorge getroffen,
daß sich die gewiß nicht gleichzeitig auftretenden Verkehrsspitzen
beider Gestelle über die 4 letzten *GW* ausgleichen lassen. Der Grundgedanke der als Staffeln bezeichneten Schaltweise in dem Vielfachfeld
zum *GW* findet in verschiedener Abänderung zweckvolle Verwirk-
lichung auch bei sehr großen Anlagen. Es können dadurch Gruppen
bis zu 2000 *TN* gebildet werden, aus denen sich die Gesamtzahl der *TN*
zusammensetzt.

d) Der Mischwähler

Die Staffelung allein schafft noch keinen vollen Ausgleich zu einer
großen Gruppe; das Bündel bleibt eben unvollkommen. Wenn z. B.
in einem Gestell alle Ausgänge besetzt sein sollten, so kann das zweite
Gestell auch dann nicht die ihm zugehörigen 6 *GW* zur Verfügung stellen,
wenn sie frei sein sollten (Bild 17). Nachdem aber 10 Ausgänge für eine
Hundertergruppe genügen werden, dürfte der Fall sehr selten eintreten.
Ein anderes Mittel, das gleichfalls große Gruppen schafft, ist der
Mischwähler (Bild 18). Wenn ein *VW* aus einer Hundertergruppe anläuft, erreicht er nicht sofort einen *GW*, sondern vorerst einen *II. VW*,
der nun aus den an ihn angeschlossenen *GW* einen freien aussucht. Es
ist nun Vorsorge getroffen, daß nur ein solcher *II. VW* von einem *I. VW*
aus belegt werden kann, der an seinen Ausgängen überhaupt noch einen
freien *GW* zur Verfügung hat. Das dürfte aber wohl meistens der Fall
sein, weil nun die Mischung aller *GW* gleichmäßig für alle 2000 gesichert
erscheint.
Solche Mischwähler finden ebensogut in den Zwischenstufen zu
den anderen Wählern Verwendung. Die Praxis verwendet meist beide
Mittel, Staffeln und Mischwähler, in gleichzeitiger Anordnung
und in den verschiedensten Varianten.
Damit sind die Fragen schaltwegtechnischer Art beim *GW* noch
lange nicht erschöpft. Es würde aber über die geplante Einführung zu

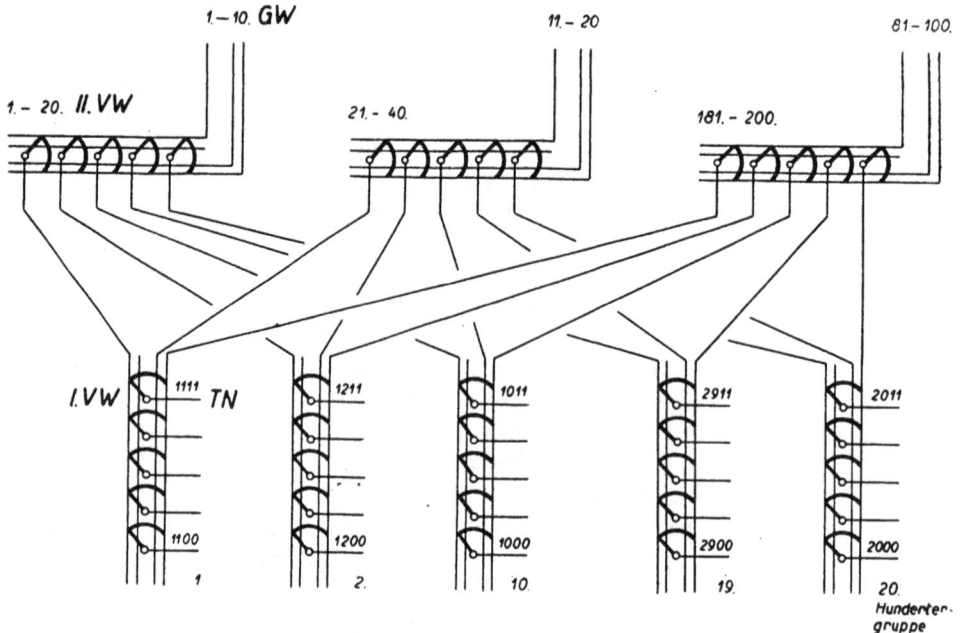

Bild 18. Der Grundgedanke des Mischwählers.

II. VW als Mischwähler, um 20 unveränderte Hundertergruppen zu einer Gruppe von 2000 *TN*
zusammenzufassen, die nur 100 statt 200 weiterführende Wähler brauchen

weit hinausführen, wollten alle noch zu besprechenden Probleme erschöpft werden. Zur Weiterbildung steht genügend Spezialschrifttum
zur Verfügung.

B. Beispiel für eine *GW*-Schaltung mit vorausgehenden *II. VW* als Mischwähler[1])

Aus der Vielfalt der Schaltungen wurde eine solche ausgewählt,
die schon mit neueren Wählern, also mit Viereckwählern arbeitet.
Zum Unterschied von Anlagen für 1000 *TN* kann eine solche für 10000
TN als Grundlage für jede beliebige Weiterentwicklung aufgefaßt werden.
Anlagen über 10000 *TN* unterscheiden sich von der letzteren nur durch
noch weiter einzuschiebende *II. GW*. Der *I. GW* hat nämlich gegenüber
den nachfolgenden *II. GW* wesentlich mehr Aufgaben zu lösen und nimmt
daher bei der Betrachtung eine Sonderstellung ein.

Die nun zu zeigende Schaltung setzt nun zwar *II. GW* voraus,
doch muß die nähere Erläuterung der Schaltung beim *I. GW* abgebrochen
werden. Allgemeine Beschreibungen von Großanlagen stehen dem Leser
anderwärts genügend zur Verfügung.

---

[1]) Schrifttum: Anderwärts behandelt: (7) Hirsemann; (12) Niendorf;
(38) Labunsky.

1. Bemerkungen zu den Schaltbildern großer Anlagen

Es ist üblich, eine Anlage mit mehreren Wählerstufen in der Wiedergabe des Schaltbildes so aufzuteilen, daß die Schaltungsabschnitte für die einzelnen Wählerstufen, für die Einrichtungen der Wählerrahmen, oder von Wählergestellrahmen, sowie endlich der einzelnen Einrichtungen für die Signale zum *TN* oder zum Wartungspersonal, auf getrennte Blätter kommen[1]). In der Praxis bietet eine solche Aufteilung große Vorteile, weil jedes Teilbild wie ein Baustein des Ganzen aufzufassen ist und sich solche Bausteine manchmal mit geringfügigen Änderungen oder unmittelbar für andere Anlagen zusammensetzen lassen. Dem Lernenden erschwert jedoch diese Aufteilung das Erfassen des Ganzen

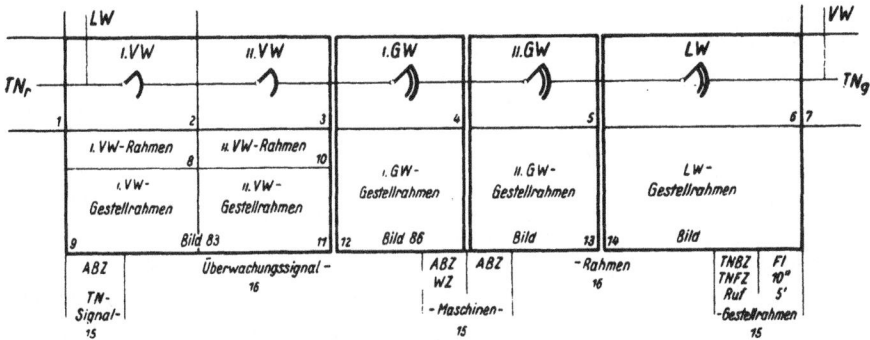

Bild 19. Die Aufteilung der Schaltbilder einer Anlage für 10000 TN in Einzelblätter und deren Zusammenfassung zu Schaltungsgruppen.

nicht unerheblich. Aus diesem Grunde sollen im folgenden solche Teilungen zwar angedeutet, aber nicht wirklich durchgeführt werden, um Zusammenhänge aufzuzeigen, wo es nur wünschenswert erscheint.

2. Überblick über die zu erläuternde Schaltung für 10000 *TN*

Bild 19 deutet in den Feldern 1 bis 7 die Schaltungsabschnitte für eine vollständige Verbindung an. Dazu kommen nun noch die Zusatzfelder für die Rahmen oder Gestellrahmen: 8 bis 14. Die Felder 15 und 16 schließlich kommen den Schaltungsabschnitten für die Signalmaschinen und die Überwachungseinrichtung eines ganzen Gestelles oder einer Anzahl davon zu.

Um nun die Zersplitterung in viele Einzelblätter hintanzuhalten — jedes bezifferte Feld stellt ein solches Einzelblatt dar — wurden

---

[1]) Mehrere Wähler gleicher Art sind samt den dazugehörigen Relaissätzen in Wählerrahmen zusammengefaßt, wenn es sich um Drehwähler (*I.* und *II. VW*) handelt. Diese waagrecht angeordneten Rahmen kommen auf einen lotrechten Gestellrahmen, der ein ganzes Feld am Gestell einnimmt. Hebdrehwähler setzt man samt den Relaissätzen meist unmittelbar auf lotrechte Gestellrahmen.

mehrere Felder sinnvoll zusammengesetzt, und zwar für den *I.* und *II. VW* wie für den *I. GW* nach Angabe der starken Umrahmung in Bild 19.

3. Der Schaltungsabschnitt des *I.* und *II. VW*

a) Aufgabenstellung für den ersten und zweiten Vorwähler

Vor Erläuterung der Schaltungen und deren Wirksamkeit ist es angebracht, die zu erfüllenden Aufgaben als Zweckbestimmung aufzuzeigen.

Für den *I. VW*   für den *II. VW*

α) Für einen gewöhnlichen Verbindungsaufbau

1. Anlassen,
2. Prüfen des *II. VW*,
3. Weiterschalten,
4. Drehen ohne Durchschalten der a—b-Adern,
5. Stillsetzen, Belegen eines *II. VW*.
6. Sperren des belegten *II. VW*,
7. Durchschalten zum *II. VW*.

    8. Prüfen des *GW*, auf dessen Vielfachkontakten der *II. VW* gerade liegt (keine besondere Ruhelage),
    9. Anlassen,
10. Drehen ohne Durchschaltung der a—b—c-Adern,
11. Stillsetzen beim Erreichen eines freien *GW*,
12. Sperren des belegten *GW*,
13. Durchschalten zum belegten *I. GW*, zur Aufnahme des Wählzeichens.

14. Gesprächszählung nach Beendigung des zustande gekommenen Gesprächs.

15. Aufnahme des Auslöseanreizes vom *I. GW* her,
16. Weitergabe des Auslöseanreizes zum *I. VW*,
17. *II. VW* kann ohne Wählerbewegung Ruhelage einnehmen.

Für den *I. VW*   Für den *II. VW*

18. Auslösen, Wähler muß in die Ruhelage gebracht werden,

19. Abschalten des *I. VW* eines *TN* der gewählt und frei gefunden wurde.

β) Wenn alle von einem I. VW erreichbaren II. VW besetzt sind (oder abgeschaltet)

20. Stillsetzen des *I. VW* auf dem 11. Kontakt,

21. Abgabe eines Amtsbesetztzeichens,

22. Auslösung des *I. VW* beim Auflegen des Anrufenden.

γ) Wenn alle GW eines II. VW-Rahmens besetzt sind

23. Abschalten aller noch freien *II. VW* des Rahmens.

24. *I. VW* hat die abgeschalteten *II. VW* als gesperrt zu finden.

δ) Überwachungs- und Wartungsmeldungen

25. Durchschmelzen der Hauptsicherung des Gestellrahmens,

25. Wie beim *I. VW*,

26. Durchschmelzung einer Zweigsicherung,

26. Wie beim *I. VW*,

27. Meldung, wenn ein Wähler dauernd dreht oder dauernd unter Strom steht,

27. Wie beim *I. VW*,

28. Meldung, daß alle Ausgänge einer Gestellrahmenhälfte gesperrt sind,

29. Meldung, daß die *a*-Ader eines *TN* Erdung hat.

30. Aufzeigung des Belegtzustandes eines *II. VW*,

31. Aufzeigung der Abschaltung eines *II. VW*-Rahmens.

b) Der Schaltungsaufbau des *I.* und *II. VW*[1])

α) Die *I. VW*-Schaltung. Bild s36 zeigt die in Bild 19 angedeutete Zusammenfassung der Felder 1—2, 8—9—10—11. Vorderhand betrachten wir Feld 2, 8, 9[2]).

100 10teilige *I. VW* bilden eine *TN*-Gruppe. $2 \times 5 \times 10$ *VW* finden ihre Austeilung in zwei Gestellrahmenhälften zu je 5 Rahmen mit je 10 *I. VW*. Für beide Gestellhälften sind zwei Treibsätze vorhanden, aber durch den Schalter U_1 und U_2 lassen sie sich beliebig an beide Gestellhälften schalten.

Jede Gestellhälfte verfügt über ein Relais *G* und als Relais und Übertrager ein *LA*.

Ein Relais *EA* nimmt von beiden Gestellhälften den Anreiz zur Meldung einer durchgeschmolzenen Zweigsicherung auf. Ein Relais *HA* nimmt den Anreiz zur Meldung der durchgegangenen Hauptsicherung Si_2 auf, wobei *HA* zwischen der Hauptsicherung des Gestellrahmens und einer Sicherung Si_1 liegt, die aber mehreren Gestellrahmen gleichzeitig zugewiesen ist, derart, daß wenn auch eine Sicherung Si_2 durchgegangen ist *HA* selbst immer noch durch Si_1 gesichert erscheint. Si_1 hat jedoch keine Sicherungen der angeschlossenen Gestellrahmen zu übernehmen.

β) Die *II. VW*-Schaltung. Sie umfaßt die Felder 3, 10, 11 von Bild 19. Die Aufteilung und Anordnung ist nur in wenigen Punkten etwas geändert gegenüber dem *I. VW*.

Ein Gestellrahmen trägt 80 15teilige Drehwähler samt den Relaissätzen. In 2 Gestellrahmenhälften mit je 4 Wählerrahmen zu je 10 Wählern sind also $2 \times 4 \times 10$ Wähler untergebracht. Jeder *II. VW* kann mit seiner Belegtlampe seinen Belegtzustand angeben.

Jeder Wählerrahmen verfügt über ein Relais *G*. Da aber zwei solche Wählerrahmen mit zusammen 20 Wählern 15 *I. GW* erreichen können, erfolgt die Abschaltung dieses im Regelfall unter Strom stehen-

---

[1]) Die folgenden Schaltbilder erlauben sich eine gewisse Freizügigkeit gegenüber den Gepflogenheiten der Praxis. Wie schon bei der Hunderterschaltung wurde die übliche gemischte römische und arabische Bezifferung der Kontakte in eine solche mit nur arabischen Ziffern verwandelt. Bei einem der ärgsten Fälle, z. B. bei g_{132} bedeutet 1 die Benennung nach dem Relais G_1, die Ziffer 3 gibt das Federpaket näher an, während die letzte Ziffer 2 andeutet, daß es, vom Anker aus gesehen, die zweite, also die obere Feder sein muß.

Normale Bezeichnung g_1^{III0}. Bei den gewöhnlich nur zweistelligen Indizes dürfte nach Kenntnis der Relaisbenennung überhaupt kaum ein Mißverständnis zu fürchten sein. Die gemischte Bezeichnung mußte jedoch für den Verkettungs- und den Schaltzeitplan als völlig unbrauchbar aufgelassen werden. Im Bild s36 wurde die Schaltung gegenüber dem Original vereinfacht, so daß nur noch die Bezeichnung g_1 und g_2 übrig blieb für je einen Kontakt des Relais G_1 und G_2.

[2]) Zum ersten Einblick in eine Schaltung ziehe man den Verkettungsplan heran; die Verfolgung der Zeilen lockert die Schaltung sinnvoll auf.

den zweiten Relais in Parallelschaltung, und zwar über eine vorgeschaltete in den *GW*-Schaltungen bestehende Brücke von 15 nebeneinander liegenden Steuerzweigen.

Jeder Wählerrahmen verfügt auch über eine Abschaltelampe, die anzeigt, ob ein *II. VW*-Rahmen abgeschaltet ist oder nicht.

Die beiden Treibsätze sind wieder beliebig an beide Gestellrahmenhälften anzuschließen.

Das Relais *EA* eines Gestellrahmens nimmt ebenfalls den Meldeanreiz von allen Zweigsicherungen auf, während das Relais *HA* die Meldung einer durchgegangenen Hauptsicherung verursacht. Die Änderung gegenüber dem *I. VW* besteht darin, daß jede Gestellrahmenhälfte eine besondere Hauptsicherung hat, zwischen denen das Relais *HA* liegt.

Die Stromzuführungen zu den einzelnen Zweigsicherungen ist aus der Skizze in Bild s36 zu ersehen. Es muß nur ergänzt werden, daß die Sicherungen 3 und 4 den zwei Relais *II* gehören, von denen in beiden Schaltungsteilen natürlich nur immer eines eingezeichnet wurde, so daß die Sicherung Si_4 in der Bezeichnung — 4 in der Schaltung nicht zu finden ist, weil das zweite Relais *II* in der Darstellung fehlt.

c) Die Belegung eines *I. GW* durch den *I.* und *II.* Vorwähler

1) Der Anrufende hebt ab und bringt *R* im *I. VW* zum Ansprechen [*101*]. Bild s37, z29.

2) r_2 erregt *I* über [*103*].

3) 1_2 erregt nun *II* [*108*].

4) Im Schaltzeitplan wurde der Einfachheit halber angenommen, 2_1, 2_3 und 2_5 legten zur selben Zeit um. Dadurch wäre praktisch erreicht, daß *VWD* durch 2_3 an die volle Erregung kommt [*110*], *I* über den gleichen Kontakt kurzgeschlossen abfallen muß, wobei jedoch die Vorschaltung des Widerstandes von 20000 Ohm keine Verzögerung aufkommen läßt [*107*].
2_1 in [*109*] schwächt nur den Strom, ohne daß aber *II* abfallen würde.

In Wirklichkeit spielen sich aber diese Vorgänge zeitlich etwas anders ab, nachdem 2_5 dem Relais fast die ganze Erregung wegnimmt, bevor 2_3 die stufenweise Kurzschließung vollzieht. Demnach ist auch die Umschaltung für *VWD* stufenförmig. Die Zwischenstromläufe über 50 Ohm wurden im Verkettungs- und Schaltzeitplan nicht berücksichtigt.

5) Die Arme *c—d* des Vorwählers haben die Ruhelage verlassen und sperren damit den Anrufenden gegen anderseitige Verbindungswünsche. In der neuen Kontaktlage prüft *T* des *VW* auf Freisein des erreichten *II. VW*. *T* kann nur vorerregt werden, wenn die altbekannte Sperrschaltung bei belegtem *II. VW* besteht. Es kann aber auch sein, daß *T* überhaupt keinen Strom erhält, falls g_3 in der Schaltung des *II. VW* aus später noch zu erklärenden Gründen den Stromlauf [*201*] überhaupt nicht zustande kommen läßt.

6) Nun wickeln sich die gleichen Vorgänge von 4) in umgekehrter Reihenfolge und Wirkung ab. *VWD* verliert stufenweise seine Erregung, während *I* stufenweise aus dem Kurzschluß und der Vorschaltung zur vollen Erregung gebracht wird. Das Wechselspiel zwischen *I — II — VWD* geht solange vor sich, bis endlich ein freier *II. VW* erreicht worden ist.

Tabelle 10. *I.* und *II. VW*-Schaltung.

Bez.	1	2	3	4	5	I	II	III	an	ab	Bemerkung
R		2 a D 4		4 a G 4		I 500 B 3	bf 500 B 3		30	70	
T	1 u B 1		3 u E 4		5 u B 2	I 10 E 3	II 800 E 3	III 200 E 3	10	10	
Zl						I 100 E 4			10	10	
VWD	a Wählerarme G 1	b G 2	c G 3	d C 3		I 60 E 5			7	7	im Schaltzeitplan verdoppelt

Gestellrahmen der *I.* Vorwähler

Bez.	1	2	3	4	5	I	II	III	an	ab	Bemerkung
I		2 a D 9		4 za B 11		I 1500 E 8	bf 20000 E 9		7	7	im Schaltzeitplan verdoppelt
II	1 r D 9		3 za F 8		5 r E 9	I 320 D 8	bf 2000 D 9	bf 50 F 9	7	7	im Schaltzeitplan verdoppelt
G		(31) a B 8	(32) a C 11			I 4 G 7			15	15	

II. Vorwähler und *VW*-Relaissatz

Bez.	1	2	3	4	5	I	II	III	an	ab	Bemerkung
R		31 a I 3	32 a L 4			I 350 J 4	bf 450 I 3		20 50	65 45	Folgekontakte: r_{31} r_{32}
T	11 a J 2	12 a J 1	3 u L 4		5 rza J 3	I 7 K 3	II 250 J 3		10	30	*II* kurz beim Abfallen
VWD	a Wählerarme M 1	b M 2	c M 3	d a L 4		I 60 L 4			7	7	im Schaltzeitplan verdoppelt

Gestellrahmen der *II.* Vorwähler

Bez.	1	2	3	4	5	I	II	III	an	ab	Bemerkung
I		2 a L 9		4 za K 11		I 1500 M 8	bf 20000 M 9		7	7	im Schaltzeitplan verdoppelt
II	1 r L 9		3 za N 8		5 r M 9	I 320 L 8	bf 2000 L 9	bf 50 N 8	7	7	im Schaltzeitplan verdoppelt
G			3 u J 6			I 3000 N 6			15	15	

13) T kann ansprechen [*201*].

14) t_3 setzt den VW still und stellt die Sperrschaltung [*202*] her. t_{1-5} lassen R abfallen. t_3 bewirkt mit dem Kurzschluß von T_{II}, daß nun auch R im $II.\,VW$ ansprechen kann. Seine 2 Kontakte r_{31} — r_{32} arbeiten in ausgeprägter Aufeinanderfolge.

16) r_{31} läßt T im $II.\,VW$ prüfen, ob der $I.\,GW$, auf dessen Lamellen der $II.\,VW$ in seiner Ruhelage stand, frei ist [*302*].

17) r_{32} erregt erst dann das Relais I [*203*], wenn t_3 des $II.\,VW$ inzwischen nicht aufgetrennt hat. Dies wäre der Fall gewesen, wenn der innegehabte $I.\,GW$ noch zur Verfügung stünde. War er besetzt, dann läßt t_3 den Treibsatz wie beim $I.\,VW$ an.

Die Vorgänge sind die gleichen wie früher, nur tritt noch die Mitarbeit des Kontaktes d des $II.\,VW$ hinzu. d arbeitet als gewöhnlicher, vom Anker betätigter Kontakt und überbrückt zeitweise die Kontakte r_{32} — t_3.

d soll nämlich verhindern, daß beim allzuschnellen Ansprechen von T die Wicklung VWD nicht früher unterbrochen wird, bevor vielleicht der Wähler seine Arme richtig auf die Lamellen aufgeschoben hat. d hält dann den Stromlauf [*208*] aufrecht. Unter der Annahme normaler Zeitverhältnisse, wie es im Schaltzeitplan dargestellt wurde, scheint die Mitarbeit von d überflüssig.

37) bei Erreichen eines freien $I.\,GW$ spricht T an [*302*].

38) t_5 unterbricht nun R und stellt die Sperrschaltung für den $I.\,GW$ her, ohne die Sperrung für den $II.\,VW$ aufzuheben. Wenn nun t_3 öffnet, hält d noch den Stromlauf [*208*] aufrecht.

40) d kann nun z. B. öffnen bevor I in die Arbeitsstellung gelangt ist. Die Stillsetzung des Treibsatzes erfolgt dann sofort. Käme aber d nach der Arbeitslage von I zum Öffnen, dann würde auch noch II ansprechen, ohne aber auf VWD Einfluß nehmen zu können, da nun t_3 abgeschaltet hält.

d arbeitet mit großem Vorhub, wie es im Schaltzeitplan eingezeichnet wurde. Sein Öffnen findet ganz kurz vor dem Abfallen des VWD-Ankers statt, also praktisch gleichzeitig. Es wurde nur bei 40) absichtlich etwas vorgezogen.

38) Es ist noch nachzuholen, daß t_{11}—$_{12}$ zum $I.\,GW$ durchschalten, wobei die Relais A und B ansprechen. Die nun folgenden Schaltvorgänge im $I.\,GW$ wurden in Bild z29 zwar angedeutet, sollen jedoch später erst ausführlich besprochen werden.

d) Das Amtsbesetztzeichen, wenn kein $I.\,GW$ mehr erreichbar ist[1])

Ein drehender $I.\,VW$ findet an seinen Lamellen belegte, abgeschaltete oder freie $II.\,VW$. Wenn nun der Prüfvorgang bis zur 10. Lamelle negativ verlaufen ist, wird der VW noch um einen Schritt weiter gedreht. Dieser 11. Schritt ist auch beschaltet, bringt aber das Relais T nun über ein Relais G in dem Schaltungsabschnitt des Wählergestellrahmens zum Ansprechen [*113*]; R hielt sich noch über [*102*].

Wie beim Erreichen eines freien $II.\,VW$ wird der Treibsatz stillgesetzt. Nach Kurzschluß von T_{II} spricht G an und legt mit g_1 den Besetztzeichenstromlauf an die Wicklung I des auch als Übertrager wirkenden Relais LA an[2]).

---

[1]) Es wird dem Leser empfohlen, den dazugehörigen Schaltzeitplan als Übungsbeispiel zu entwerfen.

[2]) Die Relaisarbeit von LA kommt bei der Erläuterung der Überwachungseinrichtung zur Besprechung.

Stromlauf [*102*] nimmt über Wicklung *II* von *LA* das Besetztzeichen auf und läßt es in den Hörer des wartenden Teilnehmers gelangen. Der Anrufende muß auflegen; sein Warten wäre zwecklos, auch wenn inzwischen eine *II. VW* freigeworden wäre.

e) Die Auslösevorgänge

Sie kommen später im Zusammenhang mit der Schaltung des *I. GW* zur Darstellung.

f) Die Überwachungseinrichtungen für den *I.* und *II. VW*[1])

Bild s36 läßt deutlich erkennen, wie eine Anzahl von Stromläufen aus den Gestellrahmen beider Wähler, nämlich jene der Signallampen, in den Signalrahmen weiterführen. Der Grund hiefür ist darin zu suchen, daß die Meldungen in dem Signalrahmen für mehrere Gestelle wiederholt bzw. daß sie von dort erst unter Verzögerung zugelassen werden. Die hier nicht gezeigte Schaltung des Signalrahmens möge weiterhin in ihrer Wirksamkeit nur angedeutet werden[2]).

Die Überwachungseinrichtungen sollen an den zu erstattenden Störungsmeldungen aufgezeigt werden. Es handelt sich dabei um d r e i Gruppen von Mel·dungen: solchen, die allen Wählerstufen der großen Anlage in gleicher Weise vorgeschrieben sind, wie das Durchgehen der Haupt- und der Zweigsicherungen oder der dauernden Drehung oder Stromgabe von Wählern; oder um solche Meldungen, die einen Zustand (z. B. Abschaltung) eines ganzen Wählerrahmens usw. betreffen, oder endlich um Anzeigen, die sich nur auf eine einzelne Wähler schaltung beziehen, wie z. B. die Anzeige der Belegung eines bestimmten Wählers.

Es folgt daher zuerst die Beschreibung der Meldungsvorrichtungen zur Anzeige von durchgegangenen Sicherungen und Stromunzukömmlichkeiten bei Wählern, deren Lösung im Wesen für alle übrigen Wählerstufen gleichbleibt.

α) D a s M e l d e n e i n e r d u r c h g e g a n g e n e n H a u p t s i c h e r u n g. Diese Meldung wird jeweils durch ein Relais *HA* (Hauptalarm) verursacht. Wenn die Hauptsicherung eines Gestellrahmens von *I. VW*, oder solche für eine Gestellrahmenhälfte der *II. VW* durchschmilzt, muß *HA* ansprechen. Die zu den Zweigsicherungen führenden Stromläufe gehen nun über das Relais *HA*, werden also praktisch stromlos. Um aber *HA* zu halten, nachdem doch gewiß viele Zweigstromläufe durch die Abfallschwächung der erregt gewesen Relais ganz unterbrochen werden, sorgt ha_5 für einen Haltekreis. ha_1 verursacht ein R a s s e l - W e c k e r s i g n a l auf dem Signalrahmen, während ha_3 auf dem Gestellrahmen die b l a u e L a m p e aufleuchten läßt und dafür sorgt, daß eine gleiche Lampe das Zeichen im Signalrahmen wiederholt.

β) D i e M e l d u n g e i n e r d u r c h g e g a n g e n e n Z w e i g s i c h e r u n g[3]). Wie schon erwähnt wurde, betätigt jede durchschmelzende Zweigsicherung einen Kontakt *si*. Alle solche Kontakte liegen parallel und können einzeln das Relais *EA* zum Ansprechen bringen. *EA* löst am Signalrahmen das Einschlag-Weckersignal aus und

---

[1]) Schrifttum: (7) H i r s e m a n n; (12) N i e n d o r f; (14) S t r e c k e r; (56) R i e b e l i n g.

[2]) Zum Verständnis der Überwachungseinrichtungen wäre es wünschenswert, die Schaltungsübersichten auf S. 91 festzuhalten.

[3]) Die Beschreibungen der Deutschen Reichspost nennen die Hauptsicherungen gern »A b z w e i g s i c h e r u n g e n« und die Zweigsicherungen »E i n z e l s i c h e r u n g e n«. Beide Benennungen sind nicht sehr glücklich. Die »Abzweigsicherung« sagt noch nicht aus, wo die Sicherung stattfindet, vor oder nach der Verzweigung. Die »Einzelsicherung« sichert in der Regel mehr als »einen« Stromlauf.

bringt mit einem anderen Kontakt am Gestellrahmen die rote Lampe zum Aufleuchten.

γ) Die Meldung eines dauernd drehenden oder unter Strom stehenden Wählers. Bei Drahtbruch in einem Relais T muß ein einmal angelassener VW dauernd drehen. Klebt ein Relais I, dann bleibt der Wähler unter Dauerstrom. Beide Fälle sind für die Anlage gefahrdrohend.

Der Kontakt 1_4 bereitet nun nicht nur für die grüne Lampe einen Stromkreis vor, sondern erregt im Signalrahmen auch ein Relais V, das eine zweite Wicklung kurzschließt und nun trotz der kurzen Ansprechzeit die nötige Dämpfung besitzt, die durch 1_4 hervorgerufenen Stromlücken zu überdauern. V wird allerdings mit einer Verzögerungskette dafür sorgen, daß der VW normal arbeiten kann und daß erst nach Ablauf einer gewissen Zeit die grüne Lampe aufleuchtet und der Einschlagwecker in Tätigkeit tritt.

Eine besondere Schaltungsanordnung im Signalrahmen vermeidet jedoch eine Meldung, wenn I von mehreren VW hintereinander beansprucht eine Dauerdrehung vortäuscht.

δ) Anzeige von durchgedrehten $I. VW$. Beim Durchdrehen eines $I. VW$ auf den 11. Kontakt hat g_{12} das Amtsbesetztzeichen verursacht, der Kontakt g_{11} des gleichen Relais bereitet den Stromlauf der gelben Lampe vor. Normalerweise wird keine Meldung eines Durchdrehers gegeben. Es ist aber möglich, am Signalrahmen die vorbereitete Meldung ersichtlich werden zu lassen, wobei dann die gelbe Lampe am Gestellrahmen anzeigt, wo der oder die durchgedrehten VW zu suchen sind.

ε) Meldung eines Erdschlusses in der a-Ader der Teilnehmerleitung oder einer unnötigen Belegung. Stromlauf [101] und [102] sowie ein Erdschluß in der a-Ader der TN-Leitung bringen auch das Relais LA zum Ansprechen. la_3 verursacht nach einer entsprechend unerläßlichen Verzögerung auf dem Signalrahmen das Aufleuchten einer mattweißen Lampe. Durch einen Eingriff auf dem Signalrahmen kann das Bedienungspersonal die gleiche Lampe auch am Gestellrahmen, wo sie nur unter schwachem Strom stand, zum vollen Aufleuchten bringen. Die gewöhnlichen Anrufvorgänge oder kurze Erdungen der a-Ader (z. B. bei Freileitungen) lassen noch keine Meldung aufkommen.

ζ) Die Meldung der Abschaltung eines Rahmens von $II. VW$. Bei ordnungsgemäßen Verhältnissen steht das Relais G zweier Rahmen von $II. VW$ unter Strom und kommt nur zum Abfallen, wenn alle erreichbaren $I. GW$ belegt sind und ihre Brücken $w_1 - b_1$ geöffnet hatten. g_3 nimmt dann nicht nur die Abschaltung der $II. VW$ vor, sondern läßt auch die Abschaltelampe an den zwei betroffenen Wählerrahmen aufleuchten.

η) Belegungsmeldung für einen $II. VW$. Wir haben nun eine Meldung vor uns, die nur einen einzelnen VW betrifft. Die beiden vorausgehenden Meldungen bezogen sich ja auf Zustände innerhalb einer Wähleranzahl, eines Rahmens oder Gestelles.

Die Belegungslampe BL leuchtet dann auf, wenn t_3 des $II. VW$ die Abschaltung des Treibsatzes vollzogen hat. Freilich bleibt dabei noch vorausgesetzt, daß die Meldung erwünscht ist und durch die richtige Stellung des Schalters Sch zustande kommt.

Selbstredend bedarf es der regelmäßigen Überprüfung der VW durch besondere Einrichtungen und Prüfgeräte hiezu, um Störungen womöglich außerhalb des Betriebes festzustellen und zu beheben, bevor der Teilnehmer etwas davon spürt.

4. Die Schaltung des I. Gruppenwählers

a) Aufgabenstellung für den *I. GW*

Die aufzuzählenden Forderungen mögen unter einem so niedergelegt werden, daß die Mehrbelastung des *I. GW* gegenüber den nachfolgenden erkennbar wird[1]).

Besondere Aufgaben des *I.GW*		Aufgaben des *II. GW*
α) Beim Aufbau eines Gespräches		
1. Abgeben des Wählzeichens nach Belegung eines *I. GW*.		
2. Heben auf die gewählte Dekade.	2.	./.
3. Abschalten des Wählzeichens im Verlaufe des Hebens.		
4. Abschalten des Hubantriebes nach beendigter Gruppenwahl.	4.	./.
5. Anlassen zum Drehen für die freie Wahl.	5.	./.
6. Drehen ohne Durchschaltung der *a—b*-Adern.	6.	./.

Besondere Aufgaben des *I.GW*		Aufgaben des *II. GW*
7. Prüfen.	7.	./.
8. Weiterschalten.	8.	./.
9. Stillsetzen beim Finden eines freien Wählers der nächsten Stufe.	9.	./.
10. Sperren des belegten Wählers.	10.	./.
11. Durchschalten in die nächste Wählerstufe.	11.	./.
12. Weitergabe der nachfolgenden Wählstromstöße in die nächste Wählerstufe.	12.	./.
13. Speisung des Mikrophons an der Sprechstelle des Anrufenden.		
14. Galvanische Trennung der *TN*-Schleife gegenüber den nachfolgenden Wählern.		

---

[1]) Die einzelnen Aufgaben beschränken sich auf die Annahme einer ungeteilten größeren Anlage, wo also die Probleme längerer Verbindungsleitungen (Übertragungsschaltungen usw.) unberücksichtigt bleiben. Die Aufzählung geht aber andererseits — wie schon beim *VW* — über die allgemein zu stellenden Aufgaben hinaus, weil schon bestimmte Lösungsformen vorausgesetzt erscheinen (z. B. für die Stillsetzung am 11. Kontakt). Es ließen sich noch besonders einzuhaltende Schaltungsabläufe erwähnen; letztere würden aber die Aufgabenstellung zu weit vom allgemeinen abbringen.

Besondere Aufgaben des *I.GW*	Aufgaben des *II.GW*
15. Induktive oder kapazitive Kopplung der *TN*-Schleife mit der weiterführenden Schleife zur Übertragung der Sprechströme und der Signale	
	16. Vollkommene Durchschaltung in die nächsten Wählerstufen.

β) Beim Auslösen

17. Aufnehmen des Anreizes zum Auslösen vom Anrufenden her.	
18. Weitergabe des Auslöseanreizes in die nächste Wählerstufe.	18. ./.
19. Weitergabe des Anreizes zu den Vorwählern.	
	20. Übermitteln des Anreizes zum Zählen des zustande gekommenen Gesprächs.
21. Betätigung des Zählers im *I.VW*	
22. Freigabe des Wählers der nächsten Stufe.	22. ./.
23. Freigabe des eigenen Wählers.	23. ./.
24. Vollständige Auslösung im Falle des Vorauslösens.	24. ./.
25. Auflassung der Abschaltung von *II. VW*, wenn nach Belegung aller *GW* wieder einer frei geworden ist.	

γ) Wenn der letzte I.GW für zwei Rahmen II. VW belegt wurde

26. Abschaltung der *II. VW*.
27. Sperrung der abgeschalteten *II. VW* für die *I. VW*.

δ) Beim Besetztsein der weiterführenden Wählerstufe

28. Stillsetzen des Wählers auf dem 11. Kontakt.	28. ./.
29. Abgabe eines Besetztzeichens.	29. ./.

ε) Wenn das Gespräch nicht zustande kam, oder der Aufbau vorausgelöst wurde

	30. Unterdrückung des Anreizes zum Zählen des Gespräches.

ζ) Überwachungsmeldungen

31. Hauptsicherung durchge-schmolzen.	31.	./.
32. Zweigsicherung durchgeschmol-zen.	32.	./.
33. Wählerantrieb steht unter Dauerstrom.	33.	./.
34. Ein *GW* des Gestellrahmens ist belegt.	Die folgenden Forderungen hän-gen von der Schaltung des	
35. Ein *GW* wird unnötig belegt, der Anrufende wählt nicht.	*II. GW* ab und sind hier be-deutungslos.	
36. Ein *GW* des Gestellrahmens ist mit der Prüfklinke besteckt.		

η) Beim Prüfen eines GW durch das Bedienungspersonal

37. *GW* mit Prüfstöpsel besteckt, muß für suchende *II. VW* ge-sperrt erscheinen.

b) Übersicht über den Schaltungsaufbau des *I. GW*

Zur Vermittlung eines Überblickes über die Schaltung von Bild s 38 dient für den Teil ohne Überwachungsanlage der Verkettungsplan von Bild s 39.

Die Stromläufe [*302—309, 313—315*] und die herausgezeichneten Auszüge von Stromläufen auf Bild s 37 und s 39 deuten die vielen Möglichkeiten an, welche sich am Schaltungsabschnitt der *c*-Ader ein-stellen.

A_{II} und B_{III} spielen dabei eine untergeordnete Rolle. Sie kommen dafür bei [*321—322*] zur Wirkung als Übertragerwicklungen der Signale. Das Relais *C* bleibt während der Belegung des *I. GW* in der Arbeits-stellung, während *V* als Wahlsicherungsrelais den Wähler erst nach Be-endigung des Hubes zur freien Wahl freigibt.

Die Stromläufe [*310—312*] zeigen die Vorgänge während der Wahl, allerdings ohne Berücksichtigung von *nsa* in der *TN*-Stelle.

[*409*] gibt an, wie die von der Nummernscheibe herrührenden Stromlücken als Stromstöße über die *a*-Ader zum nächsten Wähler weitergegeben werden.

[*316, 318* und *401*] lassen die mannigfache Mitarbeit des Relais *J* erkennen. J_{III} dient, mit dem Ankerkontakt *d* des Wählers, gesteuert, als Treibrelais zur freien Wahl.

Die Antriebskreise [*319—20*] sind beide mit dem Relais *WK* des Gestellrahmens verkettet. Seine Aufgabe liegt in der Überwachungs-hilfe der Stromdauerverhältnisse.

Der Prüfkreis erhält noch das Relais J, um, wie wir sehen werden, die Stillsetzung zu beschleunigen [401]. Der Sperrkreis [402] ist schon befreit davon, weil J_{III} mit P_{II} kurzgeschlossen wird.

Die Brücke aus $w_1 — b_1$ zum Beeinflussen des Relais G im $II. VW$ war schon bekannt. Die Relais HA, EA und WK überwachen die Sicherungen und Stromverhältnisse, während I, II, DK und K für andere Überwachungsmeldungen herangezogen werden. Das Relais Sp muß den Wähler beim Einsetzen der Überwachungsprüfklinke sperren und das Stecken des Prüfstöpsels kenntlich machen.

Die in das Feld des Signalrahmens führenden Stromläufe finden später ihre Erklärung. Die Anschlüsse zu den Signalmaschinen fanden nur vereinfacht ihre Darstellung (Feld 10 H des Schaltbildes, Bild s 38).

Tabelle 11. **Schaltung des $I. GW$.**

Bez.	Kontakte oder Arme						Wicklungen			Schalt-zeiten		Bemerkung
	1	2	3	4	5	6	I	II	III	an	ab	
A	1		3		5		I	$ü$	bf			
	u		r		u		500	50	500	10	10	
	$F\,4$		$I\,4$		$K\,1$		$E\,1$	$G\,6$	$J\,1$			
B	1		3		5		I	II	$ü$			
	u		r		a		350	150	50	15	15	
	$D\,6$		$G\,3$		$K\,5$		$F\,1$	$G\,1$	$G\,7$	20	80	II kurzgeschlossen
C	11	12	3	51	52	53	I	bf				
	a	r	u	ur	ua	ua	200	2000		25	120	Kupfer und Kurz-
				rza								schluß
	$I\,4$	$L\,7$	$L\,1$	$J\,1$	$G\,5$	$K\,7$	$G\,3$	$D\,6$				
J	1		3				I	II	III			
	r		u				1000	250	300	10	10	
	$J\,4$		$H\,6$				$K\,5$	$K\,7$	$J\,5$			
P	11	12	3		51	52	I	II	III			
	a	a	r		a	a	60	750	400	10	10	
		za									100	kurzgeschlossen
	$F\,4$	$L\,7$	$J\,4$		$L\,2$	$L\,1$	$L\,6$	$L\,6$	$L\,3$			
V	11	12	3		51	52	I	II	bf			
	a	r	u		a	r	75	250	200	10	10	
	$G\,1$	$G\,3$	$J\,2$		$J\,7$	$J\,4$	$G\,4$	$J\,6$	$G\,5$		100	I kurzgeschlossen
Z		2		4			I	bf				
		a		za			500	500		10	10	
		$L\,3$		$F\,3$			$I\,1$	$F\,4$				
GWH	a	b	c		k_1	k_2	I					
					r	u	60			7	7	im SZP 10 ms
					$G\,6$	$K\,4$	$I\,3$					
GWD	a	b	c	w_1	w_2	w_{111}	w_{112}	I				
		Arme		r	r	a	za	60		7	7	im SZP 10 ms
	$M\,1$	$M\,2$	$M\,6$	$D\,6$	$I\,4$	$F\,6$	$K\,6$	$J\,3$				

c) Die Vorgänge in der Schaltung des I. Gruppenwählers

α) **Beim Belegen des *I. GW.*** In dem vorausgehenden Schaltzeitplan (Bild z29) wurde gezeigt, wie der *II. VW* einen *I. GW* belegt, die Sperrung und Durchschaltung vornimmt und wie der *II. VW* stillgesetzt wurde. Bild z30 zeigt nun beginnend mit der Belegung des *I. GW* die Fortsetzung.

1) Die Wicklungen von *A* und *B* in der *c*-Ader stehen vorläufig unter schwachem Gleichstrom.

2) Die volle Erregung erfolgt bei der Durchschaltung über die Wicklungen in der Schleife[1]).

3) — 4) a_1 und b_3 öffnen nun den Kurzschluß von *C*, das nun ansprechen kann [*304*].

5) c_{53} erregt das Relais *J* [*316*], während c_{52} den Übergang der Stromläufe in der *c*-Ader vorbereitet [*305 . .*].

6) i_3 unterbricht den vormaligen *c*-Stromlauf und schaltet zur Aufnahme des Wählzeichens um. Die früher in der *c*-Ader gelegenen Wicklungen von *A* und *B* dienen als Übertrager vom Stromlauf [*321*] in die Schleife [*310*].

β) **Die I. Gruppenwahl.** Während der Gruppenwahl bringt das Relais *A* in gewöhnlicher Weise den Wähler auf die gewählte Dekade (a_3). Besondere Beachtung verdienen aber die Vorgänge nach dem ersten Öffnen der Nummernscheibe.

9) a_1 läßt das Relais *V* ansprechen [*306—7*]; *C* hält sich über die Stromlücke infolge seines eigenen Kurzschlusses.

10) b_5 unterbricht nun *J*.

11) Der Wähler kommt in die erste Dekade und legt die Kopfkontakte um. Es wird daher das Wählzeichen abgeschaltet, das allerdings schon durch *nsa* zum Verstummen gebracht wurde. k_2 legt zum Antrieb des Drehmagneten um, wobei nun aber das Relais *V* dem abfallenden *J* zuvorkommen muß, um keinen Stromstoß zu erzeugen.

Das Relais *B* steht während der Wahl unter der Dämpfung seiner kurzgeschlossenen Wicklung *II*. Seine Aufgabe während der Wahl ist aber erfüllt; es bleibt nun gleichgültig, ob es je nach der Einwirkung der *TN*-Leitung die Stromstöße mitmacht oder nicht. Schaltwirkungen werden keine mehr ausgelöst.

γ) **Die freie Wahl zum Belegen eines *II. GW*.** Nach Beendigung der Wählstromstöße gibt v_{52} den Antrieb für *GWD* frei. Es arbeitet mit J_{III} als Treibsatz.

P kann erst dann ansprechen, wenn ein freier *II. GW* erreicht worden ist.

38) p_{12} stellt die Sperrschaltung her und schaltet dabei dem Relais *J* die Wicklung *II* kurz. Die Folge davon ist, daß nun *J* sehr gedämpft abfällt, sobald es durch *d* in der Wicklung *III* unterbrochen wird. p_3 setzt schließlich den Antrieb still, bevor i_1 den neuen Stromstoß beginnen könnte.

Mittlerweile kann im *II. GW* das Relais *C* ansprechen und die Belegung des *II. GW* weiterführen.

Die Fortsetzung im Schaltzeitplan zeigt, wie nach Eintreffen der Stromstöße für die II. Gruppenwahl im *I. GW* ähnliche Vorgänge sich abspielen, wie bei der I. Gruppenwahl, nur bleibt *GWH* abgeschaltet. Statt dessen vermag das Relais *A* im *I. GW* über die durchgeschaltete *a*-Ader zum *II. GW* die von der Wahlscheibe herrührenden Stromlücken als Stromstöße in das Relais des *II. GW* weiterzugeben. Der Hebemagnet im *II. GW* wird mittels eines Arbeitskontaktes von *A* in der *II. GW*-Schaltung betätigt.

---

[1]) Die absichtliche Verlängerung der Schaltzeit von *B* dient nur der Übersichtlichkeit.

Der weitere Verbindungsaufbau soll nun nicht weiter verfolgt werden; es ist aber klar, daß statt des *II. GW* ebensogut ein *LW* vom *I. GW* aus zu steuern sein wird. Die *a*-Ader bleibt zu diesem Zweck bis zum *LW* über den *II.* bzw. den *III.* usw. *GW* durchgeschaltet. Die Schaltungen der II. und folgenden Gruppenwähler bleiben nach Vollzug ihrer eigenen Gruppenwahl durch nachfolgende Wählvorgänge unberührt. (S. Abschaltung von *A* durch w_1 im *II. GW*[1]).)

d) Die Überwachungseinrichtung des I. Gruppenwählers

Die Meldung von durchgegangenen Haupt- und Zweigsicherungen unterscheidet sich in keiner Weise von derjenigen der Vorwähler. Die blaue und die rote Lampe am Gestellrahmen und die Wiederholung samt Weckeralarm am Signalrahmen bleiben als Meldungszeichen.

Auch die Meldung eines dauernd unter Strom stehenden Antriebsmagneten erfolgt ähnlich. Das Relais *WK* leitet die verzögerte Meldung und das Aufleuchten der grünen Lampe ein. (S. *I.* und *II. VW.*)

Sollen Durchdreher gemeldet werden, dann ist die Taste *DU* zu drücken. *DK*, das Relais zur Durchdreherkontrolle, spricht nach dem Durchdrehen an und sorgt für die Weitergabe der Meldung an den Signalrahmen und läßt am Wählergestellrahmen die grüne Lampe aufleuchten. Am Signalrahmen ertönt zur besonderen Unterscheidung ein eigenes Weckersignal.

Das Relais *K* läßt bei Belegung eines *I. GW* die helle Lampe aufleuchten und gibt die Meldung an den Signalrahmen weiter.

Es kann nun vorkommen, daß zwar ein *I. GW* belegt wird, aber die Wahl unterbleibt. In diesem Falle ist *J* erregt. Über i_3 wird das Relais *I* nach geraumer Zeit durch den 5-Minutenschalter erregt. Das Relais *II* arbeitet mit. Die gelbe Lampe wird dann mit genügender Verzögerung aufleuchten und die Meldung an den Signalrahmen weitergegeben.

Schließlich ist noch das Relais *Sp* zu erwähnen. Steckt man den Stöpsel eines Prüfgerätes in die Prüfklinke eines *I. GW*, dann wird die *c*-Ader des *I. GW* über beide Wicklungen von *Sp* zu einem ähnlichen Stromlauf geschaltet, wie [302] beim Prüfen vom *II. VW* aus. Wäre der *I. GW* belegt, dann kann *Sp* nicht ansprechen.

Ist der *I. GW* frei, kann er also einer Betriebsprüfung unterzogen werden, dann schaltet *Sp* beim Ansprechen seine hochohmige Wicklung kurz und stellt für nachprüfende *VW* die Sperrschaltung her[2]). Gleichzeitig leuchtet auch die Sperrlampe auf. Ihr Nichtaufleuchten wäre das Zeichen der vorhandenen Belegung durch einen *II. GW.* Die Sperrlampe soll aber auch darauf hinweisen, daß ein Prüfstöpsel steckt und somit der *GW* dem Verkehr entzogen bliebe, falls der Stöpsel irrtümlich nicht wieder herausgezogen wird.

---

[1]) Bild z 31 zeigt ausführlich die Vorgänge beim Durchdrehen und nachfolgendem Vorauslösen für alle bisher betrachteten Wählerstufen.

[2]) Ganz anderen Zwecken dient der Kurzschluß der nur wenig im Widerstand höher liegenden zweiten Wicklung von *WK*. Wenn nämlich mehrere Wähler gleichzeitig heben oder drehen, würde *WK* unter Umständen Überlastungen ausgesetzt sein; es schaltet sich daher selbst auf einen geringeren, unschädlichen Widerstand.

VII. Blickpunkte für den Verbindungsaufbau nach der Wähltechnik

Ausgehend von den anschaulichen Vorgängen in den Handvermittlungsanlagen (Teilschritte) und den wirtschaftlichen Lösungen ihrer Weiterentwicklung für immer größer werdende Teilnehmerzahlen (Schaltwege) ergaben sich die Forderungen und in gewissem Sinne auch schon die Möglichkeiten für die Wähltechnik.

Es sei nun die Frage gestellt, welche Kennzeichen, d. h. Forderungen oder Vorgänge man in der Wähltechnik herausstellen kann, wenn man die Betrachtungsweise der manuellen Technik ganz außer acht läßt. Solche Kennzeichen erlauben es erst, Vergleiche zwischen verschieden gearteten Wählsystemen durchzuführen, gleichgültig worin diese Verschiedenheit besteht[1]).

A. Kennzeichnende Vorgänge beim Verbindungsaufbau[2])

Aus der durchgearbeiteten Schaltung für 100 *TN* und den gezeigten Schaltungsteilen einer Anlage für 10000 *TN* lassen sich diese Kennzeichen ohne weiteres ableiten, obwohl die Betrachtung dabei auf die Systeme des Schrittschaltantriebes und darunter wieder auf Anlagen beschränkt bleibt, deren Wähler mittelbar mit den Stromstößen der Nummernscheibe in die gewünschte Verbindungsgruppe gesteuert werden. Und auch von dieser Art Wählanlagen wieder steht der Betrachtung nur ein besonderer Vertreter zur Verfügung.

Es spielen sich dabei folgende Vorgänge ab:

Der anrufende *TN* hebt ab. Durch diesen Eingriff von außen nimmt der *TN* seine eigene *TN*-Leitung in Anspruch; er belegt sie.

Mit der *TN*-Leitung bildet der *VW* eine Einheit, nämlich die *TN*-Schaltung. Durch die eben erfolgte Belegung wird der *VW* zur freien Wahl angelassen. Der *VW* trennt als erstes die Verbindung der *TN*-Leitung mit dem *LW*-Vielfach auf und sperrt damit die belegte *TN*-Leitung.

Der *VW* sucht nun selbständig aus den an ihn angeschlossenen *II. VW* einen freien aus. Die Weiterführung der freien Wahl wird durch die Sperrung, Belegung oder auch Abschaltung vom *II. VW* erzwungen.

---

¹) Siehe S. 30.
²) Schrifttum: (2) Führer; (5) Hebel; (6) Hettwig; (10) Lubberger.

Der *I. VW* prüft die erreichten *II. VW*, d. h. er stellt fest, ob der *II. VW* für eine Belegung frei ist und zum Weiterbau der Verbindung benützt werden darf.

Kurz nach der Belegung (*R*-Relais im *II. VW*) wird der *II. VW* gesperrt. Gleichzeitig erfolgt die Unterbrechung der freien Wahl und die Durchschaltung der Sprechadern zum *II. VW*.

Der *II. VW* sucht nun seinerseits in freier Wahl einen freien *I. GW*; er prüft der Reihe nach die angeschlossenen *I. GW* und belegt den ersten freien davon. Die Sperrung tritt ein, die freie Wahl wird stillgesetzt und die Sprechadern erfahren ihre Durchschaltung in den *I. GW*. Die Sprechschleife vom anrufenden *TN* bis zum Übertrager im *I. GW* ist hergestellt, das Mikrophon wird vom *I. GW* aus gespeist.

Der belegte *I. GW* nimmt nach der Durchschaltung seine Tätigkeit auf und übermittelt das Wählzeichen zum Anrufenden.

Hätte der *I. VW* an seinen Kontakten lauter gesperrte oder abgeschaltete *II. VW* gefunden, so wäre er nach Durchdrehung bis zum letzten Kontakt am nächsten, nicht zu *II. VW* führendem Kontakt stillgesetzt worden. Die Folge davon wäre das Besetztzeichen zum anrufenden *TN*.

Im *I. GW* endigt die Sprechschleife vom anrufenden *TN* im Übertrager, von dessen Sekundärseite die Sprechschleife zum gewählten *TN* weiter aufgebaut wird. Vom *I. GW* aus erfolgt, wie schon erwähnt, die Speisung für das Mikrophon des Anrufenden. Das Mikrophon des Gewählten wird aus der letzten Wählerstufe gespeist, also in unserem Falle aus dem *LW*.

Auf das Wählzeichen hin nimmt der *TN* die erste Nummernwahl vor. Der erste *GW* wird in die verlangte Dekade gehoben. Nach Beendigung dieser Einstellung steuert der *I. GW* sich selbst von Heben auf Drehen um und veranlaßt die freie Wahl zum Belegen eines *LW*[1]). Prüfen, Sperren, Durchschalten und Unterbrechen der freien Wahl wiederholt sich neuerdings.

Der *TN* gibt die nächste Stromstoßfolge zur Wahl, die nun vom *I. GW* aufgenommen in den *LW* mittelbar weitergegeben wird. Der *LW* kommt auf die gewählte Dekade. Im *LW* geht nun die selbsttätige Umsteuerung von Heben auf Drehen vor sich, so daß die nun folgenden letzten Wahlstromstöße das Eindrehen auf den Kontakt des gewünschten *TN* zur Folge haben.

Die gewählte Nummer konnte eine Sammelnummer gewesen sein; der *LW* prüft daher, dreht in freier Wahl gegebenenfalls noch einige Schritte weiter, belegt den erreichten freien Anschluß nach erfolgter Prüfung, sperrt den *TN*-Anschluß und schaltet die Sprechschleife zur Sprechstelle durch.

---

[1]) Die Vorgänge im *II. GW* bringen nichts wesentlich Neues.

Jetzt setzt die Signalgabe zu beiden *TN* ein. Der gewählte *TN* erhält den Ruf, während der Anrufende das Rufzeichen hört.

Der Gerufene meldet sich. Nun ist die Sprechverbindung völlig hergestellt.

Hätte der *I. GW* keinen *LW* finden können, dann wäre das Besetztzeichen notwendig geworden.

Andererseits wurde aus der gezeigten Schaltung bekannt, wie die *II. VW* zweier Rahmen abgeschaltet werden, also für die *I. VW* als gesperrt gelten müssen, wenn die Ausgänge von den *II. VW* zu den *I. GW* alle besetzt und somit gesperrt sind.

Beim Auflegen nach dem zustande gekommenen Gespräch trat der Gesprächszähler in Tätigkeit. Das Auflegen veranlaßt die Rückführung und Freigabe aller belegt gewesener Einrichtungen. Das gleiche muß auch sichergestellt sein, wenn der anrufende *TN* in irgendeiner anderen Phase des Verbindungsaufbaues auflegt.

Schließlich hätte der gewählte *TN* besetzt sein können. Die Durchschaltung wäre unterblieben und dafür wäre das Besetztzeichen notwendig geworden.

Es ist aber anzunehmen, daß nicht alle diese für die Wähltechnik kennzeichnenden Vorgänge von gleicher Wichtigkeit sein werden.

B. Unerläßliche Forderungen und Vorgänge für alle Wählsysteme

In den Werken von Lubberger und Hettwig[1]) finden 11 Kennzeichen die Wertung als unerläßliche Forderungen für alle Wählsysteme und bieten somit die Grundlagen zu ihrem Vergleich:

1. **Freie Wahl,**
2. **Prüfen,**
3. **Belegen,**
4. **Sperren,**
5. **Durchschalten,**
6. **Nummernwahl,**
7. **Steuern oder Umsteuern,**
8. **Hörzeichengabe,**
9. **Sprechkreise,**
10. **Speisen und Stromversorgung,**
11. **Auslösen.**

Ihrem Wesen nach sind die genannten Begriffe aus den gezeigten Schaltungen erläutert worden. Letzten Endes war es Ziel dieser Einführung, die unerläßlichen, wesentlichen Merkmale des Wählbetriebes klar herauszustellen.

---

[1]) Schrifttum: (6) Hettwig; (10) Lubberger. Beachtenswert ist vor allem die von Hettwig gegebene Zusammenstellung von erläuternden Hinweisen der Kennzeichenfolge. S. 78 ff.; (2) Führer baut den Hauptteil seines Buches auf den Erläuterungen verschiedener Kennzeichen aus herausgegriffenen Schaltungsabschnitten auf.

C. Zusätzliche Forderungen oder Aufgaben

Aus den behandelten Schaltungen lassen sich die folgenden aufzählen:

Stillsetzung eines Wählers nach erfolglosem Durchdrehen,
Abschalten einer Wählerstufe, wenn deren Ausgänge besetzt sind,
Sammelanschlüsse,
Gesprächszählung,
Überwachungseinrichtungen,
Funkenlöschung und Rundfunkentstörung der Wählerstromkreise,
usw.

Andere solche Forderungen wären:

Erster Ruf,
Zeit- oder Zeitzonenzählung,
Nebenstelleneinrichtungen,
Gemeinschaftsanschlüsse,
Verkehrsmeßeinrichtungen usw.

Es handelt sich also um Forderungen, deren Erfüllung besondere Vorteile oder Bequemlichkeiten für den Teilnehmer bringt, oder deren Lösung den Eigenarten des Betriebes entgegenkommt oder sonst günstige Betriebsverhältnisse zu schaffen hilft.

Sie bleiben aber gegenüber den Hauptforderungen, deren technische Lösung einwandfrei befriedigen muß, zur Beurteilung einer Anlage erst in zweiter Linie maßgebend.

D. Die Kennzeichnung der technischen Aufgaben nach ihrem inneren Wesen

Abschließend soll nun nochmals jener Gesichtspunkt eingenommen werden, der schon in der Einleitung geltend gemacht wurde:

Von der Art der technischen Lösung zur Gesprächsvermittlung unabhängig bleiben die Forderungen für die physikalischen und technischen Grundlagen des Gespräches. Die Wählerstufen und ihre Hilfseinrichtungen übernehmen als ferngesteuerte Mechanismen die Durchführung des Verbindungsaufbaues, halten die Verbindung störungsfrei aufrecht und trennen sie nach Beendigung des Gespräches.

Von der Bündelung ausgehend und fortschreitend bis zum Grundgedanken der Bildung von Teilnehmergruppen zur wirtschaftlichen Bestimmung der Wählergröße und ihrer Anzahl wurden endlich die Probleme der Zuweisung angeschnitten.

Die Güte der Fernsprechverbindung hängt von dem Grade der Verlustlosigkeit innerhalb der Sprechkreise ab und liegt im weiteren in der Störungsfreiheit durch fremde Einflüsse. Die Wähltechnik hat diesbezüglich keine ungefährlichen Klippen zu umfahren. Man denke an die vielen Kontaktstellen innerhalb der Sprechkreise über Wähler und Relais, an die ziemlichen Längen der Leitungsführung und an die durch die Vielfachschaltungen in Kabeln und Wählern zahllosen galvanischen und kapazitiven Ableitungen. Die galvanische Kopplung aller Mikrophonspeisungen durch den gemeinsamen Anschluß an die Zentralbatterie birgt eine Gefahrenquelle zur Beeinflussung der verschiedenen Sprechkreise untereinander. Die ausgedehnte enge Leitungsführung in Kabeln und an den Wählerkontaktsätzen ermöglicht kapazitive Kopplungen zwischen fremden Sprechkreisen, die insbesondere bei kapazitiven Verschiedenheiten der einzelnen Adern eines Sprechkreises gegenüber der Erde gefährlich werden können. (Daher die strenge Forderung nach Symmetrie der a- und b-Ader.) Schließlich können auch die starken Magnetfelder, die von den Wählern und den Relais herrühren in ihrer stoßartigen Betriebsweise induktiv auf die Sprechkreise wirken.

Was nun die Wählerschaltungen betrifft, taucht zuerst einmal die Frage nach der konstruktiven und betriebstechnischen Güte der Einzelorgane auf. Im weiteren machen sich eine Menge Probleme physikalischer Natur geltend, über die im angeführten Schrifttum interessante Einzelheiten zu entnehmen sind[1]).

Nicht geringe Bemühungen verwendet man schon seit langem auf die Erfassung der Eigentümlichkeiten des Fernsprechverkehres, der zeitlichen Häufigkeit von Gesprächswünschen und deren Befriedigung durch eine vorgegebene Anlage; sei es, daß man durch besondere Einrichtungen den Verkehrsverlauf und dessen Befriedigung aufzunehmen gewillt ist, oder aber durch theoretische Erwägungen seinen Gesetzen nachzuspüren sucht. Bei der Ausgestaltung von Anlagen, also praktisch gesprochen bei der Festlegung der Zahl der Wählereinheiten und der dazugehörigen Hilfseinrichtungen sucht man die tatsächlichen oder zu erwartenden Verkehrsgrößen durch die im Vorausgehenden erläuterten Hilfsmittel der Bündelung der Wähler und der Bildung von passenden Teilnehmergruppen zur Ermöglichung wirtschaftlicher Bündelstärken in befriedigendem Maße zu bewältigen.

In allen drei Fragengruppen, in der bezüglich der Technik des Gespräches, in derjenigen nach den allseitigen Forderungen einer Schaltung und schließlich in der Frage des Verkehrs und seiner Bewältigung wäre noch vieles anzuschneiden, was aber weit über den Rahmen der hier geplanten Einführung ginge. Das einschlägige Schrifttum[2]) vermag den weiteren Weg zu weisen; Aufgabe dieser Einführung war es, den Leser verständnismäßig für den weiteren Weg die nötige Ausrüstung zu geben.

---

[1]) Schrifttum: (6) Hettwig; (9) Langer; (10) Lubberger.
[2]) Schrifttum: Fragen des Verkehrs: (5) Hebel; (6) Hettwig; (9) Langer; (10) Lubberger; (12) Niendorf; (14) Strecker. Weitere Angaben siehe dort.

VIII. Anhang
Einführung in die Darstellung von Schaltungen und Schaltvorgängen nach dem Verkettungs- und Schaltzeitplan

A. Schaltung und Schaltbild[1])

Das Wesen einer Schaltung liegt, wie schon erwähnt, in der sinnvollen Verkettung der einzelnen Schaltorgane, die in ihren Strom aufnehmenden Teilen (Wicklungen) zu Wirkungen mit den Strom steuernden Teilen (Kontakten) veranlaßt werden.

In der Praxis liegt die Schaltung meist starr ausgeführt vor, wobei die verbindenden Drähte zu den einzelnen Anschlüssen der Schaltorgane gar nicht sichtbar sind und verkabelt laufen. Bei einfachen Schaltungen läßt sich der Grundgedanke durch Aufzeichnen der örtlichen Verbindungsleitungen noch halbwegs wiedergeben, bei verwickelteren Schaltungen jedoch käme man damit nicht weit.

Man zog daraus die Folgerungen und stellt zur gedanklichen Übersicht der Schaltung ein besonderes Schaltschema her, das uns bekannte Schaltbild, in dem die einzelnen Schaltorgane mit ihren aktiven und passiven Teilen (Kontakten und Wicklungen) durch besondere Schaltzeichen dargestellt sind, und in denen die Drahtverbindungen mit möglichst übersichtlicher Linienführung auch unter Auflassung örtlicher Zusammenhänge zwischen Wicklungen und Kontakten usw. angedeutet werden. Bild s40 verschafft einen Überblick über die gebräuchlichsten Schaltzeichen.

B. Der Schaltvorgang
1. Das Wesen der Schaltvorgänge

Wenn z. B. nach Bild s16 der Teilnehmer abhebt, spricht das Relais A an. Beim Ablauf der Nummernscheibe erleidet A eine Reihe von Stromlücken, in denen es periodisch abfällt und wieder anspricht. Schließlich aber fällt A beim Auflegen ab und bleibt in der Ruhelage. Alle diese Vorgänge rühren von Schalttätigkeiten her, die man am besten als Eingriffe von außen bezeichnet.

---

[1]) Schrifttum: Grundsätzliches über Schaltungen und Schaltbild: (6) Hettwig; (9) Langer; (10, 43) Lubberger.

Solchen Eingriffen von außen folgen Schaltvorgänge oder ganze Abläufe von Vorgängen verschiedenster Art und Weise. Entweder sind es reine Vorgangsketten, wie z. B. bei einer Stromlücke durch die Nummernscheibe, wo *nsi* unterbricht, das Relais *A* abfallen läßt, worauf der Drehmagnet des Leitungswählers anspricht und endlich mit seinen Armen eine neue Schaltlage bezieht. (*V* überdauert ohne Abfallen die Stromlücken.)

Es kann aber auch zu wirklich selbsttätigen Vorgängen kommen wie z. B. beim Auflegen nach dem Gespräch, wo *A* abfallen muß, nun aber das Relais *V* dauernd unterbricht, so daß es, wenn auch mit längerer Abfallzeit, ebenfalls die Ruhelage einnimmt und nun den Auslösemagnet ansprechen läßt, der die Wählerarme freigibt. Sie schnellen zurück und in der Endlage wird der Stromlauf für *LWM* unterbrochen. Bei größeren Anlagen erreichen diese einmal in Gang gesetzten Schaltvorgänge ziemlichen Umfang. Für solche und ähnliche Vorgänge trifft die Bezeichnung Schaltvorgänge auf ein festes Ziel hin zu.

Nachdem nun die Wähltechnik nicht nur Handgriffe des Menschen ersetzen soll, sondern auch zum Teil dessen Überlegungen, so verursacht ein Eingriff von außen mitunter Vorgangsreihen, die zu einem bedingten Schaltziel führen. So z. B. wird das Abheben in einer Wählanlage beim Freisein von Verbindungsaggregaten (Wählern) das Wählzeichen auslösen, sobald ein Wähler bereitgestellt wurde, oder aber der Anruf blieb erfolglos und brachte nur das Amtsbesetztzeichen. Das gleiche gilt für die beendete Wahl, wo entweder der Ruf erfolgen kann, oder aber das Besetztzeichen notwendig wird und die Verbindung überhaupt nicht fertiggestellt wird, obwohl sie schon fast vollendet vorliegt.

Für alle Arten von selbsttätigen Schaltvorgängen, insbesondere für diejenigen mit bedingtem Schaltziel bedarf es gewisser Mittel, Einfluß auf den Gang des Verlaufes auszuüben.

2. Mittel zur Erzwingung bestimmter Schaltvorgänge[1])

Als solche Mittel kommen hauptsächlich zwei in Betracht. Das eine davon ist die Ansetzung der Stromempfindlichkeit der Stromempfänger, das andere die willkürliche Bemessung der Schaltzeiten beim Ansprechen und Abfallen.

a) Die Stromempfindlichkeit

Die normale Bauweise, Wirkung und die Kontaktarten eines Relais werden als bekannt vorausgesetzt. Die folgenden Überlegungen gelten im gleichen Sinne auch für die Wähler.

---

[1]) Schrifttum: (2) Führer; (6) Hettwig; (9) Langer; (27) Führer; (28) Gänsler; (29) Gundlfinger; (34) Jucker; (37) Kurtze; (38) Labunsky; (40) Loran; (49) Mehlis; (51) Molnar; (52) Nentwig; (54), (55) Piesker; (59) bis (61) Schulze; (65) Timme; (69) bis (70) Woelk.

Zum vollen Verständnis der mannigfachen Betriebszustände eines elektromagnetischen Schaltgerätes und des Einflusses der verschiedenen aufgenommenen Stromstärken diene Bild 20. Die dort eingetragenen Verhältnisgrößen bedeuten Dauerwerte, d. h. die Endstufe der beim Ein- und Ausschalten oder Ändern des Stromes verursachten kurzen Stromeinstellung. Ein Relais wird z. B. gewöhnlich vom stromlosen Zustand nach Bildung des betreffenden Stromkreises mit einer bestimmten Stromstärke erregt, oder es erleidet bei einer schon bestehenden Erregung eine gewisse sprunghafte Stromänderung nach oben wie nach unten, oder es verliert die innegehabte Erregung durch vollständiges Unterbrechen des Stromes.

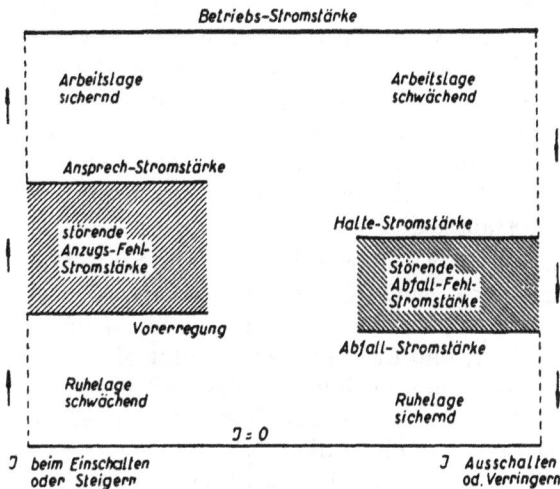

Betriebs-Stromstärke

Arbeitslage sichernd

Arbeitslage schwächend

Ansprech-Stromstärke

störende Anzugs-Fehl-Stromstärke

Halte-Stromstärke

Störende Abfall-Fehl-Stromstärke

Vorerregung

Abfall-Stromstärke

Ruhelage schwächend

Ruhelage sichernd

$J = 0$

J beim Einschalten oder Steigern

J Ausschalten od. Verringern

Bild 20. Übersicht über die Stromverhältnisse am Relais.

Nun denken wir uns das Relais von der Stromlosigkeit in kleinen Schritten stufenweise bis zur normalen Betriebserregung unter Strom gesetzt und ebenso stufenweise wieder stromlos gemacht. Solange die ansteigenden Stromschritte eine bestimmte Höhe nicht überschreiten, behält das Relais noch die volle Ruhelage, oder zum mindesten reicht die Ankerkraft noch nicht aus, die Kontaktfedern vollständig umzulegen (sondern sie nur teilweise ihres Kontaktdruckes zu berauben oder einander zu nähern), ohne aber selbst den Kontakt zu öffnen oder einen offenen zu schließen.

Stromänderungen innerhalb dieses Bereiches und auch die Stromunterbrechung bleiben für die Kontaktlage wirkungslos.

Überschreitet die Stromstärke aber einmal diese Vorerregungsgrenze, dann kann es vorkommen, daß der eine oder andere Kontakt des Relais schon die Ruhelage verläßt. Auf den völlig unschädlichen vorigen Strombereich bis zur Vorerregungsgrenze folgt nun ein Bereich, der gänzlich unbestimmt bleibt und betriebsmäßig streng zu vermeiden ist. Die obere Grenze dieses Störungsbereiches bildet endlich jene Stromstärke, bei welcher das Relais zum ersten Male ganz durchzieht und alle Kontakte umlegt. Es wurde die Ansprechstromstärke erreicht. Betriebsmäßig bleibt sie ohne Bedeutung, weil geringe Spannungseinbußen der Stromquelle in dem auf die Ansprechstromstärke einmal eingestellten Stromkreis das Ansprechen fraglich werden läßt.

Man gibt dem Relais daher eine gewisse Stromsicherheit, indem man die Betriebsstromstärke reichlich über die Ansprechstromstärke legt, d. h. man läßt das Relais stromlos oder von einer unschädlichen Vorerregung unmittelbar auf die Betriebsstromstärke ansprechen. Hat das Relais z. B. bei der Ansprechstromstärke einmal richtig durchgezogen, so wird bei schrittweisem Erhöhen der Stromstärke bis zur Betriebsgröße zwar die Ankerkraft verstärkt, nicht aber der Kontaktdruck, weil der Anker ohnedies schon anliegt und die Federn vollständig durchgebogen hat. Es wurde nur die Sicherheit des Kräfteverhältnisses erhöht, welches z. B. die Wirkung von Erschütterungen zum Abfallen des Ankers ausschließt.

Von der Betriebsstromstärke darf nun die Stromgröße schrittweise oder in einem größeren Schritt bedenkenlos bis etwas unter die Ansprechstromstärke verringert werden; der Anker bleibt in Arbeitsstellung. Das rührt davon her, daß die Ankerkraft unter gleicher Stromerregung bei angelegtem Anker um ein Bedeutendes größer ist, als bei nicht angezogenem Anker. (Unterschied des magnetischen Widerstandes.) Die Grenze des Haltebereiches bildet die sog. Haltestromstärke. Aus dem Gesagten erklärt sich die Tatsache, daß Spannungsverminderungen sich bei Relais in Arbeitsstellung bedeutend weniger auswirken, als wenn sie dabei ansprechen müssen.

Unter der Haltestromstärke beginnt wieder ein Störungsfeld. Zum Unterschied beim Ansprechen, wo es das Feld der Anzugsfehlströme gab, tritt hier ein solches für Abfallfehlströme auf.

Der untere Bereich davon wird von der Abfallstromstärke begrenzt, bei welcher das Relais zum erstenmal die Kontaktlage völlig ändert.

Bild 20 zeigt daher, wie bei den Relais und ähnlichen Geräten unter Vermeidung der Störungsfelder und deren aus Sicherheitsgründen zu meidenden Nachbarschaft gewisse Strombereiche auch bestimmten Empfindlichkeiten des Stromempfängers entsprechen. Bei der Behandlung der im Hauptteil des Buches gezeigten Schaltungsbeispiele wird es reichlich Gelegenheit geben, auf die obigen Erwägungen zurückzukommen. Kurz gesagt handelt es sich um wirkungsvolle oder wirkungslose Stromänderungen, allerdings unter der einen Voraussetzung, daß die geänderte Stromlage länger dauert, d. h. also dabei die Schaltzeit des Relais noch keine Rolle spielt. Die Bedeutung der letzteren Größe soll im folgenden erst mitberücksichtigt werden.

b) Die Schaltzeiten

Die Umstellung eines Relais von der Ruhelage in die Arbeitslage oder umgekehrt braucht Zeit. Bei gewöhnlichen Relais dauert dies rd. 10 Millisekunden, bei solchen mit besonderer Kurzschlußwicklung oder Kupferringen, die infolge der Induktion bei jeder Stromänderung eine gewisse Verzögerung der Kraftfeldänderung mit sich bringen, dauert es beim Ansprechen bis zu 60, beim Abfallen sogar bis zu 200 Millisekunden.

Der besondere Vorteil der künstlich verlängerten Schaltzeit besteht nun darin, daß die Umlegebewegung nicht gleichmäßig über die Umlagezeit verläuft, sondern überhaupt innerhalb eines beträchtlichen Teiles davon noch gar nicht stattfindet und auch dann erst langsam beginnt, um hernach allerdings beschleunigt fortzuschreiten. Von den Kontakten aus gesehen ergibt sich dadurch eine gewisse meßbare Zeit, die Schaltzeit, das ist jene Zeitspanne, die von dem Augenblick der Stromgabe oder Unterbrechung bis zum erfolgten Kontaktwechsel verstreicht. Inwieweit die einzelnen Kontakte beim Umlegen zeitlich voneinander etwas abweichen, muß nach Bedarf besonders festgestellt werden. Im großen und ganzen genügen aber Durchschnittswerte für die schaltungsmäßige Berücksichtigung, wenn es sich nicht um absichtliche, bedeutendere Abweichungen handelt.

Die Bedeutung der Schaltzeiten wird sofort klar, wenn man sich vorstellt, daß ein Relais Stromstöße unter der Ansprechzeit und Stromlücken unter der Abfallzeit ertragen wird, ohne daß an seiner Betriebslage etwas geändert wird. (Vorausgesetzt bleibt dabei natürlich, daß das Relais bei den Stromstößen genügend dazwischen liegende Ruhepausen erhält, wie es bei den Stromlücken dazwischen ausreichende Erregungszeiten benötigt.)

Die Stromempfindlichkeit und die Schaltzeiten bringen offensichtlich mannigfaltige Möglichkeiten für die Schaltvorgänge, ja sie sind überhaupt erst die Voraussetzung zur Abwicklung von selbsttätigen Vorgängen.

C. Beschreibung oder Darstellung der Schaltvorgänge?

1. Gegenstand der Beschreibung oder Darstellung.

Die Mittel und Wege zur Abwicklung der Schaltvorgänge sind verhältnismäßig sehr einfache und wenige. Auch die Ereignisse bei den

Schaltvorgängen bleiben auf wenige sich immer wiederholende Geschehnisse beschränkt. Im Grunde genommen sind es nur 6 Gruppen von notwendigen Angaben:

a) Stromläufe, die während der einzelnen Vorgänge entstehen, geändert oder aufgelassen werden.

b) Angaben über das Verhalten der Stromempfänger bei verschiedenen durch bestimmte Stromläufe hervorgerufenen Stromstärken (Stromempfindlichkeit).

c) Einflußmöglichkeiten der einzelnen Schaltorgane untereinander.

d) Schalttätigkeiten, d. h. die Änderung von Kontaktlagen und die sich daraus etwa ergebenden wirksamen Folgen.

e) Schalt- oder Erregungszustände.

f) Schaltzeiten und gegebenen Falles dadurch bedingte besondere Einflußnahme auf den Verlauf der Vorgänge.

An und für sich bestünden keine Schwierigkeiten, diese Ereignisse in ihrer Reihenfolge aufzuzählen, wenn sie eben in einer einfachen Vorgangskette abliefen. Das ist aber nicht der Fall. Die Gleichzeitigkeit mehrerer Vorgangsketten und ihre gegenseitige Beeinflussung vermag die bloße Beschreibung nicht zu bewältigen. Daher beschränkt sie sich meistens nur auf die Angabe des Wichtigsten und Unerläßlichen. Der Leser ist daher gezwungen, mit sehr dürftigen Angaben vorlieb zu nehmen.

Der Darstellung dagegen setzen die unter a) bis f) angeführten Einzelheiten gar keine Schwierigkeiten entgegen, es kommt nur darauf an, für ihre Gesamtheit möglichst einfache Darstellungsmittel zu finden.

2. Darstellungsmittel für die Wirksamkeit einer Schaltung[1])

Von den bekanntgewordenen Versuchen, die Schaltvorgänge darzustellen, hat sich seit längerer Zeit nur das Erregungsdiagramm behauptet. Weniger in der Fachliteratur, als in den von der Deutschen Reichspost herausgegebenen Schaltungsbeschreibungen. Es ist also als Mittel der Praxis für die Praxis anerkannt worden. Freilich erfüllt das Erregungsdiagramm noch nicht alle Wünsche bezüglich der Forderungen a) bis f).

In der Weiterentwicklung des Erregungsdiagrammes kam der Verfasser zu seinem Schaltzeitplan. Gegenüber dem Erregungsdiagramm lassen sich damit schon wesentlich mehr von den aufgestellten Forderungen erfüllen. Zur Ergänzung des Schaltzeitplanes dient der Verkettungsplan. Die Angaben des letzteren beziehen sich vor allem auf die Forderungen a) bis c), die dann aus dem Verkettungsplan als überaus einfache Eintragungen in den Schaltzeitplan übernommen

---

[1]) Vorschlag zur »gekürzten Darstellung« in Worten: (17) Bergmann.

werden können und so den Schaltzeitplan vervollkommnen. Der Verfasser ist sich aber dabei bewußt, daß beide Hilfsmittel in ihrer Entwicklung und Ausschöpfung nicht in der jetzt vorliegenden Form bestehen bleiben müssen.

a) Das Erregungsdiagramm

Bild z32 zeigt das Erregungsdiagramm für die Schaltvorgänge in der Schaltung nach Bild s16. Die frühere Fassung der Erregungsdiagramme ließ noch keine Andeutung der Schaltzeit erkennen, wie die hier gezeigte Ausführung. Das Erregungsdiagramm besteht aus einer Anzahl von meist lotrecht angeordneten Zeitachsen, auf denen die Schalt- oder Erregungszustände der betrachteten Schaltorgane angedeutet erscheinen. Jeder der stark ausgezogenen Striche gibt die zeitliche Dauer der Arbeitsstellungen wieder. Die tatsächliche Stromgabe hiezu wird aus der zusätzlichen Darstellung der Schaltzeit klar. Die Zeitpunkte passiver und aktiver Ereignisse zwischen den einzelnen Relais finden ihre Berücksichtigung in den verbindenden horizontalen Linien[1]).

Das Erregungsdiagramm verschafft wirklich einen knappen Überblick über die Vorgänge und läßt auch für jeden beliebigen Zeitpunkt die Schalt- oder Erregungszustände entnehmen, wenn es sich nicht gerade um die Zeitpunkte verwickelter Umschaltungen handelt. Es ist nur bedauerlich, daß man das Erregungsdiagramm so selten im Schrifttum findet[2]).

b) Der Schaltzeit- und Verkettungsplan

Für die gleichen Schaltvorgänge ausgeführt, wie Bild z32 zeigt Bild z12 einen Schaltzeitplan. Er erfüllt in dieser Form, wie schon erwähnt, die Darstellung der Forderungen c) bis f) und in Ergänzung durch den Verkettungsplan auch diejenigen von a) bis b). Der Schaltzeitplan läßt nun im gleichen Maße, wie ein Erregungsdiagramm in groben Umrissen die Vorgänge erkennen, man braucht bloß das Bild der schraffierten Flächen zu überschauen. Was er darüber hinaus wiederzugeben vermag, ist in den zusätzlichen Eintragungen zu finden.

Der Verkettungsplan, Bild s17 zeigt nun, wie jedes Organ der Schaltung an der Bildung von Stromläufen beteiligt ist, und zwar längs der für jedes Organ aufgestellten Verkettungslote. Die horizontalen Verkettungszeilen deuten dafür die einzelnen Stromläufe oder ihre Varianten an. Der Verkettungsplan läßt in seiner Darstellung auch erkennen, in welchem Erregungszustand sich die eine oder mehrere Relaiswicklungen in einem bestimmten Stromlauf befinden werden (Stromempfindlichkeit).

---

[1]) Die Andeutung der Wählerstellungen wurde vom Verfasser hinzugenommen, weil sonst die lückenlose Erfassung aller Gegebenheiten nicht möglich erscheint.

[2]) Schrifttum: (12) Niendorf; (14) Strecker.

D. Anleitung zur Verwendung des Verkettungs- und Schaltzeitplanes

1. Die Herstellung und Deutung des Verkettungsplanes

a) Der Grundgedanke des Verkettungsplanes

Eine Schaltung aus den Schaltorganen A, B, C, D und E weise unter anderem die Stromläufe [*1* und *2*] auf. Bild z 12a bei Bild z 12.

1: —, d, E, $+$.;
2: —, a, b, C_I, d, E, $+$.

Mit Hilfe der aus Bild z 12b angedeuteten Verkettungszeichen stellt man nun die Verkettungszeilen für die beiden Stromläufe her. Bild z 12a deutet dazu noch den Aufbau eines Verkettungsplanes an.

Bild s 17 zeigt nun den Verkettungsplan der Schaltung von Bild s 16. Daraus ist zu entnehmen, wie die Verkettungszeilen für die einzelnen Stromläufe mit den senkrechten Loten vernetzt sind, von denen jedes einem bestimmten Schaltorgan zugehört. Die an den Schnittpunkten beider auftretenden Verkettungszeichen ordnen jeder Verkettungszeile eine Anzahl Lote zu: Damit sind die im Stromlauf aktiv oder passiv beteiligten Schaltorgane festgelegt. Die Verkettungszeichen ordnen andererseits den Loten, also den Schaltorganen alle jene Stromläufe zu, in denen sie aktiv oder passiv beteiligt sind. Bild z 12a reiht die Verkettungszeichen noch in der gleichen Folge auf, wie die Stromläufe selbst, Bild s 17 dagegen vermag dies nicht mehr. Das bedeutet aber keinen allzu großen Verlust, weil der Verkettungsplan die Schaltung nicht zu ersetzen, sondern sie nur aufzuschließen hat.

Der Verkettungsplan beantwortet daher vor allem die Frage, welche Stromläufe sind überhaupt möglich, und gibt sofort zu erkennen, wie sich ein Schaltorgan auswirken kann. Er sagt aber ebenso einfach aus, welche Schaltglieder ein Schaltorgan überhaupt betätigt. Seine eigentliche Bedeutung erhält er als Wegweiser beim Verfolgen der Schaltvorgänge.

b) Die Herstellung des Verkettungsplanes

Bei so einfachen Schaltungen wie Bild s 16, bereitet die Herstellung des VP (Verkettungsplanes) keine Schwierigkeiten. Man setzt die Lote für die einzelnen Schaltorgane in zusammengehörigen Gruppen fest und beginnt, Stromlauf für Stromlauf in irgendeiner Reihenfolge einzutragen.

Unangenehm beim Entwurf sind nur Schaltungen, die man nicht in ihrer Gesamtheit vor sich hat. Also z. B., wenn es sich um Wählerstufen von großen Anlagen handelt. Der VP kann nur dann als vollständig angesehen werden, wenn er mit Rücksicht auf alle Nachbarstufen sämtliche Stromläufe in die betrachtete Wählerstufe, diejenigen innerhalb der Stufe und alle solchen, die durch diese Stufe verlaufen und schließlich von ihr zu den nächsten Wählerstufen führen, wieder gegeben sind. In dieser Hinsicht sind die *VP* der Bilder s 37 und s 39 durch Weglassung der Stromkreise über den *II. GW* in den *LW* als unvollständig zu bezeichnen.

Die bisherige Entwicklungsstufe des *VP* ermöglicht es noch nicht, Parallelschaltungen innerhalb eines Stromlaufes als solche sofort kenntlich zu machen. Das muß vorläufig noch durch Hinweis der Parallelschaltung in Form der Bruchdarstellung beim Stromlauf geschehen.

Bezüglich der Stromlaufvarianten sei folgendes gesagt. Grundsätzlich wird jeder einmal für sich bestehende einfachste Stromlauf in einer Zeile festgelegt. Dabei dürfen wichtige Kurzschlüsse nicht übergangen werden. Dennoch wird es manchmal Überlegungen kosten, was man als Stromlauf festlegen will, wenn am selben Stromlauf zeitweise parallele Zweige bestehen. Parallelschaltungen sind in einem Stromlauf für eine Zeile nur dann mitzunehmen, wenn sie wirklich immer gemeinsam und nie getrennt auftreten oder in Gemeinsamkeit besondere Bedeutung erlangen, sonst setzt man dafür zwei Zeilen an und sieht die zeitweise Parallelschaltung als Überlagerung zweier Stromläufe, oder als Übergangsstadium an. Das Nähere wird in den gezeigten Schaltungsentwicklungen von selbst klar.

2. Die Darstellungsmöglichkeiten im Schaltzeitplan

Von dem Erregungsdiagramm scheint im *SZP* (Schaltzeitplan) die Vielfalt der Zeitachsen übernommen worden zu sein und die jetzt als Zeitlote bezeichneten Verbindungslinien der aktiven und passiven Schaltarbeiten während eines Augenblickes. Im folgenden sei nun der Reihe nach das Wichtigste für die Darstellung besprochen.

a) Die Höhenverhältnisse der Darstellungsfelder. Zwei benachbarte Zeitzeilen stehen in einem solchen Abstand, daß über der schraffierten Fläche einer unteren Zeile noch genügend Raum zur Beschriftung verbleibt. Die schraffierten Flächen selbst stehen in einem gewissen Verhältnis zu diesem Beschriftungsraum, um ein regelmäßiges Bild zu erhalten. Wir legen diesem Beschriftungsabstand zwei Einheiten einer beim Entwurf beliebigen Längengröße zugrunde. Am vorteilhaftesten wählt man die Einheit mit 3 mm des in diesem Abstande gerasterten Papieres.

b) Eingriffe von außen. Wie auch beim Erregungsdiagramm bleibt bei diesen Eintragungen die Schaltzeit außer Betracht. Daher empfiehlt es sich, zur Wiedergabe solcher Schaltzustände das einfache Blockzeichen zu wählen. (Höhe der schraffierten Fläche 2 Einheiten.)

c) **Arbeitslage von Kopf- oder Wellenkontakten.** Die dafür aufzubringende Schaltzeit taucht bei den Antriebsmagneten auf. Sollte aber z. B. ein Wählerkontakt früher umgelegt werden, als der Aufschubzeit der Arme entspricht, dann wählt man die Darstellung von Bild z 12 im Zeitlot 7 (2 Einheiten).

d) **Armstellungen von Wählern.** Um das Fortschreiten von Kontakt zu Kontakt zu veranschaulichen, kann man die Treppenform heranziehen. Bei Wählern mit Federrückstellung deutet man das Zurückschnellen dann natürlich mit einer zeitlich entsprechenden geneigten Linie an. Bild s 12, Zeitlot 32 bis 34. (Für jede Kontaktstufe eine Höheneinheit.)

e) **Tätigkeit eines Relais.** Bild z 33 stellt den Unterschied zwischen Erregungsdiagramm und Schaltzeitplan heraus. Zur Betonung der Schaltzeit wurde die **Trapezform** gewählt. Die Höhe des Trapezes wurde mit 4 Einheiten festgelegt und bleibt als solche gänzlich belanglos[1]). Maßgebend ist nur die Entfernung 1—2 für die Ansprechzeit, die Strecke 2—4 für den Arbeitszustand, 1—3 für die Erregungszeit und 3—4 für die Abfallzeit. Die Trapezform erlaubt jedoch in anschaulicher Weise den Unterschied zwischen aktiven und passiven »Knicken« als Ausgangspunkt, Durchzugs- oder Endpunkt der Zeitlote.

f) **Stromlücken bei Verzögerungsrelais.** Das Relais *V* in Bild z 12 erleidet während der Wahl einige Stromlücken, durch welche es jedoch nicht zum Abfall gebracht wird. Die Stromlücken liegen nämlich zeitlich unter der Abfallszeit. Solange nämlich von dem passiven Knickpunkt (Lot 6) der nächste aktive noch nicht erreicht erscheint, ändert sich nichts an der Schaltlage des Relais. Die in ihren Wirkungen sich vorbereitende Unterbrechung wird nun rechtzeitig aufgehoben, das Relais bleibt in der Arbeitslage. Daher ist der Sprung im Lot 10 zur vollen Höhe berechtigt. Der *SZP* veranschaulicht markant den Grad der Ausnützung der gegebenen Verzögerung und gibt auch Hinweise für die notwendige Größe einer Verzögerung.

g) **Darstellung wirkungsloser Vorgänge.** Um eine Schaltung wirklich lückenlos kontrollieren zu können, müssen auch die wirkungslosen Vorgänge eingetragen werden. Das Zeitlot findet an der betreffenden Zeitzeile einen Markierungsring oder Punkt.

h) **Beschriftung der Schaltvorgänge.** Der aktive Knick eines Relais beim Ansprechen oder Abfallen spricht für sich selbst. Dagegen erhalten die davon ausgehenden auf anderen Zeitzeilen liegenden Ereignisse notwendigerweise die Eintragung des arbeitenden Kontaktes usw.

---

[1]) Es wäre falsch, sich bei dem Linienzug des Relais den Stromverlauf oder die Ankerbewegung vorzustellen; es bleibt nur die Vorstellung des Ablaufes der Zeit gerechtfertigt. Anders bei der unter d) angeführten Rückgangslinie der Wählerarme, die als vereinfachtes Zeitwegdiagramm gelten darf.

i) **Bezeichnung der Stromläufe.** Jedes Relaistrapez verdankt sein Entstehen einem oder mehreren Stromläufen. Es ist daher ein überaus einfaches und wertvolles Darstellungsmittel, in das schraffierte Feld die Ziffer des betreffenden Stromlaufes aus dem *VP* zu übertragen.

Stromlaufwechsel. Es kann vorkommen, daß z. B. durch Kurzschluß eines Stromlaufteiles oder ähnliche Vorgänge sich der Stromlauf ändert und damit auch die Stromstärke im Relais, ohne vielleicht die Arbeitslage zu beeinträchtigen. Der *VP* gibt den neuen Stromlauf an und auch die Beibehaltung der Arbeitslage, die ja auch der *SZP* zeigt. Das Zeitlot trennt dann in einfacher Weise zwei verschieden schraffierte Felder, in denen die Ziffern der betreffenden Stromläufe aufscheinen.

Stromlaufübergänge. Das gleiche gilt für den Fall, daß sich ein Stromlauf über eine kurz bestehende Parallelschaltung ändert. Die Übergangszeitspanne kann dann die Ziffern beider Stromläufe tragen, oder beschriftungslos bleiben, wenn die Nachbarfelder den Ausgangs- und den neuen Stromlauf kennzeichnen.

j) **Texteintragungen.** Um den *SZP* möglichst vollständig zu gestalten und ihn von unnötigen Kommentaren zu befreien, steht es frei, allfällige Bemerkungen in ihm aufzunehmen[1]).

k) **Vorerregungen.** Unschädliche Vorerregungen sind als Blockzeichen mit der Höhe einer Einheit darzustellen. Z. B. Bild z20, Zeitlot 5) bis 8).

l) **Erregung aus der Vorerregung.** Das Relaistrapez beginnt natürlich nicht von der Zeitzeile, sondern unmittelbar aus der Höhe der Vorerregung. Bild z21 Zeitlot 9) bis 10).

m) **Schwächung der Stromstärke zum Abfallen.** Die Abfallsflanke sinkt dann nur auf die Vorerregungshöhe ab. Bild z21, Lot 11) bis 12). Falls das Relais aber während des Abfallens noch ganz unterbrochen wird, deutet ein Knick der Linie zur Zeitachse die Änderung an. (Diesem Knick gesellen sich natürlich keine Schaltfolgen.)

n) **Relais mit zeitlich voneinander abweichenden Kontakten.** Jede Koktaktgruppe erhält die eigene Trapezdarstellung, so daß sich zwei Trapeze überlagern. Bild z29 (Relais *R* im *II. VW*). Nur wenn beim Abfallen die Zeitenfolge stark auseinandergeht, oder schalttechnisch von Bedeutung ist, wird sie dargestellt. Sonst ist die Trennung vermeidbar.

o) **Stromstöße bei einem Verzögerungsrelais.** Bleibt auch bei einem gewöhnlichen Relais ein Stromstoß unter der Dauer der Ansprechzeit, dann vermag er das Relais nicht aus der Ruhestellung zu bringen. Die Trapezform wird abgebrochen. Bild z21, Relais *I*, Lot 20.

p) **Relais mit zusammenhängenden Wicklungsteilen.** Je nachdem, ob das Relais über einen Teil oder über beide anspricht, verläuft die ansteigende Flanke über ein oder zwei Felder. Man teilt daher jedem Wicklungsteil eine Feldbreite von drei Einheiten zu. Bild z18, Relais *P*.

---

[1]) Es ist nicht nötig, die im folgenden angeführten weiteren Angaben über die Darstellungsmöglichkeiten im *SZP* jetzt schon aufmerksam durchzunehmen. Die Grundlagen zum Verständnis der einfacheren *SZP* sind damit gegeben. Es genügt, späterhin nach Bedarf nachzuschlagen. Wichtig sind jedoch die noch folgenden Hinweise zur Mitarbeit des Lesers für die gezeigten *VP* und *SZP*.

Wird später eine Wicklungshälfte dazugeschaltet oder abgeschaltet, dann zeigt dies ein Sprung der Höhenlinie an. Weil dabei keine Schaltfolgen auftreten, kommen keine Zeiten zur Darstellung.

q) Relais mit mehreren, nicht zusammenhängenden Wicklungen. Man versteht darunter nicht solche, die nur aufgeteilt im selben Stromlauf liegen, wie z. B. die Relais A, sondern Relais, deren getrennte Wicklungen auch in getrennten Stromläufen zur Wirkung kommen. Die Darstellung einzelner Wicklungen bietet nichts neues, beachtet werden müssen nur Übergänge oder Wechsel, bei denen die Blockstirne berechtigt ist, wenn keine Stromlücken auftreten. Das Relais J in Bild s 38 und SZP Bild z 30 ist ein interessantes Beispiel dafür.

r) Stufenrelais. Bei Relais mit nur einer Wicklung, die verschieden starken Erregungen ausgesetzt werden, zeigt Bild z 20 die zutreffende Darstellung. Daß dabei zufällig eine Art Vorerregung der zweiten Erregungsstufe miteintritt, hat nichts zu bedeuten.

Arbeitet ein Stufenrelais mit zwei Wicklungen, dann sieht man jeder Wicklung ein Feld vor, wobei dasjenige der starken Erregung wohl etwas höher zu nehmen sein wird.

Die eben angeführten mannigfaltigen Darstellungsmöglichkeiten lassen sich noch um viele andere vermehren. Es ist aber nicht der Zweck dieser Anleitung unverrückbare Festsetzungen zu geben, sondern auf Beispiele der Lösung hinzuweisen, deren Selbstverständlichkeit sich beim Durcharbeiten der Schaltungen weisen wird.

Der Grundgedanke des SZP ist sehr einfach; er wird sich jeder Forderung anpassen lassen. Der Verfasser hat ihn so wiedergegeben, wie er ihn durch längere Erfahrung als brauchbar gefunden hat[1]). Es wäre nur erfreulich, wenn andere Freunde dieser Darstellungsmethode weitere Anregungen zu ihrer Ausgestaltung und Verwendung bekanntgeben würden.

3. Die Mitarbeit des Lesers bei den durchgearbeiteten Schaltungsbeispielen

a) VP und SZP als Leitfaden. In den Beiheften des Buches sind die VP und Schaltungen so aufgeteilt, daß sie in einem Heft ohne Umblättern aufscheinen, während die SZP im anderen Heft zu finden sind.

Es ist empfehlenswert, zu Beginn einer Durcharbeitung den VP Zeile für Zeile an Hand der Schaltung zu verfolgen, um den Aufbau der Schaltung kennenzulernen.

Beim Erstellen der Schaltvorgänge dient der VP als Wegweiser. Jeder Eingriff von außen weist sich nach dem VP als Schaltarbeit in einer Reihe von Stromläufen, von denen aber nur einer oder eine bestimmte Anzahl von Stromläufen gebildet oder aufgelassen werden kann. Um dies zu beurteilen, wird man auf jeder in Betracht kommenden Zeile den Schaltzustand der übrigen Verkettungszeichen prüfen müssen, wobei der SZP gegebenenfalls Auskunft erteilt. Ist der fragliche

---

[1]) Über den Entwicklungsgang von VP und SZP: (67) bis (69) Winkel.

Stromlauf festgestellt, z. B. beim Abheben Stromlauf [*I*] in Bild s 16, s 17, z 12, dann sagt der nächste aktive Knick im *SZP*, wonach weiter zu fragen sein wird. (Es könnten ja mehrere Relais mit abweichenden Schaltzeiten betätigt worden sein.)

Wir wissen, daß Relais *A* im Lot 2 angesprochen hat. Der *VP* gibt nun neuerdings bekannt, welche Stromläufe zu beachten sind. So hilft der *VP* schrittweise weiter, wenn der *SZP* angegeben hat, welches Schaltorgan in Tätigkeit getreten ist.

Auf S. 38 wurden die gefundenen Ergebnisse auch in Worten festgehalten. Es ist ratsam, das Erarbeitete auch schriftlich festzuhalten, um sich zu genauer Kontrolle zu zwingen[1]). Die dabei aufscheinenden eckigen Klammern [*3*] geben die Ziffer des Stromlaufes an, während die runde Klammer (a_1) denjenigen Kontakt anführt, durch dessen Lage die Schaltarbeit unwirksam geblieben ist[2]).

b) Die Anlage von Relaisblättern. Die auf S. 38 begonnene ausführliche Behandlung der Vorgänge ist auf die Dauer sehr monoton und läßt den Gesamtüberblick missen. Man verringert die Schreibarbeiten auf ein Minimum, wenn sie in Form einer Tabelle gehalten werden. Dazu gesellt sich der Vorteil, daß insbesondere bei großen *VP* das Abnehmen der Stromläufe erspart bleibt, wenn sie einmal in die Tabelle als Zeilen eingetragen wurden. Schließlich läßt die Tabelle auch die Mitarbeit eines Relais übersichtlich erkennen (Tabellen 12 bis 15). Der linke Teil jeder Relaistabelle gehört den erwünschten Angaben, sowie der zeilenmäßigen Reihung der von dem betreffenden Relais beeinflußten Stromläufe. Der rechte Teil sieht für jedes Zeitlot, an dem das Relais Schaltarbeiten verrichtet, Kolonnen vor, in denen die Ergebnisse knapp einzutragen sind. So stellt die Tabelle 12 alle Relaiskarten für die Schaltung von Bild s 16 zusammen (es müssen nicht nur Relais sein!).

Tabelle 13 gehört zur Schaltung von Bild s 22. Schließlich nehmen die Tabellen 14 und 15 nur das Relais *A* heraus, und zwar einmal für das *A*-Relais im *LW* einer Hunderterschaltung, das anderemal für das gleichnamige Relais im *I. GW*.[3])

---

[1]) Hiebei wurden einige Kürzungen angenommen: Kontaktarbeiten, die zu keiner Wirkung führen, benennen wir mit Schließen und Öffnen im Gegensatz zu Erregen und Unterbrechen.

[2]) Es wird dringend empfohlen, die *SZP* lückenlos zu verfolgen, weil die Schaltungen noch einfach sind, um für später genügend gründliche Kenntnisse zu sammeln, wenn die Schaltungen das handwerksmäßige von *VP* und *SZP* voraussetzen. Der Entwurf, oder schon der Nachentwurf eines *SZP* verlangt exakte Gedankenarbeit und verleiht nicht zu unterschätzende Einblicke in das Geschehen der Schaltvorgänge.

[3]) Tabellten 12—15 auf S. 126 ff.

4. Der Entwurf von *VP* und *SZP*.

In der Behandlung einer Schaltung beginnt man beim *VP*. Sei es, daß man die Schaltung kennt und in irgendeiner Systematik schon niederlegen kann, wobei der *SZP* die Notwendigkeit der einen oder anderen Variante zeigen wird; oder man hält sich an die gewöhnliche Beschreibung, in der die wichtigsten Stromläufe angeführt sind. Es schadet dabei nichts, wenn man zuerst nur die Stromlaufangaben auch ohne tieferes Verständnis einträgt.

Schwieriger ist schon der Anfang des *SZP* und zwar deshalb, weil meist die dafür so wichtigen Angaben über Stromempfindlichkeit und Schaltzeiten fehlen. Es empfiehlt sich daher, diese Angaben nach Möglichkeit zu verschaffen.

Sind solche nicht zu erhalten, dann bleibt man auf die dürftigen Aussagen der Beschreibung und auf die Schaltzeichen und Schaltungseinzelheiten angewiesen, aus denen doch einiges zu entnehmen sein wird.

Zum Glück sind die Schaltzeiten aus Gründen der Fabrikationstoleranz in den Relais und wegen der unvermeidlichen Spannungsschwankungen und Zufälligkeiten des Betriebes niemals zu heikel abgestimmt, so daß die erforderlichen Abweichungen dann schon auffallend sind. Übrigens würde der *SZP* selbst die Antwort auf die Frage der Zulässigkeit der Annahme irgendeiner Schaltzeit geben, wie er auch Rückschlüsse auf die notwendige Größe einer fraglichen Schaltzeit gestattet. Der Entwurf eines *SZP* ist gewiß nicht mühelos. Aber man bedenke, wieviel Mühe sonst darauf verwandt wird, sich in eine Schaltung einzuarbeiten, wobei aber *VP* und *SZP* eine genaue Kontrolle erlaubt und den Gedankengang leitet, das Erarbeitete festhält und jederzeit wieder verwerten läßt.

Auch der geübteste Fachmann wird staunen, was der *SZP* noch an Einzelheiten aufdecken wird.

5. *VP* und *SZP* in der Praxis.

Der V erfasser hofft vor allem für den gerade in der Schaltungstechnik so schwer zu handhabenden Unterricht einen wertvollen Beitrag geliefert zu haben. Aus eigener Erfahrung kann bekanntgegeben werden, wie reizvoll für Lehrer und Schüler die Gemeinschaftsarbeit mit ihnen wird, und welche Hilfsmittel sie bei Vorübungen zu Schaltversuchen oder überhaupt für gedankliche Programme bilden.

So läßt sich z. B. schon denken, daß der Entwurf einer Schaltung am *SZP* viel weiter vorzutreiben sein wird, als sonst ohne ihn, und daß dadurch die kostspieligen und langwierigen praktischen Versuche am »Gestell« bedeutend herabzudrücken sind.

Es liegt ebenso auf der Hand, daß der Nachwuchs in den Firmen an Hand von *SZP* sich ungemein schnell einarbeiten würde, wie auch der

Fachmann aus dem Wartungs- und Entstörungsdienste die manchmal vielartigen Anlagen leichter behandeln könnte, wären sie ihm im *SZP* zugänglich.

So hat der Verfasser schon von vielen Fachleuten erfahren, daß sie Freunde des *VP* und *SZP* geworden sind. Ihr Bemühen würde jedoch erst dann gekrönt sein, wenn die Hersteller der Schaltungen die *VP* und *SZP* herausgeben wollten, weil ja nur der Urheber einer Schaltung alle jene Einzelheiten und Fragen, warum und wozu, vollständig kennt und nach ihm erst der Betriebsmann seine Angaben bestätigen kann, gegebenenfalls der Veranlasser von Änderungen sein wird.

So werden schließlich die Praktiker die Frage beantworten, ob sie den Verkettungs- und den Schaltzeitplan allgemein verwendet wissen wollen[1]).

---

[1]) K. Bergmann (17).

Tabelle 12. **Relaisblätter zu Bild s 16—17; z 12.**

Zeitlot-Übersicht

HU	Kontakte				Abheben		Auflegen	
	HU	a				22		27
					1		25	
1	A	Abheben	HU	a	e		u	
2	A	Wahl			s	nsa o r	ö	=
7	Verb.				s		ö	

NS	Kontakte				Auf-ziehen		Wahl					Ablauf
	a	a				16		19			
	i	r				11		14			
				4	nsa zu	5	nsi auf	9	nsi zu	21	nsa auf
2	A	Wahl	nsa	a	w	1—2	[3] verhütet, daß der TN die Stromstöße hört		w	2—1
3	M	Mikrophon u. TN-Übertrager			sk	A erhält mehr Strom			ok	TN-Stelle frei
1	A	Abheben	nsi	r		ö	nsa z a	s	=
2	A	Wahl				u		e	
7	Verb.					ö	nsa z a	s	=

A	Wick-lungen	Kontakte		Schalt-zeiten			Abheben		Wahl			Auf-legen
				an	ab			17		20		
	I	a_1	a	10	10	23		12		15		28
	II	a_2	r									
					2	an	6	ab	10	an	26	ab
4	V	Betriebsrelais	a_1	a	e		u	hält sich verzögert	e	war noch nicht abgefallen	u	fällt ab
5	LWD	LW-Antrieb	a_2	r	ö	v o r	e		u		e	

V	Wick-lungen	Kontakte		Schalt-zeiten			Abheben	Auflegen
				an	ab			
	I	v	u	20	100	24		31
					3		30	
5	LWD	Wählerantrieb	v	a	s	a_1 o a	u
6	LWM	Auslösen		r	ö	LWw o r	e

Legend (V/A block):
e = erregen
u = unterbrechen
s = schließen
ö = öffnen
o = offen
z = zu
a = Arbeitslage, Arbeitskontakt

LWD	Wick-lungen	Kontakte		Schalt-zeiten			1. Schr. LWw		Wahl			Auf-legen zurück		Ruhe-lage
		w	a	an	ab						33		
	I	a		15	10					18	32		34
		b	Arme		29		30						
					7	LWw zu	8	an	13	an	28	weiter	34
6	LWM	Auslösen	w	a	s	v o a						u
7	Verb.		ab	Arme		s	Auf-schalten	w s	=	w s	Auf-schalten	ö	=

LWM	Wick-lungen	Kontakte		Schalt-zeiten			Auslösen	Fest-halten
				an	ab			
	I			20	40	33		36
					32	an	35	ab
	Klinke	LW-Arme	m	kl	LW löst aus		LW-Arme festgehalten

Legend (continued):
r = Ruhelage, Ruhekontakt
w = Stromlaufwechsel
sk = kurzschließen
ok = Kurzschluß auflassen
i = Stromlauf unter Strom

Zeitlot-Übersicht:

1	HU		
2	A		
3	V		
4	NS		
5	NS		
6	A		
7	LWw		
8	LWab		
9	NS		
10	A		
11	NS		
12	A		
13	D		
14	NS		
15	A		
16	NS		
17	A		
18	D		
19	NS		
20	A		
21	NS		
22		HU	
23		A	
24		V	
25	HU		
26	A		
27		HU	
28	D	A	
29			LWu
30	V		D
31			V
32	M		
33		M	
34	LWab		
35	M		
36			M

Tabelle 14. **Relaisblätter zu Bild s 32.**

S 22 A	Wickl. I 500 / Ü 100	Kont. 1 r / 2 a / 3 r	Schaltzeiten an 10 / ab 10	Ab-heben an (15)	Zehnerwahl Einleit. ab (45)	Einleit. an (50) 55	Wiederholung an (52) 58 / ab	Schluß an (60)	Einerwahl Einleit. an (3) / an (8)	Wiederholung ab (11) / ab	Abschl. an (14)
20 V₂ Zehnerwahl		a_1 r ö		$v_{11}c_2\,o\,r$	e	u hält sich verzög.	e	u fällt ab	$s\ c_2\,o\,a$ / $\ddot{o}$ ö	s / $=$	ö / $=$ an
21 V₂ Einerwahl an				$v_{11}c_2\,o\,r$	$s\ c_2\,z\,r$	$=$	$=$	$=$	e Wahlsicherung / o	$w_1\,o\,a$ / $=$	ö / $=$
22 V₂ Einerwahl halten				$c_2\,o\,r$	$s\ v_{11}\,z\,a$	$=$	$=$	$=$	$s\ v_{22}\,o\,r$ / u $v_{22}\,o\,r$ hält sich verzög.	e hält sich verzög. / e	u fällt ab zur Freigabe z. Prüfen
19 V₁ Betrieb		a_2 a e		e	u hält sich verzög.	e	u hält sich verzög.	e	u $=$	u hält sich verzög. / s	e
24 LWH Heben		a_3 r ö ö		$v_{23}\,o\,r$	$s\ v_{23}\,o\,r$	u ö	e	u	$s\ c_3\,o\,r$ / $\ddot{o}$ ö	s / $=$	ö / $=$
25 LWD Drehen				$v_{23}\,o\,r$	$s\ c_3\,o\,a$	ö	$=$	$=$	$s\ v_{23}\,o\,r$ / u	e / $=$	u

Tabelle 13 zu Bild s 22

	Kontakt				Bild 46	Abheben	Bild 48	Auflegen	Übersicht: Aufbau		
_HU_	_HU_	_a_							1 _HU_ 8 _NS_ 15 _NS_		
									2 _A_ 9 _A_ 16 _A_		
									3 _V₁_ 10 _NS_ 17 _D_		
					1	zu	**1**	auf	4 _NS_ 11 _A_ 18 _NS_		
									5 _A_ 12 _D_ 19 _A_		
1	_A_		Abheben	_HU_ _a_	_e_	_nsa o r_	_u_		6 _V₂_ 13 _NS_ 20 _V₂_		
2	_A_		Wahl		_s_	Mikr.	_ö_	_nsa o r_	7 _D, w_ 14 _A_ 21 _P_		
4	Verbind. 1		_TN—Ü_L.W.		_i_	~	_u_				

	Kontakt				Bild 46	Wahl Aufziehen	15 10	Wahl	18 13	Wahl		Auslauf
_NS_	_a_ / _i_	_a_ / _r_										
					3a	_nsa_ zu	**4**	_nsi_ auf	**8**	_nsi_ zu	**19a**	_nsa_ auf
2	_A_		Wahl	_nsa a_	**_w_**	1—2					**_w_**	2—1
3	_M—Ü_		kurz während d. Wahl		**_sk_**						_o k_	_M_ frei
1	_A_		Abheben	_nsi r_			_ö_	_nsa z a_	_s_	=		
2	_A_		Wahl			_u_		_e_				
4	Verbind. 1				**_sk_**	_M_ als Wechselstrom Quelle kurz	_ö_	_nsa z a_	_s_	=	_i_	

	Wickl.	Kont.	Schaltzeiten		Bild 46	Abheben		Wahleinleit.	14	Wahl	16	Wahl
_A_	_I_ / _II_	1 _a_ / 2 _r_ / 3 _r_	an / ab — 10 / 10									
					2	an	**5**	ab	**9**	an	**11**	ab
5	_V₁_		Belegungsrelais	_a₁_ _e_	_a_		_u_	hält sich über die Lücke	_e_	noch nicht abgefallen	_u_	h. s. v.
6	_V₂_		Wahlsicher.	_a₂_ _r_	_ö_	_v₁₂ o r_	_e_		_u_	hält sich über die Lücke	_e_	n. n. abgef.
7	_LWD_		Drehen	_a₃_ _r_	_ö_	_v₂₂ o r_	_s_	_v₂₂ o r_	_u_		_e_	

	Wickl.	Kont.	Schaltzeiten		Bild 46	Wahleinleit.		Wahlschluß	Bild 48	Auflegen		Auslösen
_V₂_	_I_	1 _r_ / 2 _a_	an / ab — 20 / 100									
					6	an	**20**	ab	**3**	an	**10**	ab
7	_LWD_		Drehen	_v₂₂ a_	_e_	Wahlsicherung	_o_	_a₃ o a_	_s_	_p₄ o a_	_ö_	_v_II_ o r_
9	_P_I–II_		Prüfen	_v₂₁ r_	_ö_		_e_	z. Prüfen freigegeb.	_ö_	_p_I_ z a_	_s_	_p₂₋₃ o r_
10	_P_I_		Sperren		_ö_	_p₁ o r_	_s_	=	_u_		_s_	=

§ 23 u. z 15, z 16. **Relaisblätter.**

LW

No.	Wickl.	Kont.	Schaltzeiten an ab / 10 10	Bild 46	Wahleinleit.	Bild 48 5,7 / Bild 46 17 Wahl	Auslösen weiter und zurück	Bild 48	LW in Ruhelage
	I D / I M / a b c	w_1 a / w_2 r / a / Arme	an ab / 10 10						
				7		**12**		**8**	
8 / 13	LWM / P_{I-II}	Auslösen / TN_r wird von LW geprüft	w_1 a s / w_2 r ö		v_{11} o a / TN_r ist gesperrt			**u** / **8**	TN_r f. Anrufe frei
9	P_{I-II}	Prüfen	c s		v_{21} o a	$\frac{w}{s}$	v_{21} o a	ö	=
10	P_I	Sperren	c Arme s		‖	$\frac{w}{s}$	‖	ö	‖
12	Verbind. 2		ab s		p_{2-3} o r	$\frac{w}{s}$	=	ö	=

Relaisblätter
für
Bild s 22 Schaltung
» s 23 *VP*
» z 15 *SZP*
» z 16 *SZP*

P

No.	Wickl.	Kont.	Schaltzeiten	Bild 46	Sperren Durchschalten	Bild 48	nach d. Auflegen
	I 30 / II 600 Ω	1 a / 2 a / 3 r / 4 r	an ab / 10 50 P_{II} kurz				
				21 an		**4** ab	
10	P_I	Sperren	p_1 a **w**		9—10 sperrt	ö	v_{21} o a
11	P_{II}	kurz	**s k**			**o k**	
12	Verb. 2	$Ü_{LW}$—TN_g	p_{2-3} a **8**		Durchschalten	ö	hebt Durchsch. auf
7	LWD	Drehen	p_4 r ö		v_{22} o r	e	einen Schritt weiter
8	LWM	Auslösen	ö		v_{11} o a	ε	v_{11} o a

Bild 46	Wahlschluß	Bild 48	Auflegen
19	an	**2**	ab
e	n. n. abgef.	u	fällt ab
u	fällt ab	e	
u		s	v_{22} o r

Übersicht: Auflegen
1 *HU*
2 *A*
3 *V₂* (V_2)
4 *P*
5 *D*
6 *V₁* (V_1)
7 *M* Auslösebeginn
8 ab, w
9 *M* LW fest
10 *V₂* (V_2)

V₁ (V_1)

No.	Wickl.	Kont.	Schaltzeiten	Bild 46	Abheben	Bild 48	nach d. Auflegen
	I	1 u / 2 a / 3 a	an ab / 20 100				
				3 an		**6** ab	
8	LWM	Auslösen	v_{11} u r ö		LWw o r	**e**	
7	LWD	Drehen	u a s		v_{22} o r	**u**	
6	V_2	Wahlsicher.	v_{12} a s		a_2 o r	**u**	
9	P_{I-II}	Prüfen	v_{13} a s		LWc o r	ö	v_{21} o a
10	P_I	Sperren	s		p_1 o r	ö	=

A S. 29 $I.GW$	Wickl.		Kont.		Schaltzeiten			Abheben beim Anrufen		1. Abfall
	I	500	1	u	an	ab				
	II	50	3	r						
	r	500	5	r	10	10				
							3	an	**9**	ab
302	$T_I—T_{I-II}—A_{II}—B_{III}$			*II. W* prüft		a_1	$u\,r$	$ö$	t_5	o	a	s	$=$
303	$T_I—T_I—A_{II}—B_{III}$			Sperren	T_I		$u\,r$	$ü$	303			s	i_3 o a
					Zl			$ü$	$\overline{304}$				
					T_I			$ü$	$v\,e$				
									$v_{12}—b_3$ noch zu				
					A_{II}			$ü$	$v\,e$				
					B_{III}			$ü$	$v\,e$				
305	$T_I—T_I—C$			C halten	T_I		$u\,a$	s	c_{52} o r			w	305—7
					Zl								
					T_I							u	hält sich verzögert 313
					C								
307	$T_I—T_I—V_I$			V anspr. halten bei der Wahl	T_I		$u\,r$	$ö$	c_{52} o r			w	305—7
					Zl							w	$v\,e$
					T_I							w	
					V							e	306 erst beim Schließen *von* b_3
313	C			kurz			$u\,r$	$o\,k$	$v_{12}—b_3$ noch zu			$s\,k$	hält sich verzögert
315	V			kurz			$u\,a$	$s\,k$				$o\,k$	spricht an 307
319	GWH			Heben		a_3	r	$ö$	c_{11} o r			e	
409	A_{I-II} *II. GW*			Wahl- weitergabe in d. *II. GW*		a_5	r	$ö$	p_{52} o r			s	$=$

s 38, s 39, z 30. **Relaisblatt.**

I. Gruppenwahl			II. Gruppenwahl			
Wiederholung		Schluß der I. GW	1. Abfall	Wiederholung		Schluß der II. GW
21	23			57	60	
15 an	**18** ab	**26** an	**45** ab	**50** an	**53** ab	**63** an
ö =	s =	ö =	s =	ö =	s =	ö =
ö =	s =	ö =	s =	ö =	s =	ö =
w 307—5 / w / e war noch nicht abgefallen	w 305—7 / u h. s. v. 313	w 307—5 / w / e w. n. n. abgef.	w 305—7 / u h. s. v. 313	w 307—5 / w / e w. n. n. abgef.	w 305—7 / u h. s. v. 313	w 307—5 / w / e w. n. n. abgef.
w 307—5 / u hält sich verzögert 315	w 305—7 / w / e war noch nicht abgefallen	w 307—5 / w fällt ab	w 305—7 / w / e wie 9	w 307—5 / u h. s. v. 315	w 305—7 / w / e w. n. n. abgef.	w 307—5 / u fällt ab
ok war noch nicht abgefallen	sk h. s. v.	ok w. n. n. abgef.	sk h. s. v.	ok w. n. n. abgef.	sk h. s. v.	ok w. n. n. abgef.
sk hält sich verzögert	ok war noch nicht abgefallen	sk fällt ab	ok spricht an	sk h. s. v.	ok w. n. n. abgef.	sk fällt ab
u	e	u	s w₂ o a	=	=	e =
=	=	ö =	e	u	e	u

Zusammenstellung der gebrauchten Abkürzungen

Abl	Abschaltelampe	*M*	Mikrophon
ABZ	Amtsbesetztzeichen		
ak	Abfragekipper	*NS*	Nummernscheibe
AKl	Abfrageklinke	*nsa*	Arbeitskontakt der Nummern-
AL	Abfragelampe		scheibe
AS	Abfrageschalter, Anrufsucher	*nsi*	Stromstoßkontakt der Num-
as	Ankerkontakt des *AS*		mernscheibe
ASD	Antriebsmagnet des *AS*		
ASt	Abfragestöpsel	*r*	Index für den anrufenden
AZ	Amtszeichen		Teilnehmer
		rk	Rufkipper
bf	Bifilarwicklung	*rX*	Widerstandswicklung, bifilar,
BL	Belegtlampe		auf dem Relais *X*
BZ	Besetztzeichen	*RZ*	Rufzeichen, Teilnehmerfrei-
			zeichen
Dr	Drosselspule		
		Si	Sicherung
EA	Einzelalarm, für Einzel- oder	*si*	Meldekontakt der Sicherung
	Zweigsicherungen	*SL*	Schlußzeichenlampe
		SpL	Sperrlampe
g	Index für den gerufenen Teil-		
	nehmer	*Tf*	Telephon, Hörer
Gr	Teilnehmergruppe	*Th*	Thermorelais
GrS	Gruppenschalter	T_l	Wicklung oder Erregungs-
GVKl	Gruppenverbindungsklinke		stufe 1 für ein Stufenrelais
GW	Gruppenwähler	*TN*	Teilnehmer
GWD	*GW*-Drehantrieb	*TNAKl*	*TN*-Abfrageklinke
GWH	*GW*-Hubantrieb	*TNBZ*	*TN*-Besetztzeichen
		TN_g	gerufener *TN*
HA	Hauptalarm, für die Haupt-	*TNKl*	*TN*-Klinke
	sicherung (Abzweigsiche-	*TNL*	*TN*-Leitung
	rung)	TN_r	anrufender *TN*
HU	Hakenumschalter	*TNVF*	vielfachgeschaltete Zufüh-
			rungen zu den *TN*-Lei-
LA	Leitungsalarm, für Erdschluß		tungen
LW	Leitungswähler	*TNVFKl*	*TN*-Vielfachklinken
LWD	*LW*-Drehantrieb	T_s	Wicklung oder Erregungs-
LWH	*LW*-Hubantrieb		stufe 2 für ein Stufenrelais
LWk	*LW*-Kopfkontakt		
LWM	*LW*-Auslösemagnet	*U*	Umschalter
LWw	*LW*-Wellenkontakt	*Ü*	Übertrager
m	Sperr- und Auslöseklinke des	*VA*	Vermittlungsaggregat
	Auslösemagnetes	*VFKl*	Vielfachklinke

VL	Verbindungsleitung	w	selbständiger Widerstand
VS	Verbindungsschalter	Wk	Wecker
VSt	Verbindungsstöpsel	Wp	Widerstand für die Prüf-
VW	Vorwähler		schaltung
VWD	Antriebsmagnet des VW	ZB	Zentralbatterie
WZ	Wählzeichen, Amtszeichen	Zl	Zähler

Abkürzungen für die Schaltungsbeschreibung:

VP	Verkettungsplan	sk	kurzschließen
SZP	Schaltzeitplan	u	unterbrechen, Umschalte-
[5]	Stromlaufbezifferung		kontakt
(7)	Zeitlotbezifferung	ua	Arbeitslage des Umschalte-
			kontaktes
A	Stromlaufauflassung	ur	Ruhelage des Umschalte-
a	Arbeitskontakt, Arbeitslage		kontaktes
	eines Kontaktes	ü	Stromlaufübergang
ae	Stromschwächung unter die	ve	vorerregen
	Haltestromstärke	vew	Stromlaufwechsel bei Vor-
i	Relaisloser Stromlauf unter		erregung
	Strom	w	Stromlaufwechsel
iu	Relaisloser Stromlauf unter-	z	Kontakt zu
	brochen	‖	Begründung der Wirkungs-
o	Kontakt offen		losigkeit wie oben
ö	öffnen	=	Begründung der Wirkungs-
ok	Kurzschluß öffnen		losigkeit wie in der linken
r	Ruhekontakt, Ruhelage eines		Nachbarkolonne (Relais-
	Kontaktes		blätter)
s	schließen		

Schrifttum

I. Bücher

(1) E. Feyerabend, Handwörterbuch des elektrischen Fernmeldewesens. J. Springer 1929, Berlin.

(2) R. Führer, Grundlagen der Fernsprech-Schaltungstechnik. Verlag F. Westphal, Wolfshagen-Scharbeutz 1938.

(3) H. Goetsch, Taschenbuch für Fernmeldetechniker. Verlag R. Oldenbourg, München 1940.

(4) H. Grau, Stromversorgung von Fernsprechwählanlagen. Verlag R. Oldenbourg, München 1940.

(5) M. Hebel, Selbstanschlußtechnik. Verlag R. Oldenbourg, München 1928.

(6) E. Hettwig, Fernsprechwählanlagen. Verlag R. Oldenbourg, München 1940.

(7) K. Hirsemann, H. Hoffendahl, Fernsprechanlagen der Deutschen Reichspost. Verlag Beamtenpresse, Berlin 1938.

(8) I. Kleemann, Grundzüge der Fernmeldetechnik. Verlag R. Oldenbourg, München 1941.

(9) M. Langer, Studien über Aufgaben der Fernsprechtechnik. Verlag R. Oldenbourg, München 1936.

(10) F. Lubberger, Die Fernsprechanlagen mit Wählerbetrieb. Verlag R. Oldenbourg, München 1938.

(11) K. Mühlbrett, J. Boysen, Fernmelderelais. (Reichliche Schrifttumsangaben.) Verlag F. Westphal, Wolfshagen-Scharbeutz 1933.

(12) C. Niendorf, bearbeitet von K. Bergmann, Lehrbuch der Telegraphen- und Fernsprechtechnik. Verlag C. Brendel, Zeitz 1929 (Neuauflage 1941).

(13) K. Scheibe, Handbuch der Automatentechnik System Fuld. I. Teil: Drehwählersystem. Selbstverlag: H. Fuld & Co., Telephon- und Telegraphen-Werke, Frankfurt a. M. 1928.

(14) K. Strecker, Hilfsbuch für die Elektrotechnik, Schwachstromausgabe. J. Springer, Berlin 1929.

(15) J. Woelk, Wähleramt und Wählvorgang. Verlag R. Oldenbourg, München 1932.

II. Veröffentlichungen in Zeitschriften

(16) E. Behm, Konstruktion und Berechnung von Schrittschaltwerken. Z. f. Fernmeldet. 1927, Heft 5.

(17) K. Bergmann, Die kleine W-Nebenstellenanlage 33 1/4—7. Schwachst. B. u. B. 1934, Heft 8.

(18) J. Boysen, Konstruktive Beurteilung von Wähleranlagen. Z. f. Fernmeldet. 1925, Heft 6, 7, S. 79.

(19) J. Boysen, Vergleich des direkten und indirekten Antriebes von Schrittschaltwerken. Z. f. Fernmeldet. 1926, Heft 5, 6.

(20) H. Eberst, Entwicklung und heutige Form des Nummernschalters in der Selbstanschlußtechnik. Z. f. Fernmeldet. 1935, Heft 4, 5, 6.

(21) H. Eberst, Ableitung der Bedingungen für die Nummernscheibe in der Selbstanschlußtechnik aus den Verhältnissen des Wählvorganges. Z. f. Fernmeldet. 1935, Heft 7.

(22) H. Eberst, Die elektrischen Aufgaben der Nummernscheibe und die mechanischen Voraussetzungen und konstruktiven Maßnahmen zu ihrer Lösung. Z. f. Fernmeldet. 1935, Heft 9.

(23) H. Eberst, Elektrische Sonderaufgaben für die Anpassung der Nummernscheibe an das betreffende System und ihre Lösung. Z. f. Fernmeldet. 1936, Heft 1.

(24) H. Eberst, Innere Fehlermöglichkeiten bei der Stromstoßgabe der Nummernscheibe und die Maßnahme zu ihrer Verhütung. Z. f. Fernmeldet. 1936, Heft 5.

(25) A. Flad, Wähler, Relais, Nummernscheiben in der SA-Technik. Z. f. Fernmeldet. 1929, Heft 6, 7.

(26) A. Flad, Wähler, Relais und Nummernschalter in der Wählertechnik. Schwachstr. 1937/38, Heft 12, 1, 2, 3.

(27) R. Führer, Die Stromstoß-Sicherheit im Selbstanschlußbetrieb. Telegr. u. Fernspr.T. 1935, Heft 1.

(28) W. Gänsler, Wie und warum schafft man in der Wählertechnik Fehl- und Reststrombedingungen. Telegr. u. Fernspr.T. 1938, Heft 1.

(29) K. Gundlfinger, Relaisschaltzeiten und ihre Messung (Übersicht und Schrifttum). Z. f. Fernmeldet. 1939, Heft 2, 3.

(30) L. Günther, Mehrfachanschlüsse. Telegr. u. Fernspr.T. 1925, Heft 10.

(31) E. Hettwig, Aus der Wähltechnik. (Bildbericht über Relais- und Wählerbau, Schaltungen und Schaltungsarbeiten für Amtseinrichtungen.) Techn. M. d. Fernm.W. Fernspr.gerät. S & H 1938, Heft 6, 8.

(32) A. E. Hoffmann, Anrufsucher oder Vorwähler? Z. f. Fernmeldet. 1924, Heft 8, 9.

(33) R. Holm, Beitrag zur Kenntnis der Kontaktwiderstände. Telegr. u. Fernspr.T. 1925, Heft 12.

(34) J. Jucker, Untersuchungen an verzögerten Relais. Mitteil. Schweiz. Tel. u. Tel.Verw. 1934, S. 81.

(35) I. Kleemann, Die Störungsabwehr in AS-Schaltungen. (Schaltungsübersichten der AS-Systeme.) Z. f. Fernmeldet. 1936, Heft 7.

(36) Kleemann-Molnar, Der neue Strowger-Wähler. Z. f. Fernmeldet. 1937, Heft 1.

(37) R. Kurtze, Gerät zum Messen des Kontaktdruckes von Federn mit der Federwaage. Telegr.Pr. 1931, Heft 7.

(38) K. Labunski, Über Strom- und Zeitbedingungen in der Schaltung der Selbstanschluß-Ämter neuerer Ausführung mit Viereckwählern und Flachrelais der Deutschen Reichspost. Telegr. u. Fernspr.T. 1930, Heft 2.

(39) W. Liebknecht, Grundsätzliches über die Teilnehmersignalisierung. Z. f. Frnmeldet. 1932, Heft 3.

(40) A. Loran, Vergleich der Schaltzeiten eines Flachankerrelais mit denen eines Schneidankerrelais. Z. f. Fernmeldet. 1931, Seite 145.

(41) A. Loran, Vergleich zwischen Strowger- und Viereckwähler. Z. f. Fernmeldet. 1932, Heft 11.

(42) F. Lubberger, Der Wesensunterschied der Fernsprechsysteme mit Wählerbetrieb. Z. f. Fernmeldet. 1920, Heft 1.

(43) F. Lubberger, Die Darstellung verwickelter Stromläufe. Z. f. Fernmedelt. 1920. Anlaß einer regen Aufsatzdebatte 1920/21.

(44) F. Lubberger, Aufgabenstellung für Fernsprechanlagen mit Wählerbetrieb. Zsch. VDI 1925, S. 42.

(45) F. Lubberger und M. Langer, Vorwähler oder Anrufsucher? Z. f. Fernmeldet. 1924, S. 91.

(46) D. Martens, Der Viereckwähler s 26. Telegr. u. Fernspr.T. 1926, Heft 10.

(47) W. Mehdorn, Aufstellung von allgemeinen Grundsätzen zur Beurteilung von Wählern. Z. f. Fernmeldet. 1935, Heft 6.

(48) W. Mehdorn, Aufstellung von Forderungen speziell für den Wähler und seine Technik. Z. f. Fernmeldet. 1935, Heft 1.

(49) A. Mehlis, Etwas über Relaisdatenbestimmung. Mix & Genest-Nachr. 1927, Heft 3.

(50) P. Minx, Kleine Selbstanschluß-Ämter (*VW—LW*). Telegr. u. Fernspr.T. 1926, Heft 6, 9, 12.

(51) I. Molnar, Aus der Theorie und Praxis des Fernsprechrelais. Z. f. Fernmeldet. 1938, Heft 3, 4.

(52) K. Nentwig, Über ein einfaches Relaisprüfgerät. Z. f. Fernmeldet. 1939, Heft 7.

(53) E. Neuhold, Die Beschaltung und Bekabelung von Fernsprechämtern. Z. f. Fernmeldet. 1929, Heft 3.

(54) B. Piesker, Ein neues Meßgerät zur Messung der Anzugs- und Abfallszeiten von Fernsprechrelais. Z. f. Fernmeldet. 1929, Heft 1, 2.

(55) B. Piesker, Das Fernsprechrelais. Z. f. Fernmeldet. 1931, Heft 4.

(56) H. Riebeling, Die Wählerüberwachung in Fernsprechvermittlungsstellen. (Schrifttum über Schaltungsüberwachung.) Telegr.Pr. 1938, Heft 2, 3, 4.

(57) A. Rieth, Das kleine *SA*-Amt 31 (*AS—LW*). Z. f. Fernmeldet. 1932, Heft 8.

(58) F. Scharf, Nummernscheiben. Z. f. Fernmeldet. 1923, Heft 1.

(59) E. Schulze, Beeinflussung der Schaltzeiten von Relais. Z. f. Fernmeldet. 1924, Heft 4, 5, 6, 7, 9.

(60) E. Schulze, Die Schaltzeiten von Relais mit zwei Wicklungen. Z. f. Fernmeldet. 1925, Heft 4, 5, 6.

(61) E. Schulze, Die Abfallzeiten von Fernsprechrelais. El. Nachr. Techn. 1926, Heft 10, 12.

(62) K. Schwender, Selbstanschlußämter neuer Ausführung der Deutschen Reichspost. Telegr. u. Fernspr.T. 1929, Heft 1.

(63) K. Schwender, Kleine Selbstanschlußämter neuer Ausführung der Deutschen Reichspost (*VW—LW*). Telegr. u. Fernspr.T. 1929, Heft 9.

(64) K. Schwender, Neue kleine *SA*-Ämter der Deutschen Reichspost mit Anrufsuchern. Telegr. u. Fernspr.T. 1931, Heft 9.

(65) A. Timme, Die Schaltzeiten von Fernsprechrelais. Z. f. Fernmeldet. 1921, Heft 6, 7.

(66) E. Winkel, The Use of Interlinking and Time Diagrams for Symplifying the Study of Complicated Circuit Diagrams. Ericsson Technics 1934, Heft 6.

(67) E. Winkel, Der Verkettungs- und der Schaltzeitplan als Hilfsmittel zur Darstellung der Schaltvorgänge in der Selbstanschlußtechnik. Z. f. Fernmeldet. 1935, Heft 10.

(68) E. Winkel, Die Darstellung der Schaltvorgänge in einer Relais-Wählanlage nach dem Schaltzeitplan. Z. f. Fernmeldet. 1939, Heft 8, 9.

(69) J. Woelk, Über Verzögerungsrelais. El. Nachr. Techn. 1925, Heft 2.

(70) J. Woelk, Meßgerät für Anzugs- und Abfallzeiten von Relais. Z. f. Fernmeldet. 1923, Heft 12.

(71) J. Woelk, Die Beschreibung verwickelter Schaltungen. Z. f. Fernmeldet. 1926, Heft 11.

(72) Der Schrittschalt-Drehwähler Modell 27 von Siemens & Halske. SH 2783.

(73) Der Hebdrehwähler Modell 27 von Siemens & Halske. SH 2820.

(74) Die Sicherung der Verbindungsherstellung bei Verwendung von *AS* in Fernsprechanlagen. Fortschr. d. Fernspr.T. S & H 1930, Heft 2.

(75) Die Ruf- und Signalmaschinen in Selbstanschluß-Fernsprechanlagen. Fortschr. d. Fernspr.T. S & H 1930, Heft 2.

Schlagwortverzeichnis

Bau von Fernmeldeanlagen. Von Ernst Plaß

Teil I: Leitungen in Gebäuden

166 Seiten, 221 Abbildungen. Taschenformat. 1940. Kart. RM. 4.—.

Inhalt: Erklärung der Begriffe — Allgemeine Bestimmungen für die Errichtung von Fernmeldeanlagen — Beschaffenheit der Leitungen — Verlegung von Innenleitungen — Fernmeldeanlagen.

Teil II: Außenleitungen

165 Seiten, 178 Abbildungen. Taschenformat. 1941. Kart. RM. 4.—.

Inhalt: Freileitungen — Außenkabel — Luftkabel — Erdungen.

Planung von Fernmeldeanlagen. Von Ernst Plaß

165 Seiten, 46 Abbildungen. Taschenformat. 1941. geb. RM. 10.—.

Inhalt: Das Fernmelderecht — Verordnungen für die Benutzung der Verkehrseinrichtungen der DRP. — Vorschriften und Regeln für die Errichtung elektrischer Fernmeldeanlagen — Planung — Bauanweisung — Baubeginn — Überwachung — Einschaltung — Anleitung — Bezeichnungen — Übergabe — Unfallverhütungsvorschriften für Montage und Installation.

Wartung von Fernmeldeanlagen. Von Ernst Plaß

erscheint 1942.

Fernsprechtechnik.

Eine Reihe herausgegeben von Dr.-Ing. Fritz Lubberger

Die Stromversorgung von Fernsprech-Wählanlagen. Von Dipl.-Ing. Helmut Grau. 130 Seiten, 95 Abbildungen. Gr.-8°. 1940. In Leinen RM. 7.80.

Fernsprech-Wählanlagen. Von Dr.-Ing. Emanuel Hettwig. 313 Seiten, 184 Abbildungen. Gr.-8°. 1940. In Leinen RM. 13.—.

Überblick über alle Fernsprech-Ortsanlagen mit Wählbetrieb. Von Dr.-Ing. Fritz Lubberger. 7. Aufl. 319 Seiten, 251 Abbildungen. Gr.-8°. 1941. Geb. RM. 16.—.

Weitere Bände in Bearbeitung.

Studien über Aufgaben der Fernsprechtechnik. Von Max Langer

Abteilungsdirektor der Siemens & Halske A.-G., Berlin-Siemensstadt

Ergänzungsband zu Teil I. Ortsverkehr

2. Aufl., 175 Seiten, 93 Abbildungen. Gr.-8°. 1941. Geb. RM. 8.—.

II. Teil: Fernverkehr

2. Aufl., 207 Seiten, 127 Abbildungen. 8°. 1939. Geb. RM. 7.50.

„Alle Nachrichtentechniker, die mit dem Fernverkehr Befassung haben, werden dieses Werk des bekannten und anerkannten Verfassers gerne zu Rate ziehen. Gerade in unserer Zeit, wo die Wählertechnik immer mehr im Fernverkehr Verwendung findet, ist dieses Buch besonders willkommen. Die Ausstattung des Buches ist gut und zweckentsprechend."   *Elektr. Nachrichtentechnik*

Grundzüge der Fernmeldetechnik. Von Immo Kleemann

Dipl.-Ing., Baurat und Abteilungsleiter an der Ingenieurschule Gauß, Berlin

262 Seiten, 144 Bilder. 8°. 1941. RM. 7.—.

Das Buch wendet sich an den mit der Mathematik und den elektrotechnischen Grundlagen vertrauten Leser und führt ihn systematisch, frei von einseitiger Spezialisierung, in die Hauptarbeitsgebiete der Fernmeldetechnik ein.

VERLAG R. OLDENBOURG · MÜNCHEN 1 UND BERLIN

1. Beiheft zu
Winkel, Einführung in die Wähltechnik
Verlag R. Oldenbourg

Schaltungen un

Verkettungspläne

)

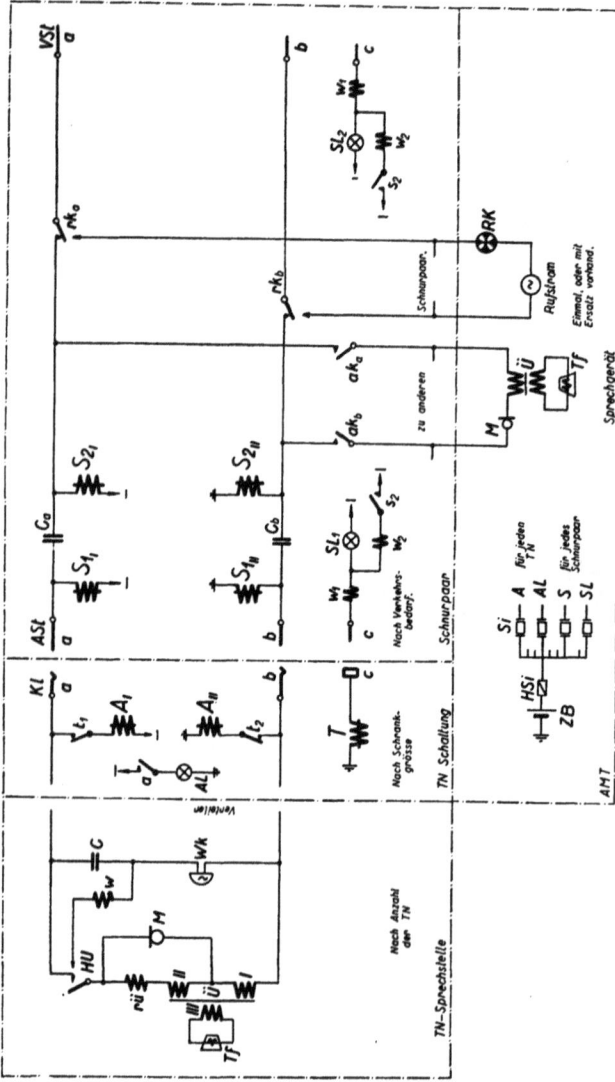

Bild s 1. Vereinfachte Schaltung eines ZB-Glühlampenschrankes mit nur einem Bedienungsplatz (Einfachschrank).

M	Mikrophon	rk	Rufkipperkontakte
Ü	Übertrager	ASt	Abfragestöpsel
rü	bifil. Wicklung	VSt	Verbindungsstöpsel
Tf	Hörer	C→	Sperrkondensatoren
HU	Hakenumschalter	RK	Rufkontrollzeichen
Wk	Wecker	∼	Rufstromquelle
w	Widerstand	ZB	Zentralbatterie
C	Sperrkondensator	HSi	Hauptsicherung
S	Schlußzeichenrelais und	Si	Sicherungen
	Speisedrosseln	A	Anrufrelais
w_1 w_2	Schutzwiderstände	AL	Anruflampe
SL	Schlußzeichenlampen	T	Trennrelais
ak	Abfragekipperkontakte	Kl	Teilnehmerklinke

Die Aufteilung der Schaltung in verschiedene Felder erfolgte nach Abschnitt A, 1.

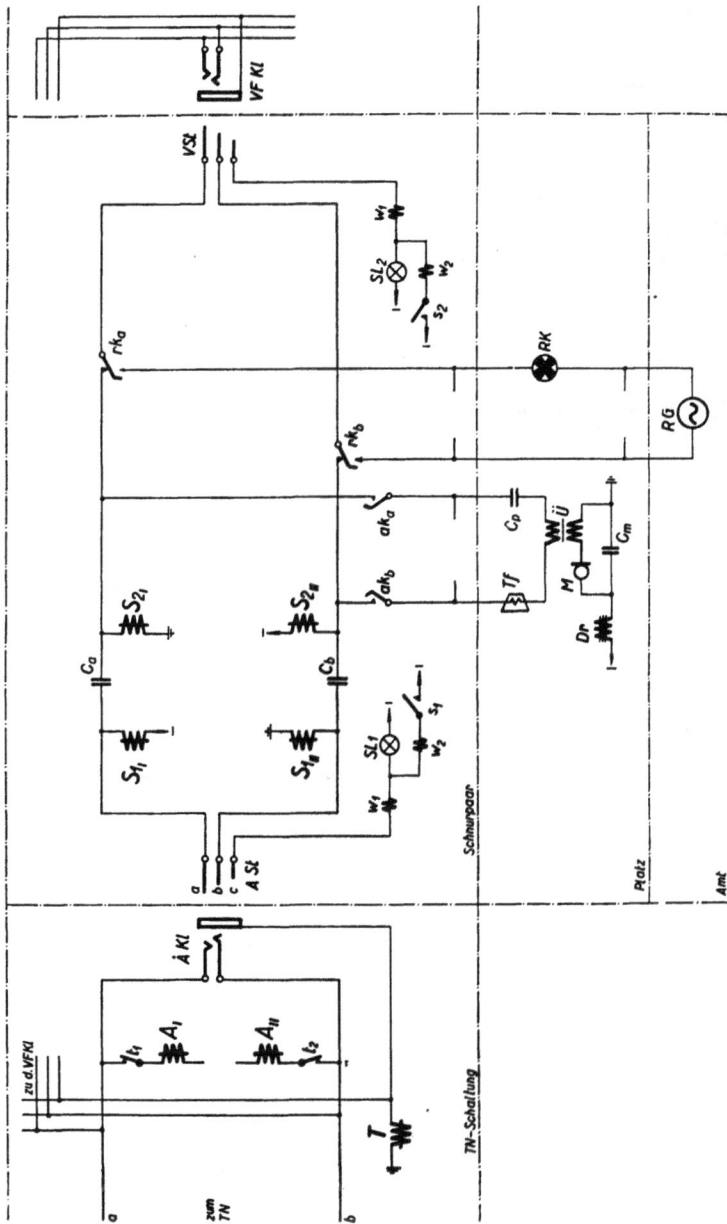

Bild s2. Vereinfachte Schaltung eines ZB-Vielfach-Schrankes.

AKl	Abfrageklinken	C_p	Prüfkondensator
VF—Kl	Vielfachklinken	C_m	Ausgleichskondensator
RG	Rufstromgenerator	Dr	Speisedrossel

Die Schaltung ist auf die wichtigsten Felder sinngemäß aufgeteilt.

1

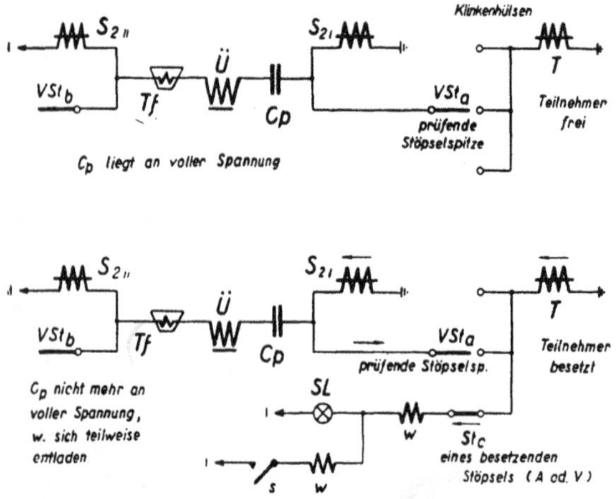

C_p liegt an voller Spannung

C_p nicht mehr an
voller Spannung,
w. sich teilweise
entladen

Bild s 3. Schaltungsauszug für den Prüfvorgang beim
Vielfachsystem.

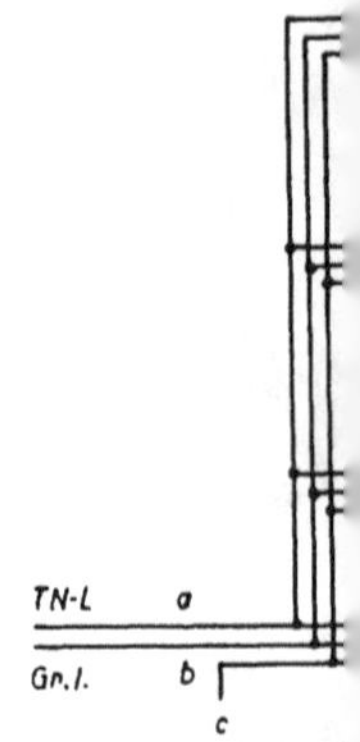

Bild s 4. Dreipolige

TN-L
Gr
TN-VF-
TN-A-K
Pl
ASt
VSt

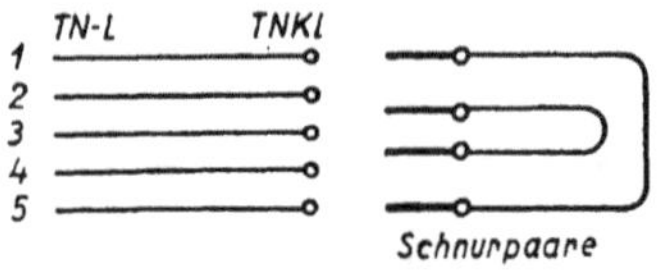

**Bild s 7. Schaltwegbild eines Einfach-
schrankes mit gebündelten Schnüren.**

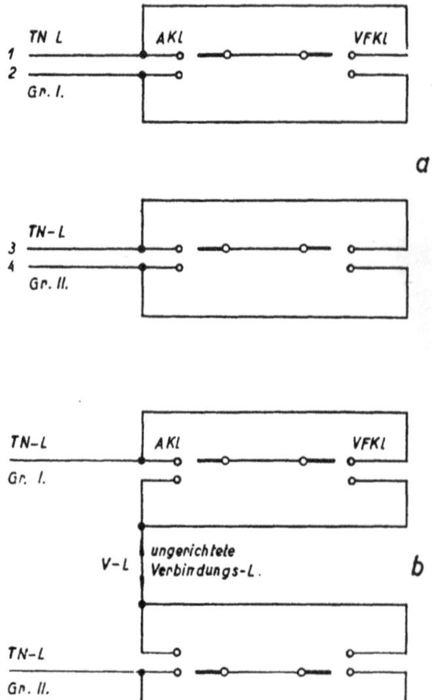

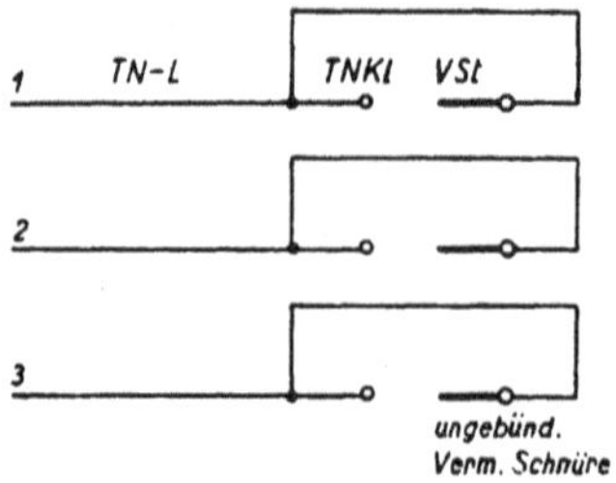

a

b

**Bild s 8. Schaltwegbild eines Einfach-
schrankes mit ungebündelten Vermitt-
lungsschnüren (Einschnurgeräte).**

Bild s 9.
a) Zwei unabhängig voneinander bestehende
Vielfachämter.
b) Zusammenfassung der zwei Ämter durch
eine Verbindungsleitung, welche aus dem Zu-
sammenschluß je einer Teilnehmerleitung
beider Ämter entstanden ist.
V-L Verbindungsleitung.

2

TN-VF-Kl   Pl. III

TN-VF-Kl   Pl. II

TN-VF-Kl

Platz I.   ASt   VSt

                    Schnurpaar

TN-A-Kl

,sskizze für den Vielfachschrank.
ehmerleitung
ehmergruppe
ehmervielfachklinke
ehmerabfrageklinke
enungsplatz
agestöpsel
indungsstöpsel

TN-L   Schnurpaar
        A-Kl   A St   V St   TNVFKl

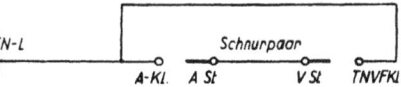

Bild s 6. Einfachstes Schaltwegbild eines
                 Vielfachschrankes.

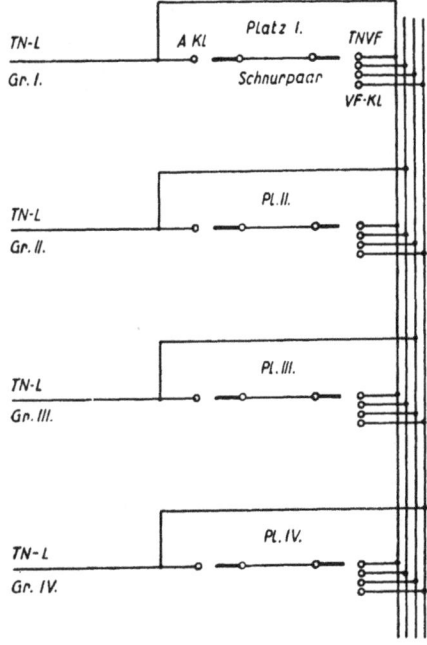

TN-L   A Kl   Platz I.   TNVF
Gr. I.   Schnurpaar
                                VF-Kl

TN-L   Pl. II.
Gr. II.

TN-L   Pl. III.
Gr. III.

TN-L   Pl. IV.
Gr. IV.

Bild s 5. Einpolige Schaltwegskizze für einen
                 Vielfachschrank.
        TNVF Teilnehmervielfachfeld.

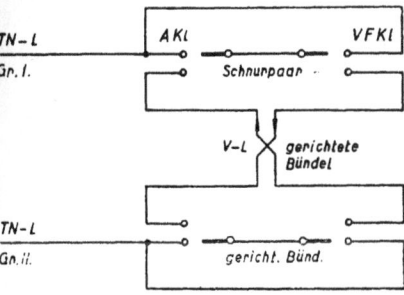

TN-L   A Kl   VF Kl
Gr. I.   Schnurpaar

                V-L   gerichtete
                       Bündel

TN-L
Gr. II.   gericht. Bünd.

Bild s 10. Zusammenfassung zweier Vielfach-
          ämter durch gerichtete Verbindungsleitungen.

TN-L   Teilnehmerleitung
Gr   Ortsgruppe der TN
Akl   Abfrageklinken
VF-Kl   Vielfachklinken
VL   Verbindungsleitungen

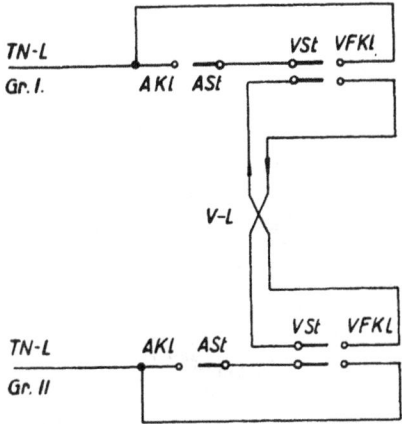

TN-L   VSt VFKl
Gr. I.   AKl ASt

                V-L

                    VSt VFKl
TN-L   AKl ASt
Gr. II

Bild s 11. Der Einschnurbetrieb von Ver-
              bindungsleitungen.

Bild s 12. Die Unterteilung von Großfernsprechanlagen durch Verbindungsleitungen.

TNL Teilnehmerleitungen
Gr   durch VL zu erreichendes Gruppenamt
Akl Abfrageklinken am A-Platz
ASt Abfragestöpsel am A- oder B-Platz
VSt Verbindungsstöpsel am A- oder B-Platz
GVKl Verbindungsklinke in die VL zu einer Gruppe
VL   Verbindungsleitung
GAKl Abfrageklinke am Ende der VL
VFKl Teilnehmervielfachklinken am B-Platz

Bild s 13. Unterteilung von Großfernsprechanlagen durch
Verbindungsleitungen mit Einschnurende.

Statt der GAKl und des ASt am B-Platz des Bildes 14
scheint nur noch ein VLSt auf, d. h. ein Verbindungsleitungs-
stöpsel, mit dem die Verbindungen unmittelbar hergestellt
werden.
Die Auflassung der Abfrageeinrichtungen nach früherer Art
hat zwei verschiedene Bündelvertreter zu einem neuartigen,
gebündelten Leitungstyp umgewandelt, und zwar unter
beträchtlicher Ersparnis*)

———————
*) Dies gilt nur dann, wenn die vorhandenen VL wirk-
lich gut belastet sind.

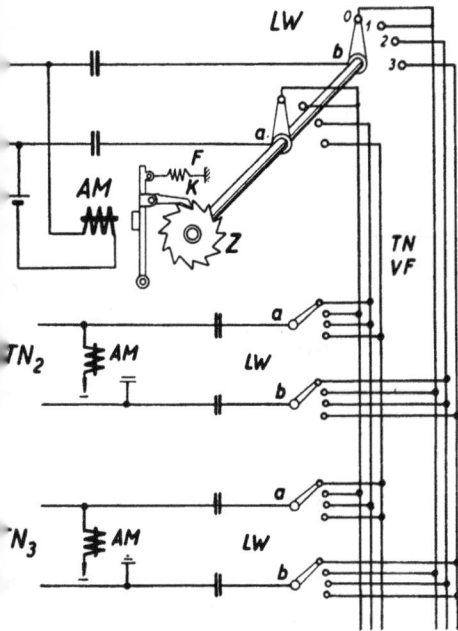

Bild s14. **Der Grundgedanke der Fernsteuerung eines Schrittschaltwählers.**

TN	Teilnehmerstelle
AM	Antriebsmagnet
Z	Zahnrad an der Wählerwelle
F	Spiralfeder, kommt beim Abfallen des Ankers zur Wirkung und schaltet über die Klinke die Welle um einen Zahn weiter
K	Stoßklinke
LW	Leitungswähler
a—b	Leitungswählerarme
WT	Wähltaste

Teilschritte: Verbinden, Sperren des Anrufenden ZB-Gesprächsschaltung.

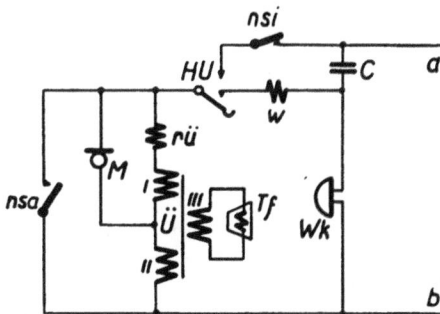

Bild 15. **Schaltbild einer Sprechstelle für Wählerbetrieb.**

nsi	Stromstoßkontakt
nsa	Arbeitskontakt der Nummernscheibe
M	Mikrophon
Ü	Mikrophonübertrager
rü	Abgleichwiderstand
w	Widerstand als Nebenschluß zum Mikrophon
C	Sperrkondensator
Wk	Wecker

Die vom Mikrophon erzeugten Wechselströme durchfließen die beiden Wicklungen *I* und *II* des Übertragers in entgegengesetzter Richtung und gelangen daher nicht induktiv in den Hörer. Die Folge davon ist eine sehr erwünschte Dämpfung beim eigenen Sprechen und bei Lärmstörungen an der Sprechstelle.

3

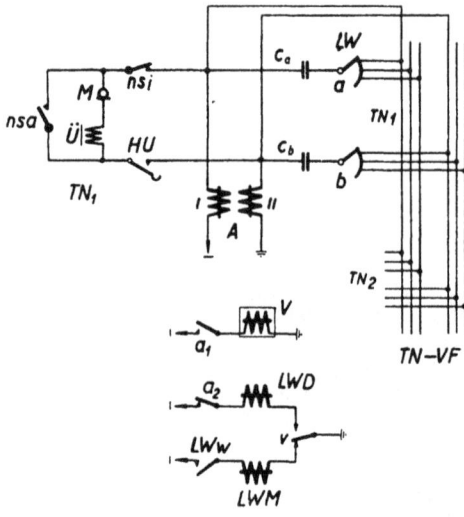

Bild s16. Schaltbild eines ungebündelten Leitungswählers.

1. Entwicklungsstufe: Fernsteuerung über Relais-
kreise, Wählerrückstellung durch Federkraft.
A Stromstoßrelais.
V Verzögerungsrelais.

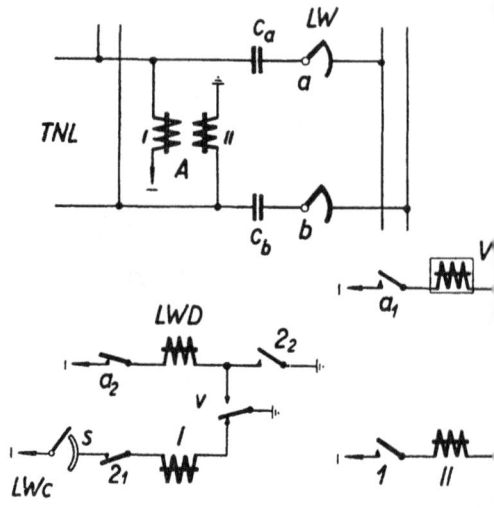

Bild s18. Schaltung eines Drehwählers als ungebündel
Leitungswähler mit Auslösung durch Weiterschalten
(eigener Treibsatz). 2. Entwicklungsstufe.

LWc Steuerarm des Wählers
S   Steuersegment
I, II Treibsatzrelais.

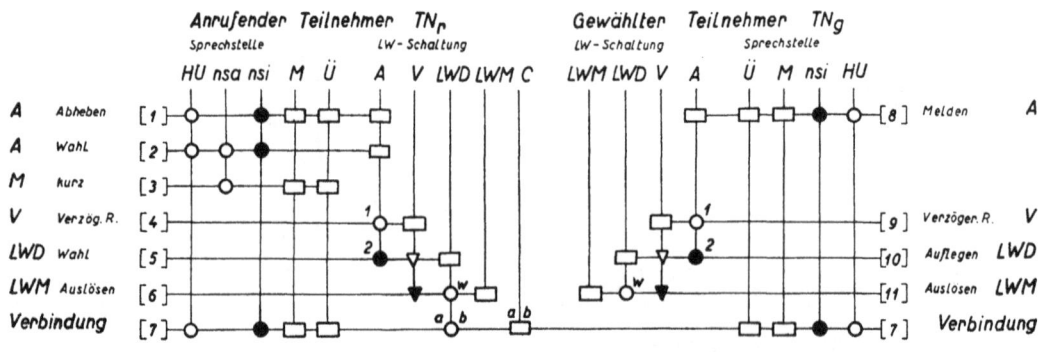

Bild s17. Verkettungsplan für die erste Entwicklungsstufe der Leitungswählerschaltung: Wählerantrieb und
Auslösung über Relaiskreise, Rückstellung des Wählers durch Federkraft.

4

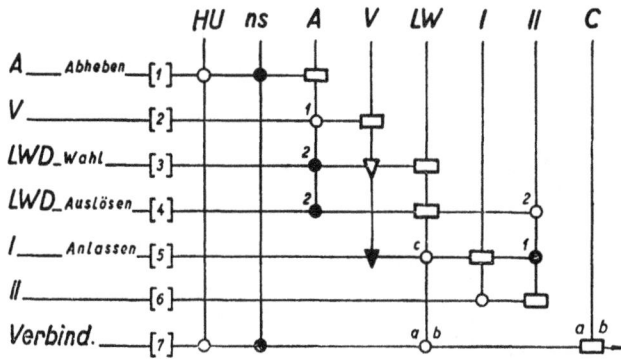

Bild s19. Verkettungsplan zur *LW*-Schaltung mit eigenem Rückstellungstreibsatz.

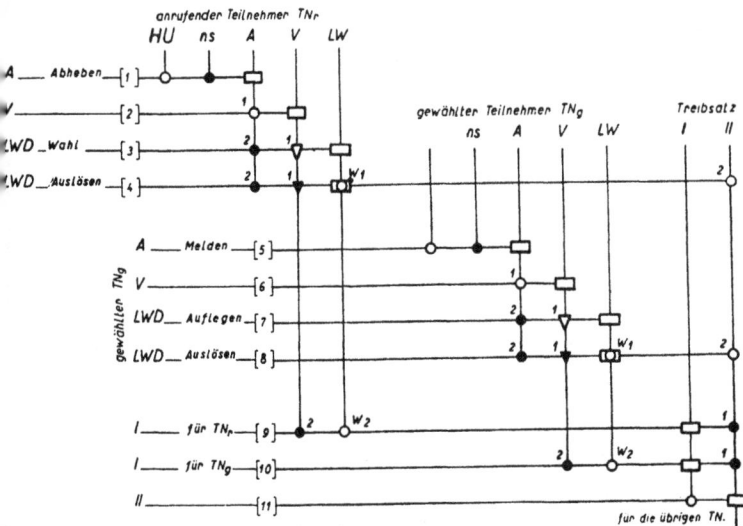

Bild s21. Verkettungsplan für die ungebündelte *LW*-Schaltung mit gemeinsamem
Treibsatz für mehrere *LW*.

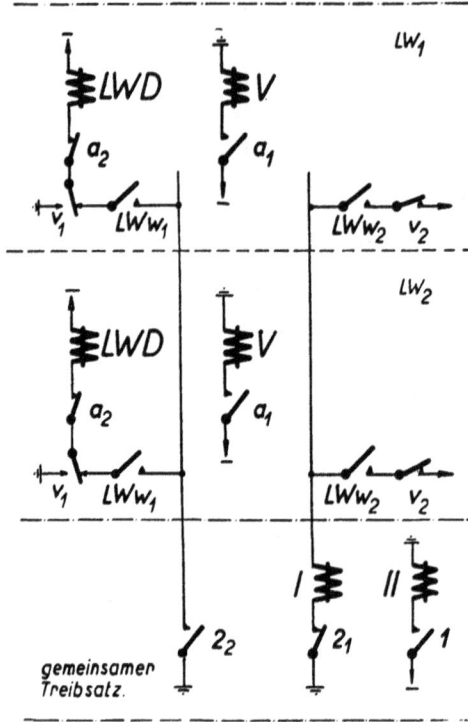

Bild s20. Ungebündelter _LW_ mit gemeinsamem Rückstellungs-Treibsatz (a-b-Adern nicht gezeichnet). 3. Entwicklungsstufe.

LWw_{1-2} Wellenkontakte.

Die beliebig angenommenen LW_{1-2} können aus der Reihe jener LW, die mit gemeinsamem Treibsatz arbeiten zufällig dem Anrufenden und Gerufenen gehören, wie es der folgende Schaltzeitplan annimmt.

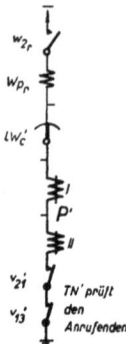

Bild s23. Verkettungsplan für die ungebündelte _LW_-Schaltung mit Prüf- und Sperrmöglichkeit.

Die Einführung des Übertragers hat den früheren einfachen Sprechstromkreis in zwei gekoppelte Kreise aufgelöst [4], [18].

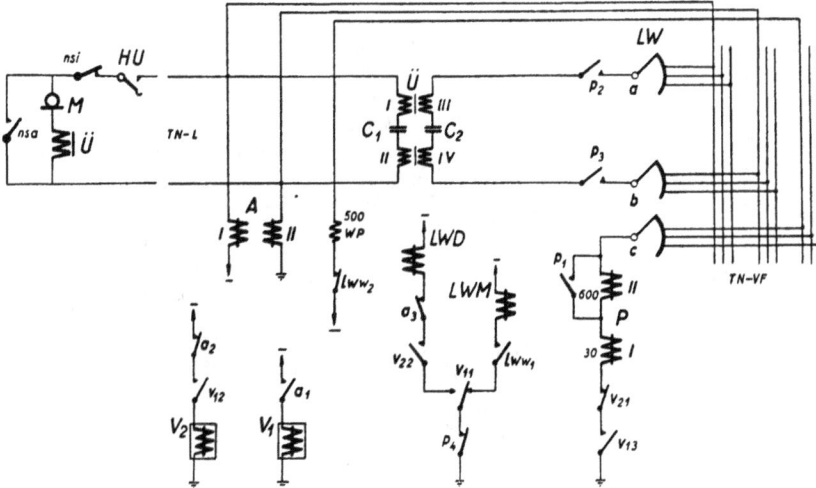

Bild s 22. Schaltung eines Drehwählers als ungebündelter *LW* mit Prüf- und Sperrmöglichkeit (4. Entwicklungsstufe). (Siehe Tabelle 3.)

W_q Vorschaltwiderstand für den Prüfkreis
U induktive Kopplung der Sprechkreise
C_{1-2} kapazitive Brücke für die Sprechströme, galvanische Trennung der a-b-Adern.

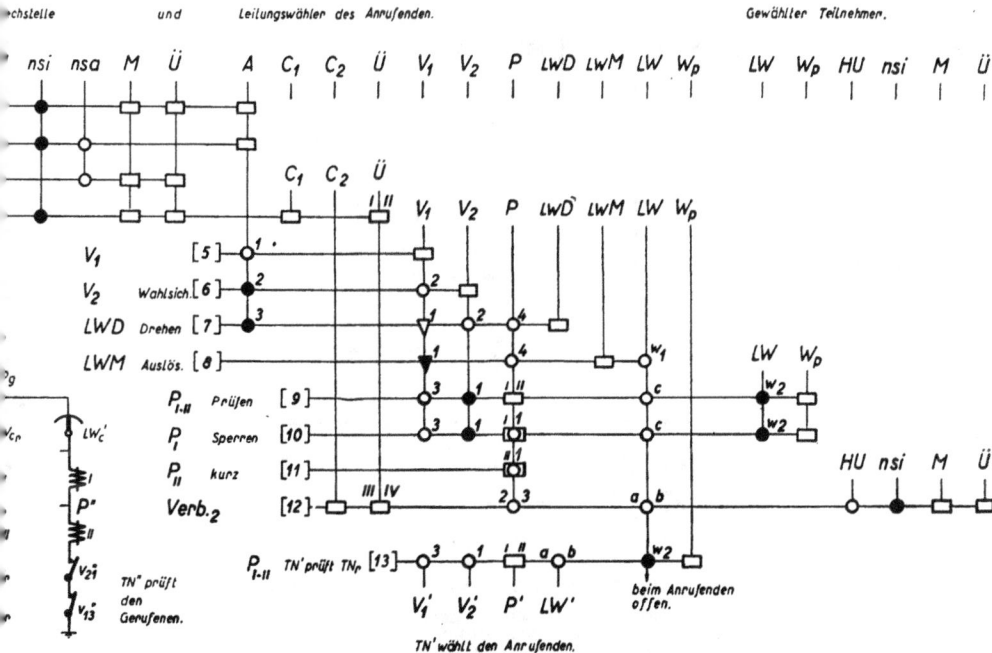

5

Bild s 24. Schaltung eines ungebündelten Hebdrehwählers (5. Entwicklungsstufe).

Bild s 33. Die Stromverteilung am ersten Gestell (100 *TN*).

Die Bezifferung der einzelnen Sicherungen ist daraus ersichtlich, wie auch die Nennstromstärke. Die mit Ziffern
versehenen Abzweigungen geben die Anzahl der gleichartigen
Sicherungen am Gestell an.

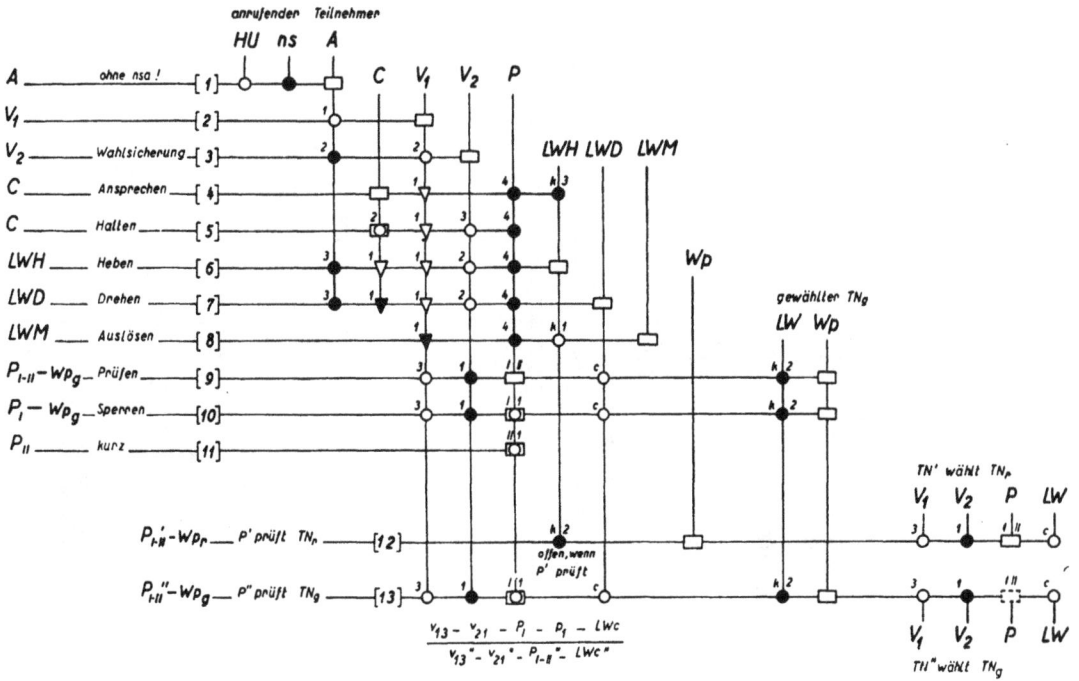

Bild s 25. Verkettungsplan zur ungebündelten Hebdrehwählerschaltung.

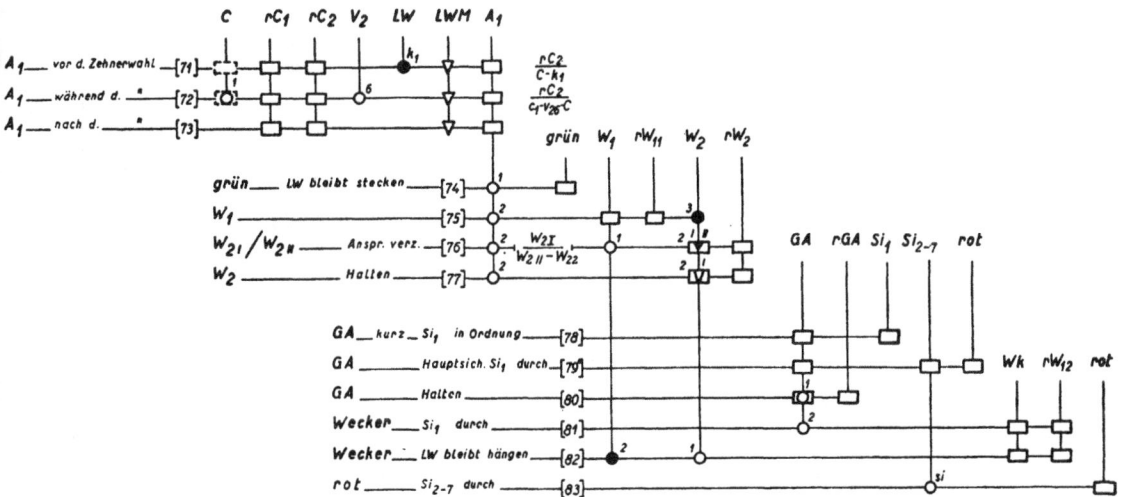

Bild s 35. Die Stromläufe der Überwachungseinrichtung (100 TN).

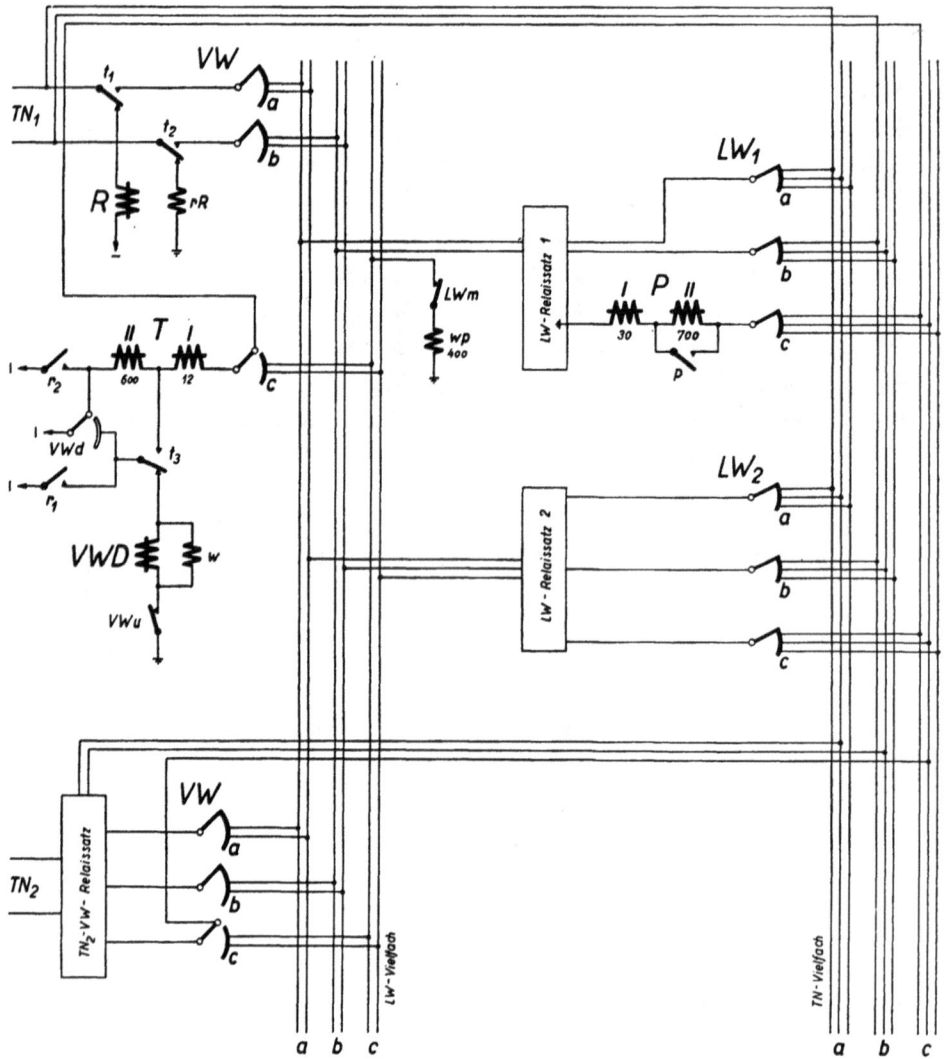

Bild s 29. **Vorwählerschaltung mit angedeutetem Zusammenhang der** *VW* **und** *LW.*

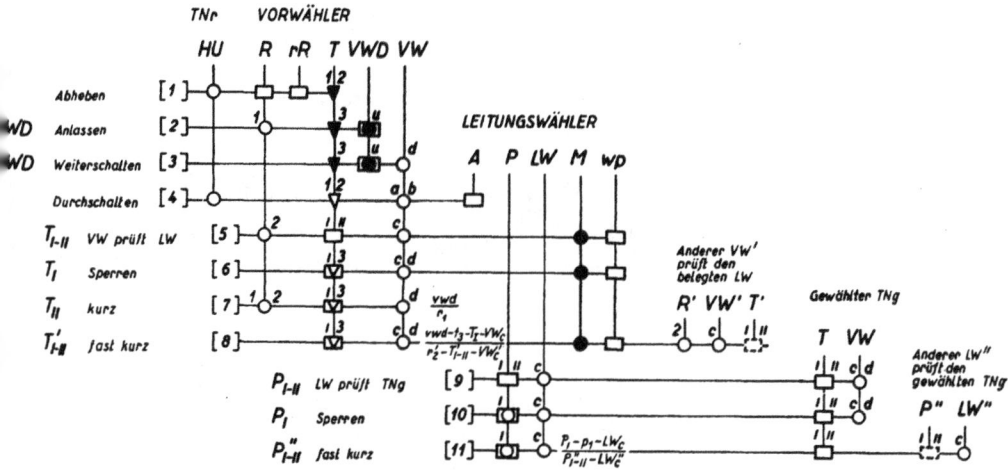

Bild s 30. Verkettungsplan zur Vorwählerschaltung mit Selbstunterbrecher.

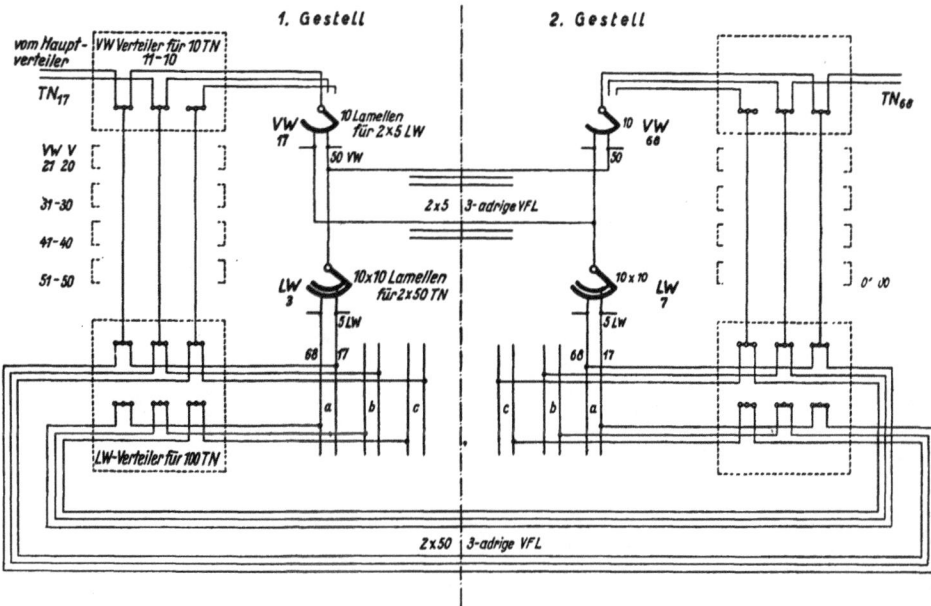

Bild s 31. Die Aufteilung der Einrichtungen auf zwei Gestelle. Verteilerfelder und Vielfachkabel für die Beschaltung der zwei Gestelle bezüglich der *a*-*b*-*c*-Adern (100 *TN*).

S_I
210
AS_p

LW_p [18] I P II 15 300
T [18]

TN frei
S_I unterbrochen

P_{I-II} spricht an

500 [1]

TN_r

rT 500 S_I 210 AS_p [12]

T 210

[1 12]

[1]

LW_p [18] I P II 15 300 rT 500

TN_r

T 210

[1 18]

TN ruft an
S_I spricht an

P_{I-II} spricht an

AS_{sp} [15 8]

S_I 210 AS_p [12 8]

T 210

[12 15]

LW_{sp}

LW_p [18] I P II 15 300

T 210 [18]

TN hat angerufen und spricht
S_I kurzgeschloss.

P_{I-II} Kurzgeschlossen

P_I 15 LW_{sp} [19 10]

S_I 210 AS_p [12 10]

T 210

[12 19]

LW_{sp} [19]

P_I 15

LW_p [18] I P II 15 300

T 210 [18 19]

TN wurde angerufen und spricht
S_I fast kurzgeschl.

P_{I-II} fast kurzgeschl.

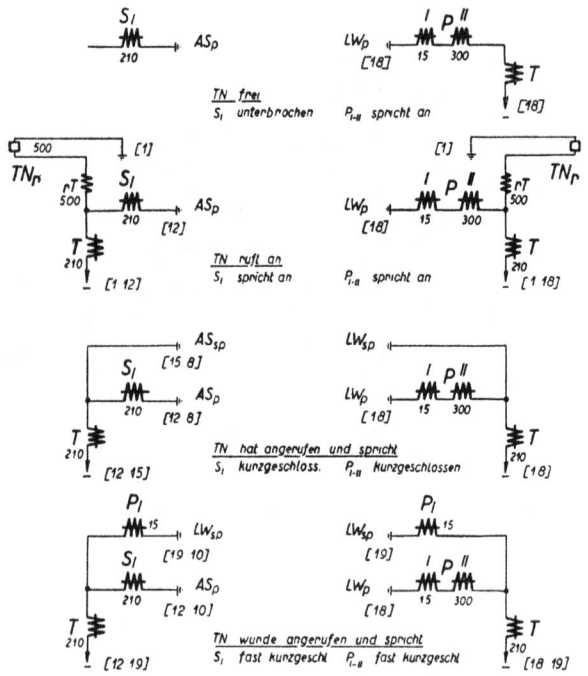

Bild s 28. Übersicht über die verschiedenen Prüf- und Sperrmöglichkeiten bei der AS-Schaltung nach S & H.

8

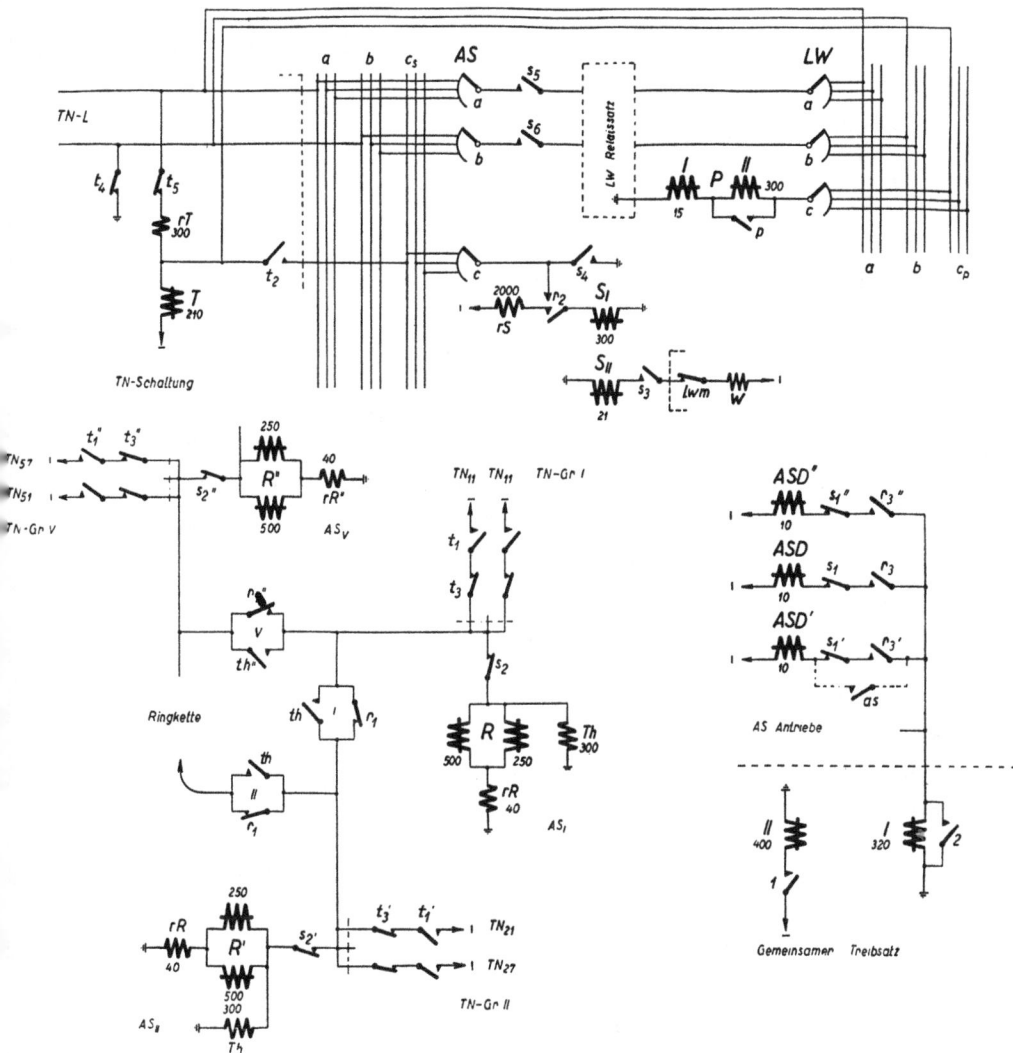

Bild 826. Schaltung einer *AS*-Anlage nach der Ringkettenzuweisung (S & H).

Anrufender TN₁₉ ... Anrufsucher I

HU T_l T_s rT R rR S rS AS ASD

AS Rahmen
I   II

TN 17
hat angerufen
und spricht

AS_{II} S_{III}

TN 18
wurde angerufen
und spricht

T_{s18} LW_{IV} P_{IV}

TNg   Leitungswähler I.

T_s A P LW LWM

AS II,   AS V.

R rR S R rR S

T_l	Abheben	[1]
R	AS l. wird belegt	[2]
$l-ASD$	l spricht an	[3]
II		[4]
I	kurz, Abfallen	[5]
ASD	Antrieb	[6]
S_I	vorerregt	[7]
S_I	kurz, TN 17 spricht	[8]
rS	2	[9]
S_I	kurz TN 18 spricht	[10]
rS	3	[11]
S_I-T_s	TN 19 erreicht	[12]
S_I	kurz, TN 19 gesperrt	[13]
rS	1	[14]
T_s	Sperren	[15]
S_{II}	Halten	[16]
A	Durchschalten	[17]
$P_{rII}-T_s$	LW prüft	[18]
P_I-T_s	LW sperrt	[19]
R'	Zucken	[20]
R''	Schnarren	[21]
R' TN 13 ruft an		[22]

TN 16 frei
TN 17 hat angeru...
und sprich...
TN 18 wurde ang...
und sprich...
TN 19 ruft an
TN 13 ruft an, we...
TN 19 sprich...

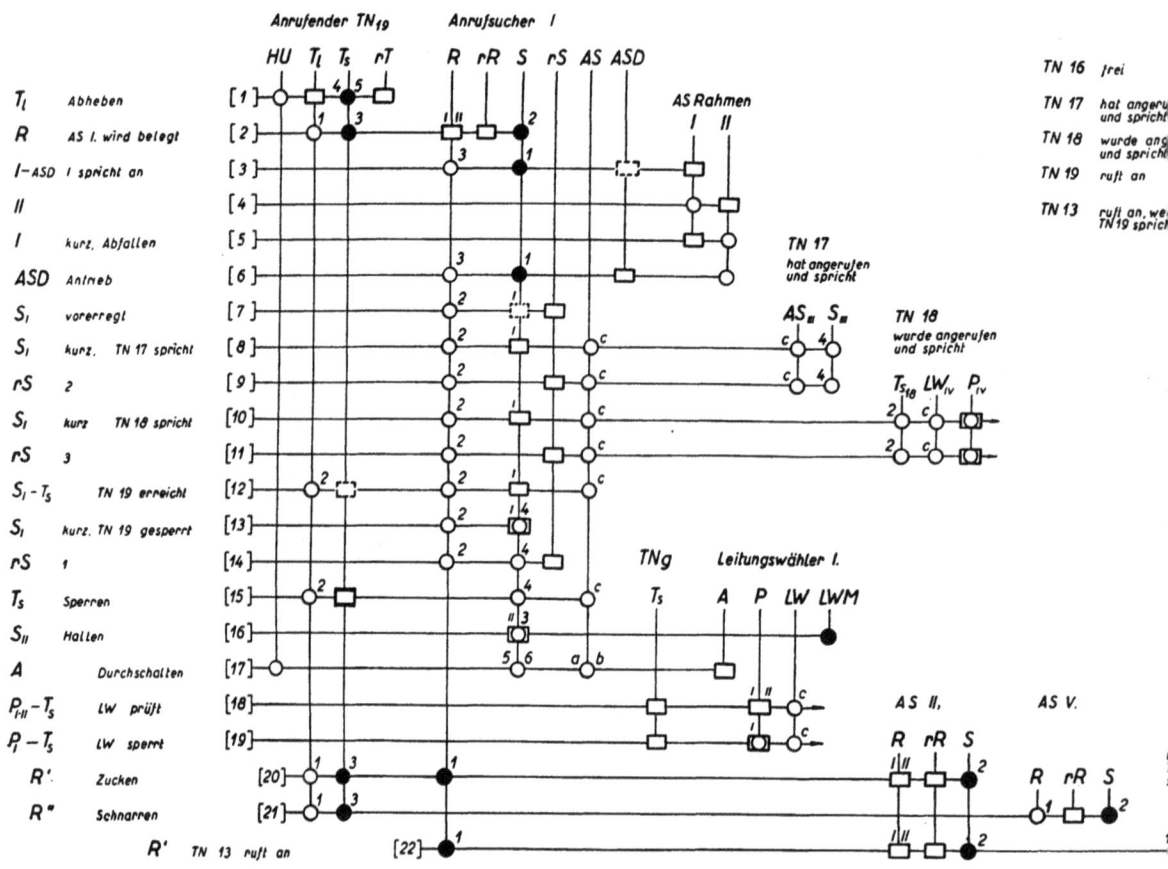

Bild s 27. Verkettungsplan für die *AS*-Schaltung nach S & H.
Unter besonderer Berücksichtigung der Zuweisungskreise.

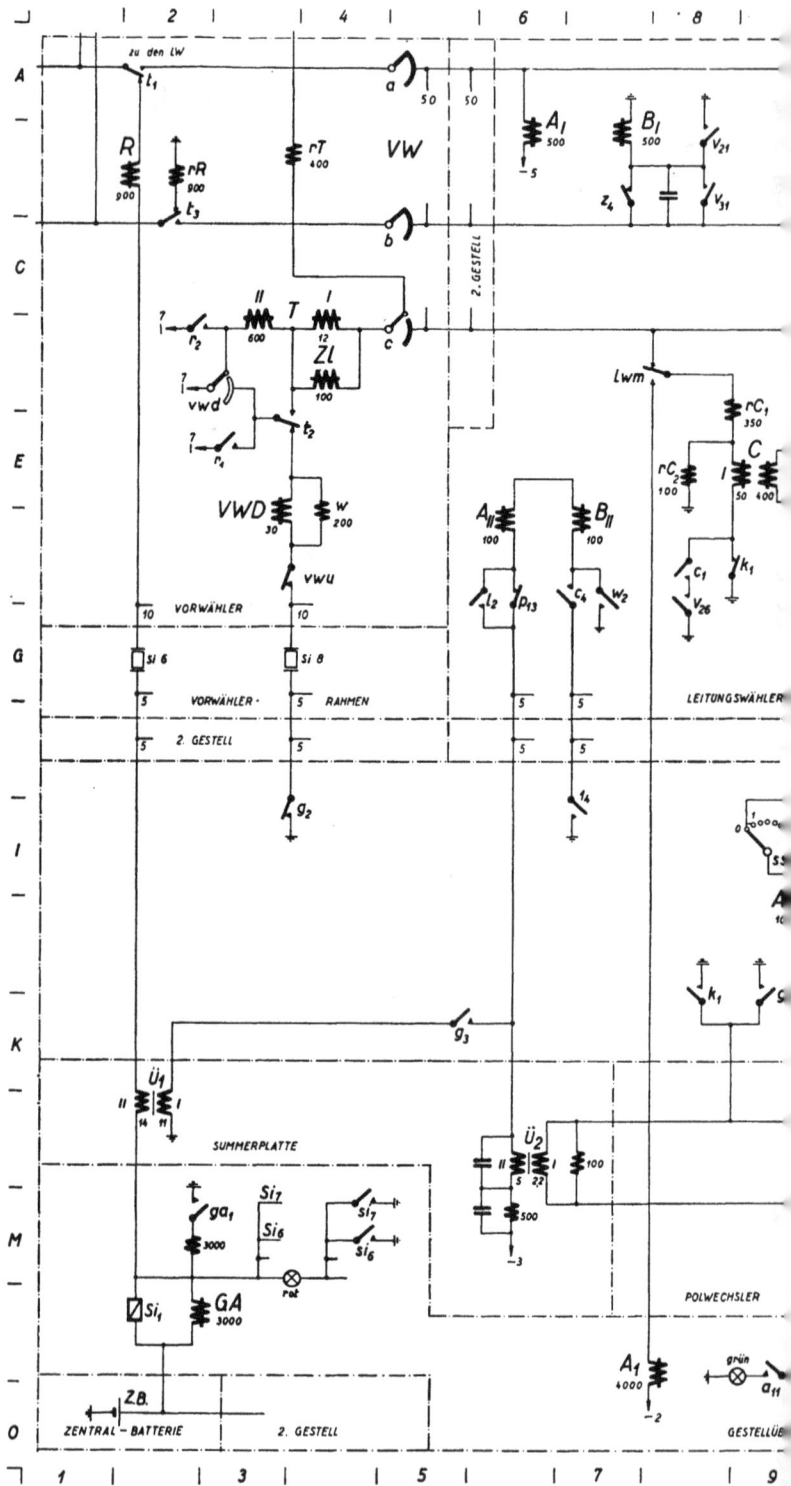

Bild s 32. **Die Schaltung**
Die Schaltung ist in eine Reihe von Feldern auf
Die mit Ziffern versehenen Abzweigungen der die einzelnen Felder verbind
Die Ziffern an den Minuspf

10 12 14 16 18

B

III
2
IV

p_{23} l_3 p_{21} a

II Y I
Dr 500   80   420   1 5

LW

y_1

l_1 p_{22} b

LWM
z_3 200
500   1 5

c

LWH   LWD
80   60
50   50

V_2 360 a_1 y_2 V_3
II 700   675 I

P_2 40

P_1 II 30

c_3 V_{13} d
a_3 P_{12}
V_{23} sk
p_{11} V_{25}
b

V_{11} c_2
V_{22} w_1
a_2 V_1 1340

v_{12} k_2
V_{33}
z_1 V_{24}
Z 1340
V_{32} P_{14} 120

v_{16} y_3

RELAISSATZ

2 GESTELL

l_2

rG 3000   G 2000   K 3000

rAn 1400

SSD 300   200   rII 1000   rI 1000
l_3 II 500 l_1 I 500   2
an k_2

SATZ

ALARMEINRICHTUNG
GESTELLÜBERWACHUNG

Amt   Wk
Wohn.

rpw 14000   pw
Üpw

W_2
rW_2 400 W_1 500

I 800   II 250
rW_{12} 1000
w_{21} w_{12} w_{11}
rW_{11} 1000
w_{22} w_{23}

ga_2 2. GESTELL a_{12}

ga_2 a_{12}

11 13 15 17 19

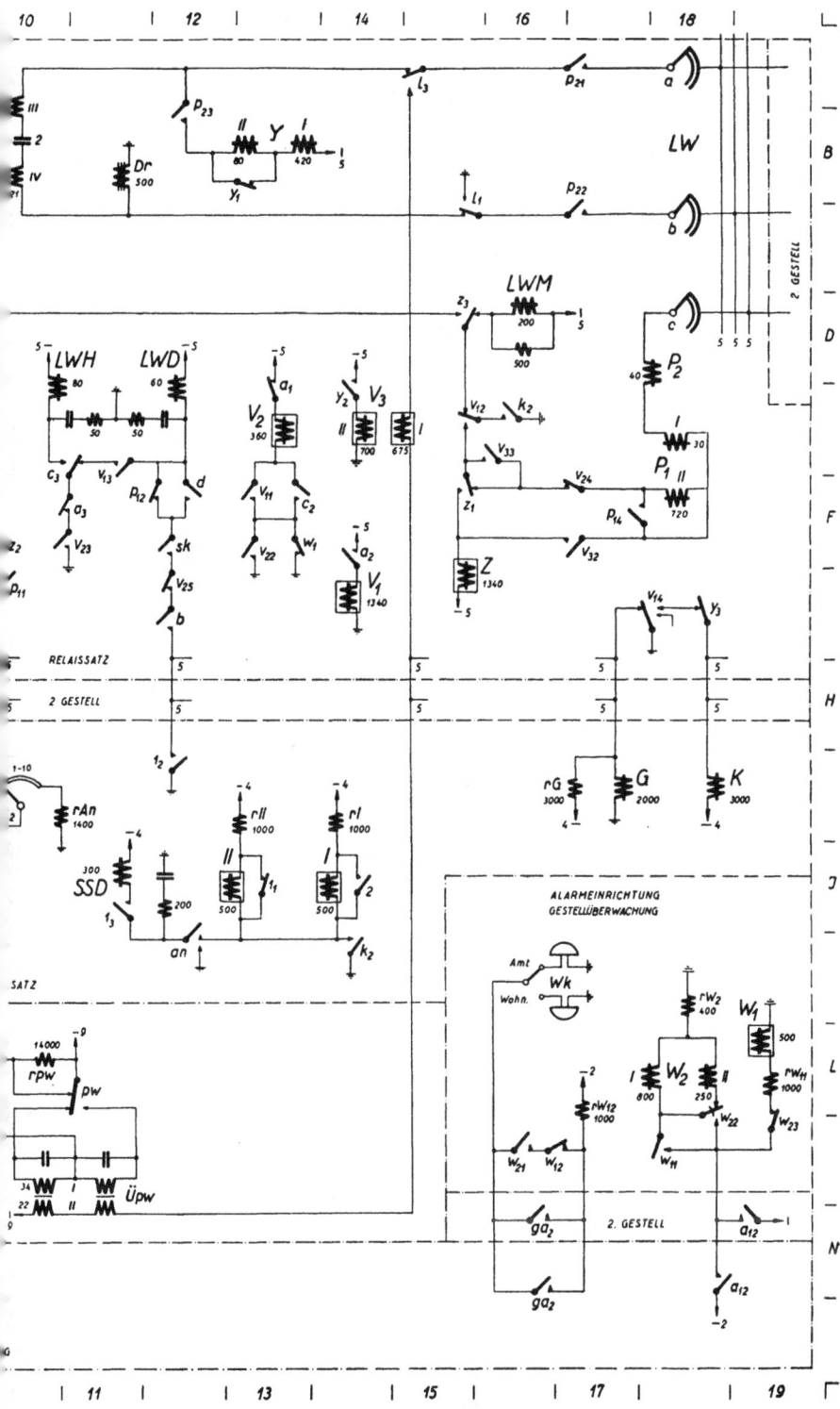

...lage für 100 *TN* nach dem *VW*-System.
  wie sie den verschiedenen Schaltungsabschnitten entsprechen.
Leitungen bedeuten die Anzahl der dort vorliegenden Verzweigungen in gleiche Felder.
eben die Nummer der Zweigsicherung an.

Column headers: $Ü$ M HU nsa nsi R rR T rT VWD ZI VW w A B rC_1 rC_2 V_1 V_2 V_3 LWD LWH LWM LW sk

$M-Ü$	TN-Stelle	kurz	[1]
R	Abheben	ABZ	[2]
VWD	Anlassen		[3]
VWD	Auslösen		[4]
T_{II}	kurz		[5]
$T_{I\text{-}II}-P$	TN$_p$ geprüft		[6]
$T_{HI}-C_I$	VW prüft		[7]
T_I-C_I	Sperren	1	[8]
T_I-C_I	Zehnerwahl	2	[9]
$T_I-rC_{1\text{-}2}$	Einerwahl	3	[10]
$T_I : ZI$	Zählen	4	[11]
A_I-B_I	Durchschalten		[12]
A_I-B_I	NS Aufziehen		[13]
B_I	Wahl	kurz	[14]
A_I	Wahl		[15]
A_I-B_I	Sprechen		[16]
Verbindung I.	TN$_p$		[17]
rC_I-rC_2	Zählen	kurz	[18]
V_I	LW Belegen		[19]
V_2	Zehnerwahl		[20]
V_2	Einerwahl,	an	[21]
V_2	Einerwahl	halt.	[22]
V_2	Störung a-b	kurz	[23]
LWH	Heben	ZW	[24]
LWD	Einerwahl		[25]
LWD	Freie Wahl		[26]
LWD	Durchziehen	FW	[27]
LWM	Auslösen		[28]
$P_{I\,II}$	kurz		[29]
$P_{I\,HI}-P_2-T_g$	Prüfen		[30]
$P_{II}-P_2-T_g$	Sperren	1	[31]
$P_{II}-P_2-T_g$	Sperren	2	[32]
$P_{II}-P_2-T_g$	Sperr. Gespr.	3	[33]
Y_I	kurz		[34]
Y_I	Melden		[35]
Y_{HI}	Sprechen		[36]
Verbindung II.	TN$_g$		[37]
Z	Melden	an	[38]
Z	Halten Gespr.		[39]
$V_{3\,II}$	Halten		[40]
$V_{3\,I}-Ruf$	Rufen, vorerregt		[41]
$V_{3\,I}$	Melden	an	[42]
R_g	T schaltet ab		[43]
G	kurz		[44]
G	alle LW besetzt, an		[45]
K	Anlassen d. Signaleinr.		[46]
WZ	Wählzeichen		[47]
$TNBZ$	TN Besetztzeichen		[48]
RZ	Ruf- oder Freizeichen		[49]
$L-An$	Erster Ruf		[50]
L	Halten		[51]
An	Halten, SS Auslösen		[52]

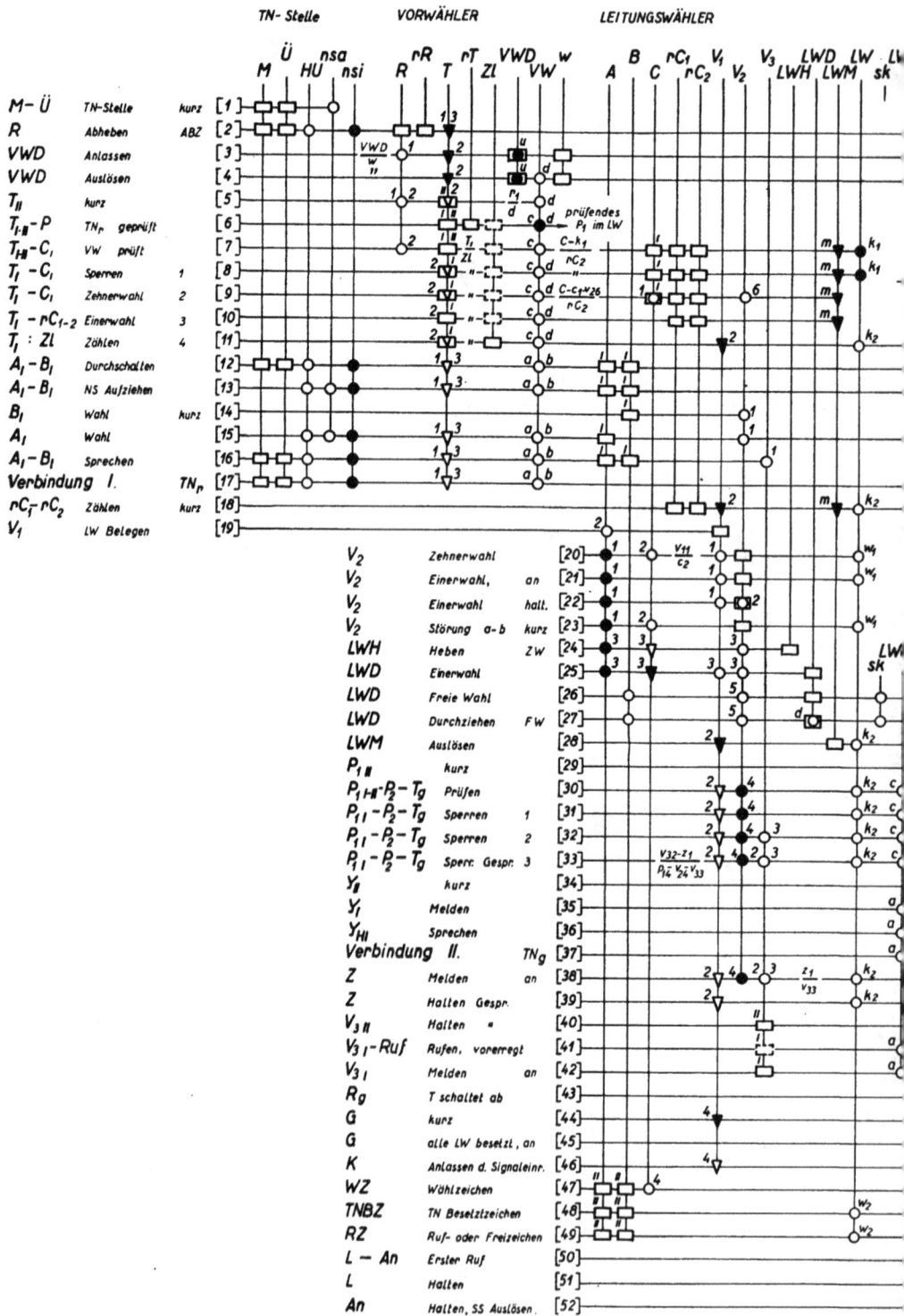

Bild s 34. Verkettungsplan der Schaltur

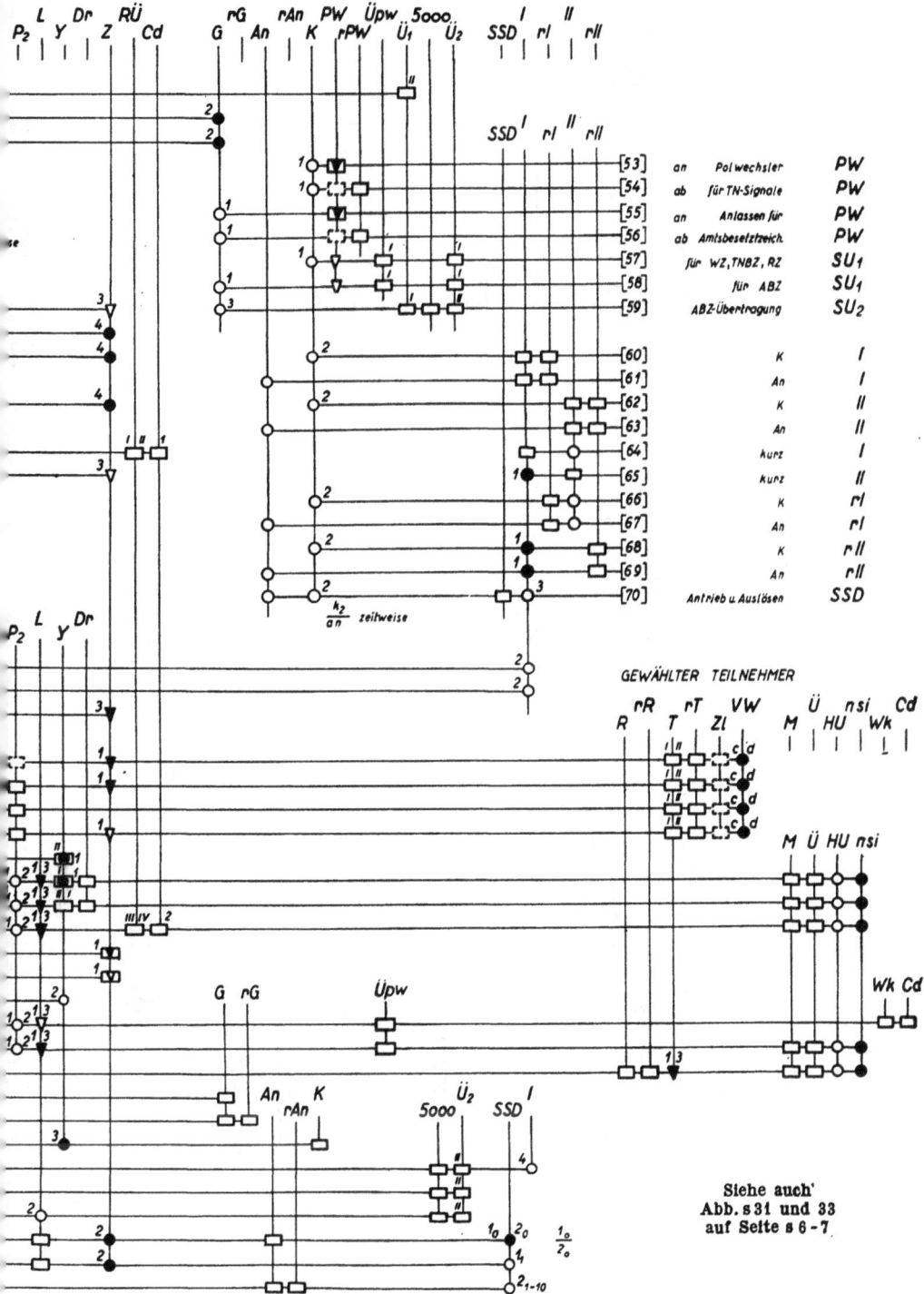

TN-SIGNALEINRICHTUNG

[53]	an	Polwechsler	PW
[54]	ab	für TN-Signale	PW
[55]	an	Anlassen für	PW
[56]	ab	Amtsbesetztzeich.	PW
[57]		für WZ,TNBZ,RZ	SU₁
[58]		für ABZ	SU₁
[59]		ABZ-Übertragung	SU₂
[60]		K	I
[61]		An	I
[62]		K	II
[63]		An	II
[64]		kurz	I
[65]		kurz	II
[66]		K	rI
[67]		An	rI
[68]		K	rII
[69]		An	rII
[70]		Antrieb u.Auslösen	SSD

GEWÄHLTER TEILNEHMER

Siehe auch
Abb. s 31 und 33
auf Seite s 6-7

100 TN (ohne Überwachungseinrichtung).

11

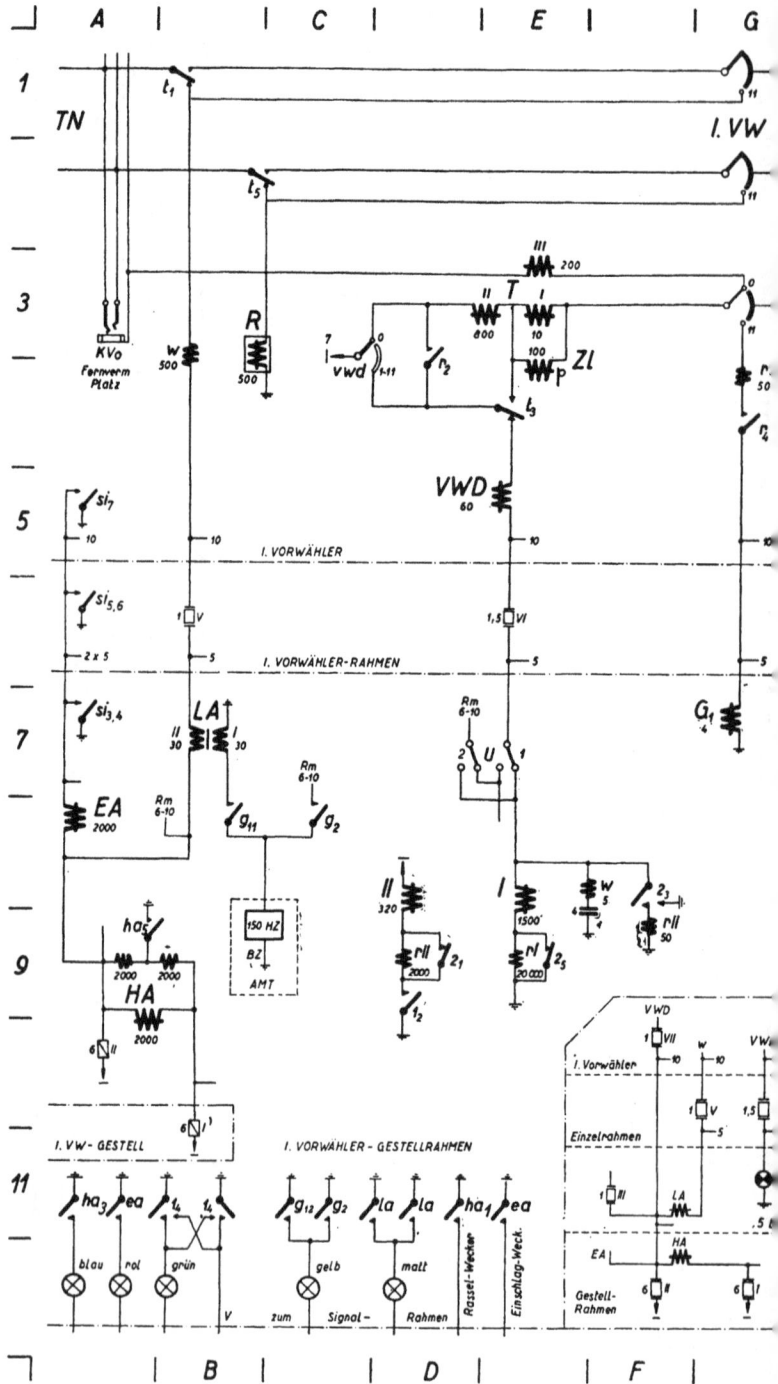

Bild s 36. Zusammengefaßtes Schal...

12

für den *I.* und *II. VW* samt ihren Gestellrahmen.

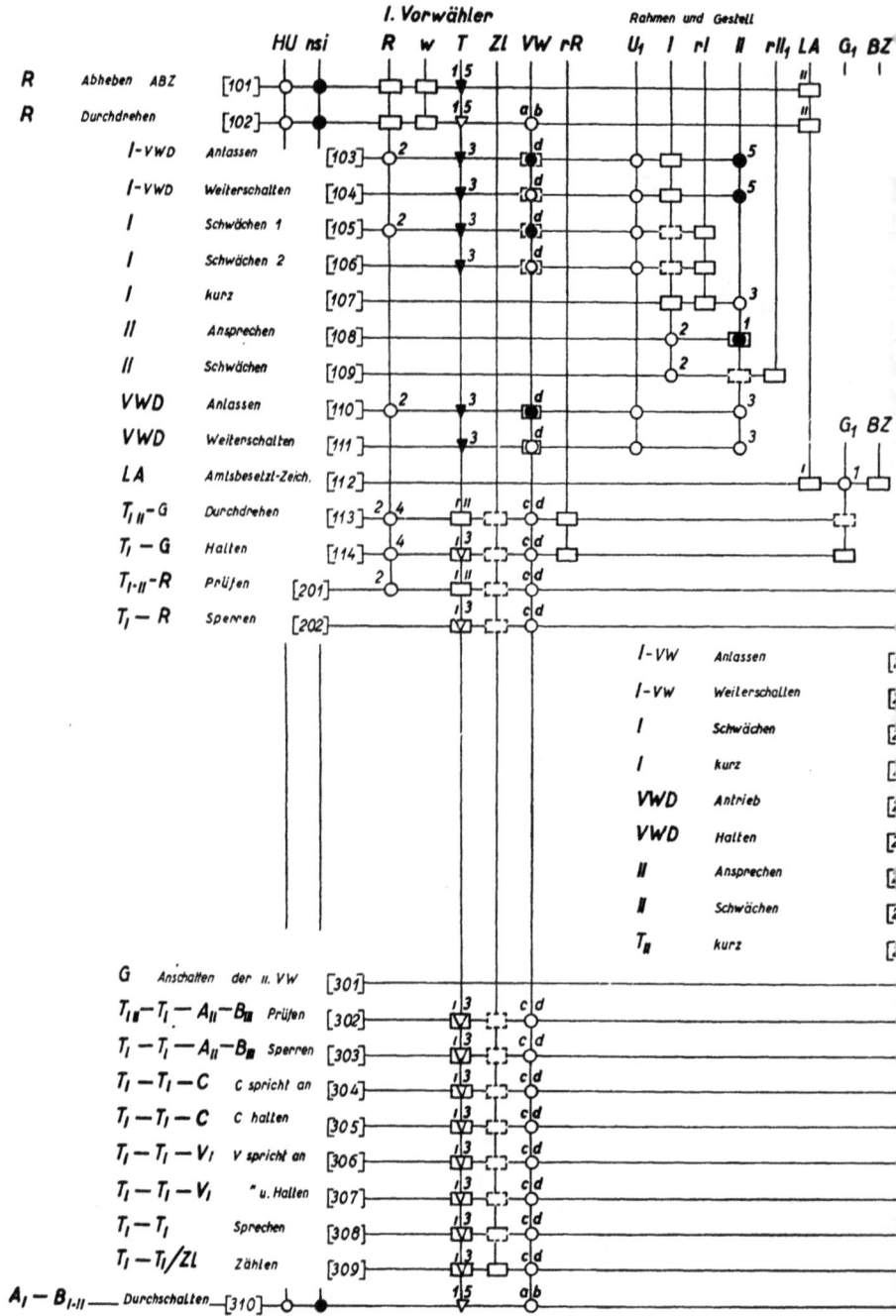

Bild s37. Verkettungsplan
Zusammenhänge mit dem *I. GW*, ab

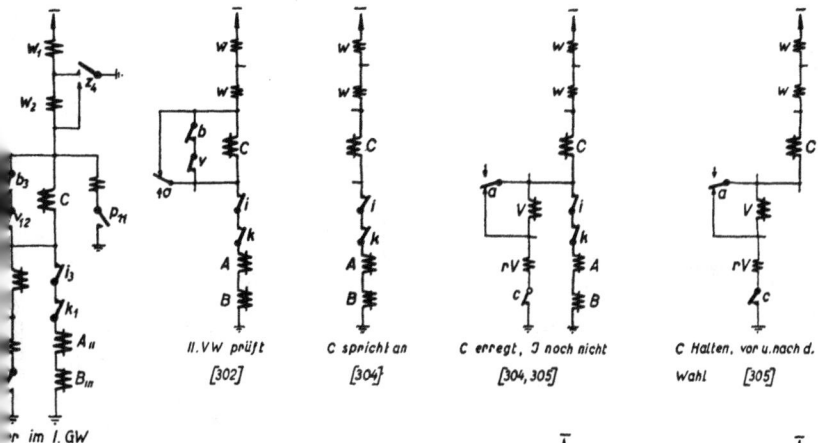

II.VW prüft
[302]

C spricht an
[304]

C erregt, J noch nicht
[304, 305]

C Halten, vor u. nach d.
Wahl   [305]

r im I.GW

II.Vorwähler

Rahmen und Gestell.

rR T VW   G SpT I rI II rII U₁

V spricht an, 1.Stromlücke
[306]

V halten, folgende Lücken
[307]

$$\frac{a_1}{v_{12}-b_3}$$
— u —

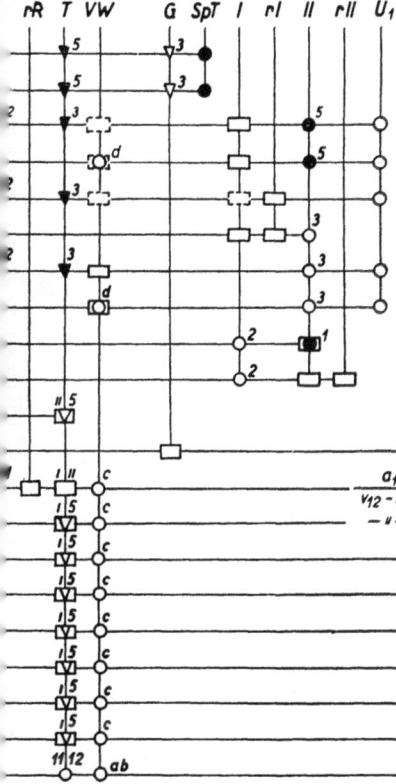

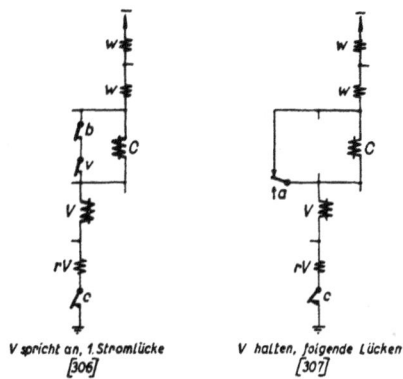

I. Gruppenwähler

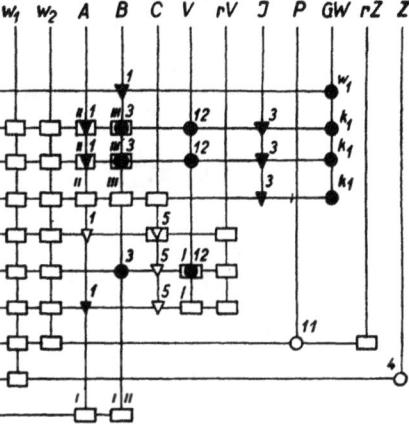

w_1 w_2 A B C V rV J P GW rZ Z

en I. und II. VW.
e Überwachungseinrichtungen.

13

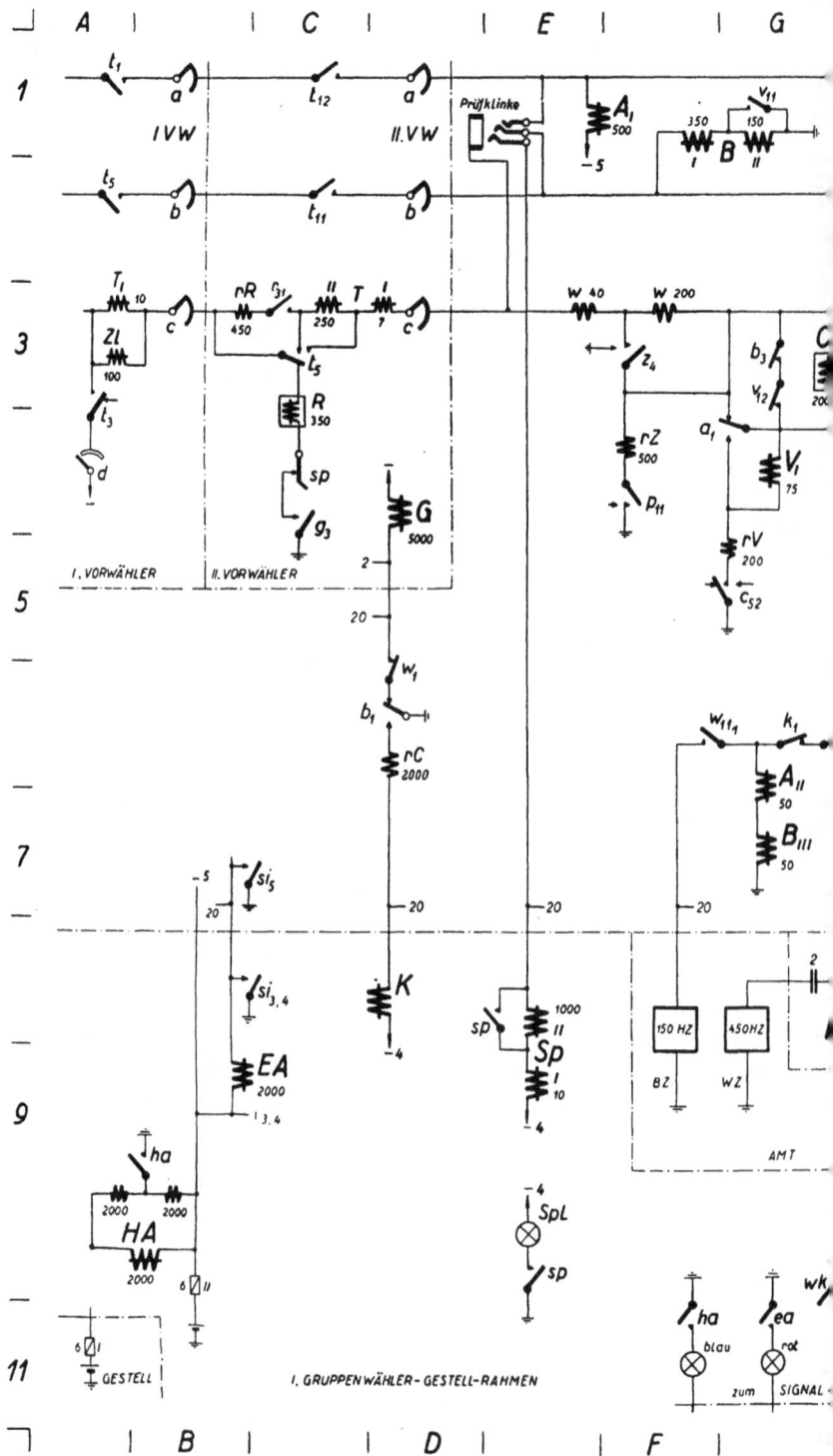

Bild s 38. Zusammengefaßtes Schaltb

14

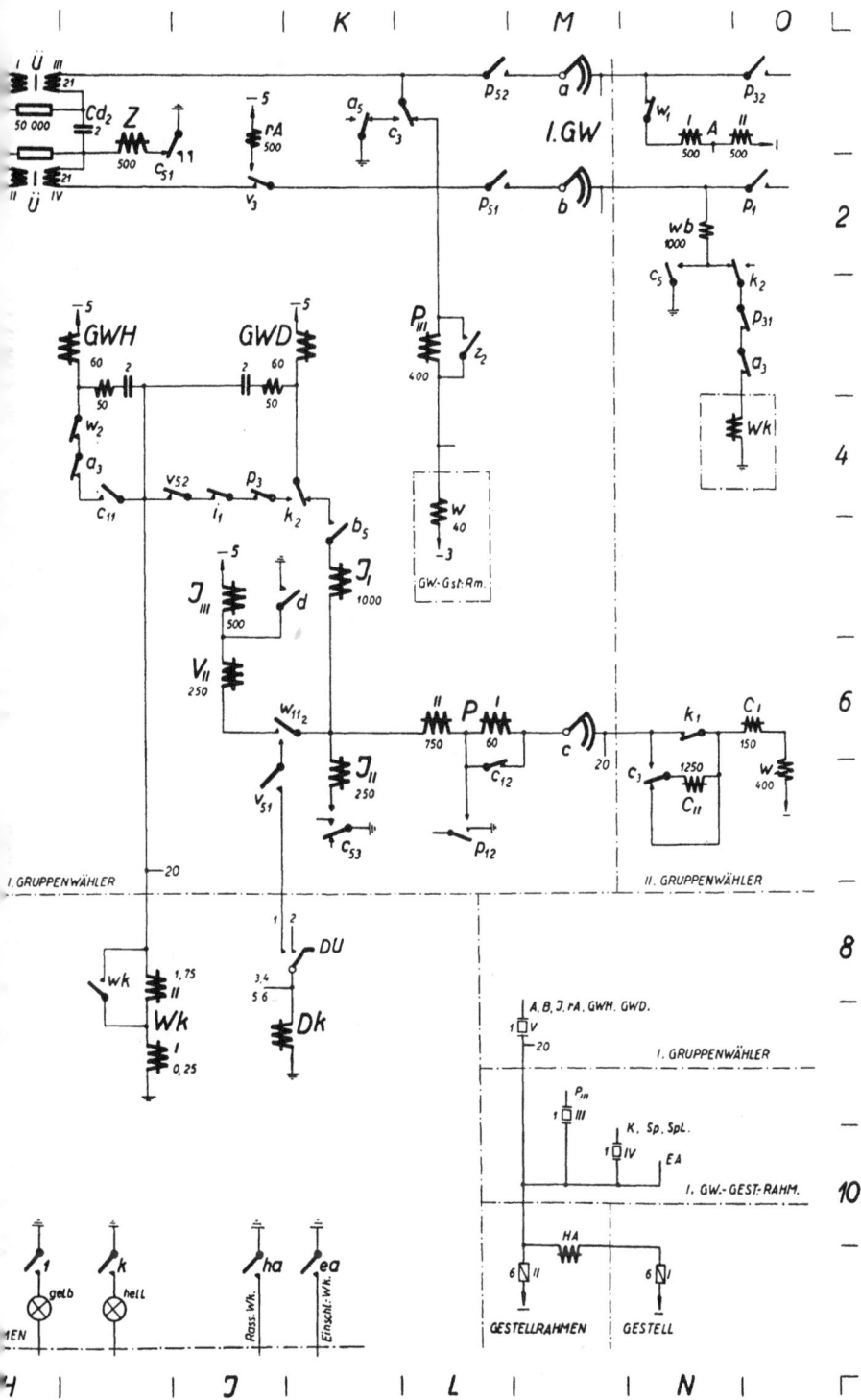

I. GW und des dazugehörigen Gestellrahmens.

$T_I - T_{II} - A_{II} - B_{III}$ II. VW prüft   [302]

$T_I - T_I - A_{II} - B_{III}$ sperrt   [303]

$T_I - T_I - C$ C spricht an   [304]

$T_I - T_I - C$ C Halten   [305]

$T_I - T_I - V_I$ V spricht an   [306]

$T_I - T_I - V_I$ V Halten   [307]

$T_I - T_I$ Halten b Sprech.   [308]

$T_I / Zl - T_I$ Zählen   [309]

$A_I - B_{I-II}$ Durchschalten   [310]

$A_I - B_I$ Wahl   [311]

B_{II} kurz , Wahl   [312]

C kurz , Wahl   [313]

C kurz , vor der Wahl   [314]

V_I kurz   [315]

J_{I-II} GWD   vor der Wahl   [316]

$J_{II-III} - V_{II}$ Durchdrehen   [317]

J_{II} GWD Antrieb   [318]

GWH   Heben   [319]

GWD   Drehen   [320]

WZ   Wählzeichen   [321]

ABZ   II. GW besetzt   [322]

P_I kurz Auslösen   [323]

$P_{II} - J_{II}$ kurz Sperren   [324]

P_{III} kurz Zählen   [325]

$V_{II} - J_{II}$ kurz , Durchdrehen   [326]

$P_{I-II} - J_{II}$ Prüfen   [401]

$P_I - C_I$ Sperren C spricht an   [402]

$P_I - C_{I-II}$ Sperren C Halten   [403]

A_{I-II} Wahlweitergabe   [409]

b - Ader   II. G.Wahl , Einleitung   [407]

b - Ader   II. G.WaN   [408]

Z Auslösen Zählen   [578]

P_{III} Halten zum Zählen   [582]

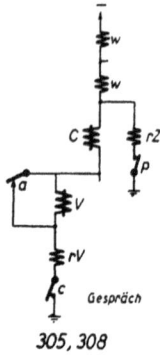

Gespräch

305, 308

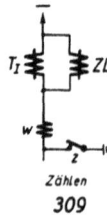

Zählen
309

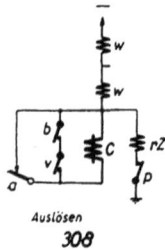

Auslösen
308

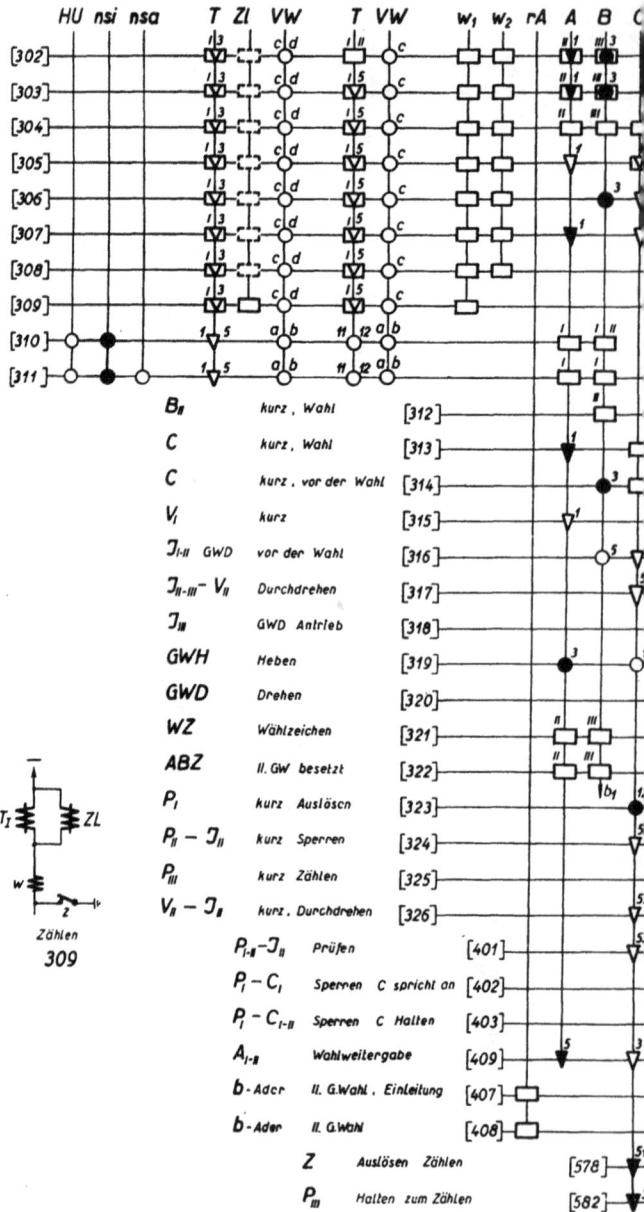

Bild s 39. Verkettungsplan für den *I. GW* mit den Zusa

J P GW H D Z rZ RÜ

k_1 $\dfrac{a_1}{w_2\,b_3}$

k_1

k_1

Z rZ

f_1

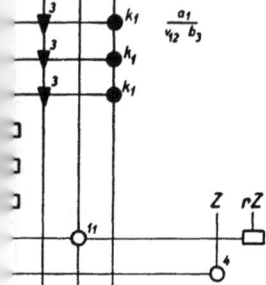

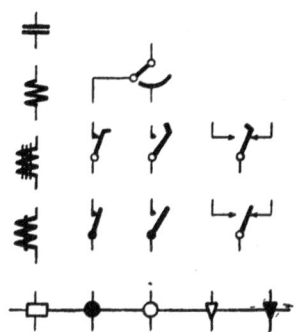

Deutung der Verkettungszeichen

H D Z rZ RÜ

k_2

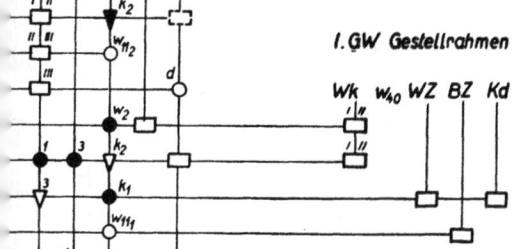

I. GW Gestellrahmen

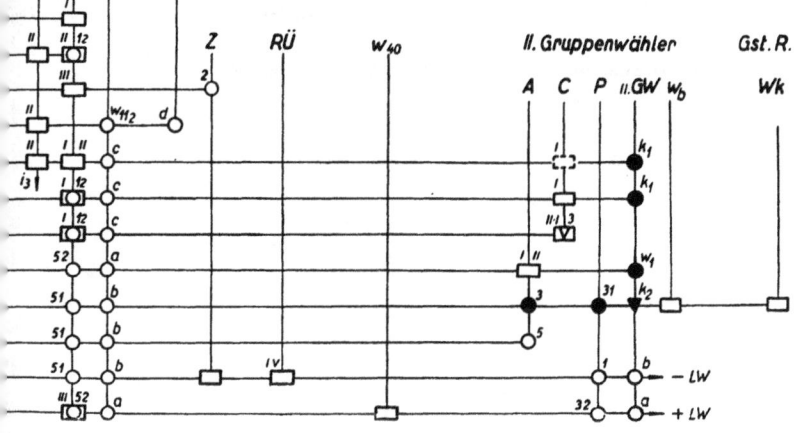

w_{H_2}

d

Wk w_{40} WZ BZ Kd

w_2

k_2

k_1

w_{11_1}

Z RÜ w_{40} *II. Gruppenwähler* Gst. R.

A C P II.GW w_b Wk

w_{H_2} d

c k_1

c k_1

c

a w_1

b k_2

b

b − LW

a + LW

ängen zu den Vorwählern und dem *II. GW.*

15

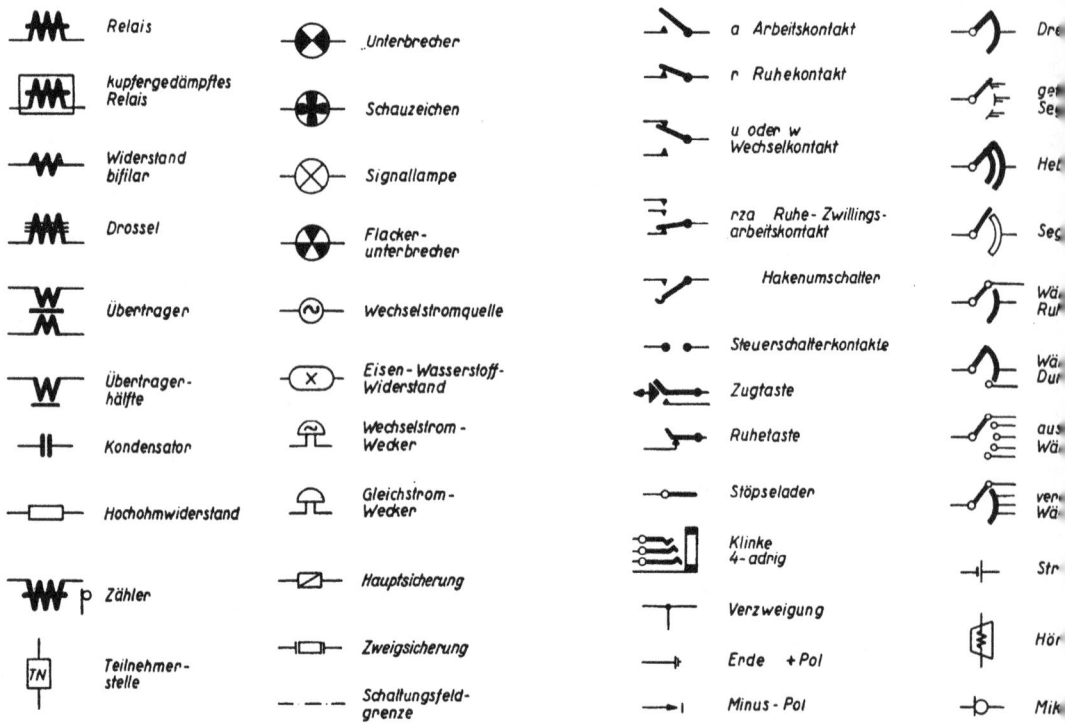

Relais	Unterbrecher	a Arbeitskontakt	Dre
kupfergedämpftes Relais	Schauzeichen	r Ruhekontakt	ge Se
Widerstand bifilar	Signallampe	u oder w Wechselkontakt	Het
Drossel	Flacker- unterbrecher	rza Ruhe- Zwillings- arbeitskontakt	Seg
Übertrager	Wechselstromquelle	Hakenumschalter	Wä Ru
Übertrager- hälfte	Eisen - Wasserstoff- Widerstand	Steuerschalterkontakte	Wä Dur
Kondensator	Wechselstrom - Wecker	Zugtaste	aus Wä
Hochohmwiderstand	Gleichstrom - Wecker	Ruhetaste	ver Wä
Zähler	Hauptsicherung	Stöpselader	Str
Teilnehmer- stelle	Zweigsicherung	Klinke 4-adrig	Hör
	Schaltungsfeld- grenze	Verzweigung	Mik
		Erde +Pol	
		Minus-Pol	

Bild s 40 a. Zusammenstellung der wichtigsten gebrauchten Schaltzeichen¹).

¹) Die inzwischen allgemein festgesetzten Schaltzeichen weichen teilweise von den bisher gebräuchlichen und hier g
ab. Trotzdem konnte sich der Verfasser nicht entschließen, während der Druckarbeiten die Schaltungen umzuzeichner
die derzeit üblichen Schaltbilder noch lange in der Mehrzahl bleiben werden.
Eine Änderung sei schritthaltend mit der allgemeinen Durchsetzung neuer Zeichen ins Auge gefaßt.

500	*Relaiswicklung mit Widerstands-Angabe*
	Abfallverzögertes Relais
	Ansprechverzögertes Relais
	Relais, unempfindlich gegen Wechselstrom
	Gesprächszähler
	Kraftmagnet (Wähler)
	Widerstand (bif.)
	Sicherung, allgemein
	Grobsicherung
	Feinsicherung

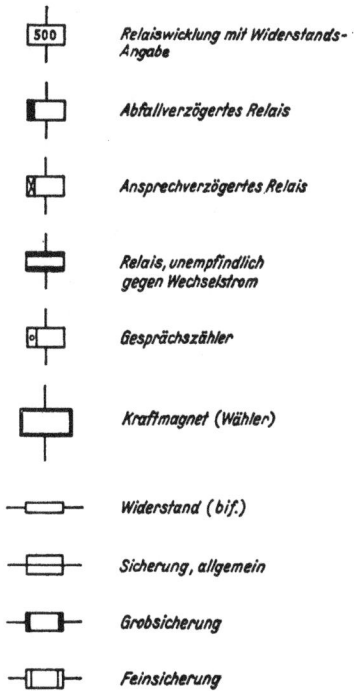

Bild s 40 b. Schaltzeichen neuerer Festsetzung,
soweit sie von den bisher üblichen abweichen.[3])

z

er

z

llung

llung

llung

ten
lem

(s)

2. Beiheft zu
Winkel, Einführung in die Wähltechnik
Verlag R. Oldenbourg

Schaltzeitpläne

(z)

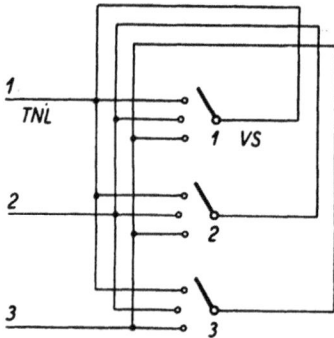

Bild z1. **Schaltwegskizze eines ein-
plätzigen Schrankes mit ungebündelten Drehschaltern.**
Gegenstück zu Bild 10.

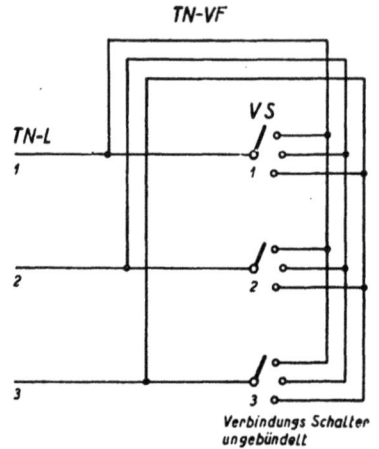

Bild z2. **Bild 16 umgezeichnet auf vorwärts gerichtete Drehschalter.**

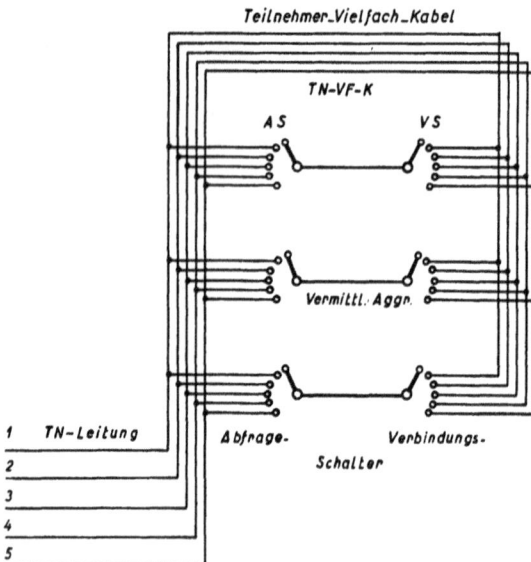

Bild z4. **Schaltwegbild eines Einfachschrankes mit Drehwählern ausgerüstet.**
Man beachte die für beide Wählertypen notwendige reichliche Vielfachschaltung.

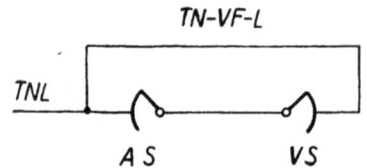

Bild z5. **Einfachste Schaltskizze eines Einfachschrankes mit Drehwählern**
Man beachte die sinngemäße Gegenüberstellung mit Bild 9 (s).

TNL	Teilnehmerleitung
TN-VF-L	Teilnehmervielfachleitung
AS	Abfrageschalter
VS	Verbindungsschalter

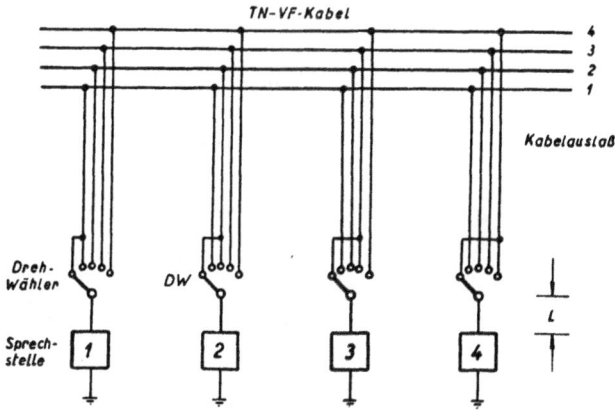

Bild z 3. **Der Grundgedanke der Linien- oder Leitungswahl (von den
TN selbst bediente Anlage).**

1—4 Sprechstellen.

Der Drehwähler gehört zur Sprechstelle. Die *TN*-Leitung verläuft innerhalb der Sprechstellenschaltung (*L*) und kommt nur verkümmert zur
Geltung. Dafür müssen die *VF*-Leitungen bis zu den Teilnehmern
auseinandergezogen werden.

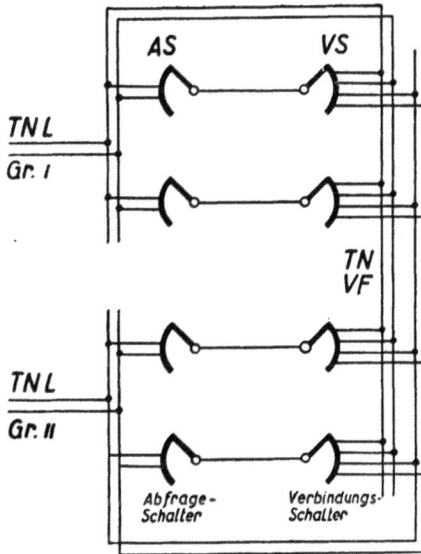

Bild z 6. **Ausführlichere Schaltwegskizze eines
Vielfachschrankes mit Drehwählern.**

TN-L Teilnehmerleitung   *AS* Abfrageschalter
Gr   Teilnehmergruppe   *VS* Verbindungsschalter
TNVF gemeinsames *TN*-Vielfach.

Man beachte die Nachbildung des größeren Vielfachfeldes auf der Verbindungsseite durch Wähler mit
höherer Kontaktzahl.

1

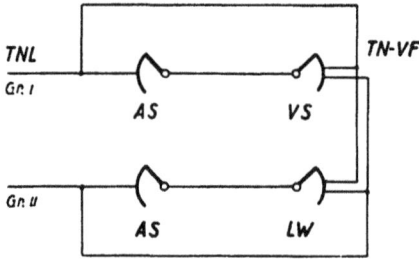

Bild z 7. Einfachste Schaltwegskizze eines Vielfachschrankes mit Drehwählern.

TNL	Teilnehmerleitungen
Gr	Abfragegruppe
AS	Abfrageschalter
LW	Leitungswähler
	(Verbindungsschalter)

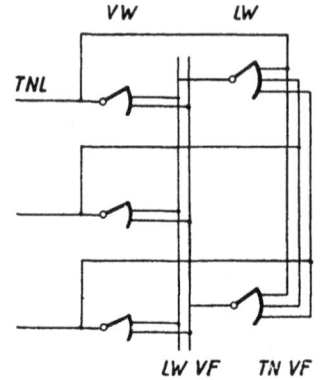

Bild z 8. Schaltwegskizze der Bündelung von *LW* durch Vorwähler.

TNL	Teilnehmerleitungen
VW	Vorwähler
LW	Leitungswähler
LW VF	Vielfachfeld der *LW*-Arme
TN VF	Vielfachfeld der *TNL*

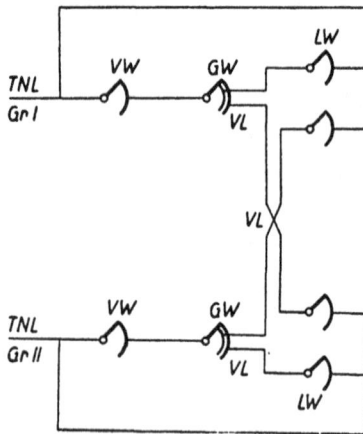

Bild z 10. Gruppenwählerschaltung mit Vorwählern.
Bezeichnung wie in Bild 25.
VW Vorwähler.

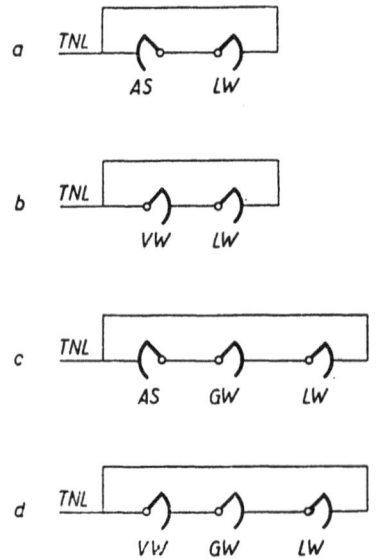

Bild z 11. Vereinfachte Schaltwegbilder für Wähleranlagen.

a) *AS — LW*   Anrufsucher — Leitungswähler

b) *VW — LW*   Vorwähler — Leitungswähler

c) *AS — GW — LW* Gruppenwähleranlagen mit Anrufsucher

d) *VW — GW — LW* Gruppenwähleranlagen mit Vorwähler

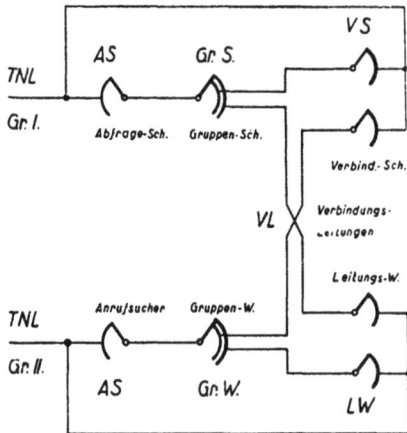

Bild z 9. **Der _A-B_-Platz-Betrieb einer Gruppenschaltung mit Drehwählern.**

TNL   Teilnehmerleitung
_AS_   Anrufsucher, Abfrageschalter
GrS   Gruppenschalter
_Gr_   Teilnehmergruppe
GrW   Gruppenwähler (in der Wähler-
        technik mit _GW_ bezeichnet)
_VL_   Verbindungsleitung
_VS_   Verbindungsschalter
_LW_   Leitungswähler

Die Bezeichnungen der Drehschalter der
zweiten Gruppe sind schon der Ausdrucks-
weise der Selbstanschlußtechnik angepaßt.

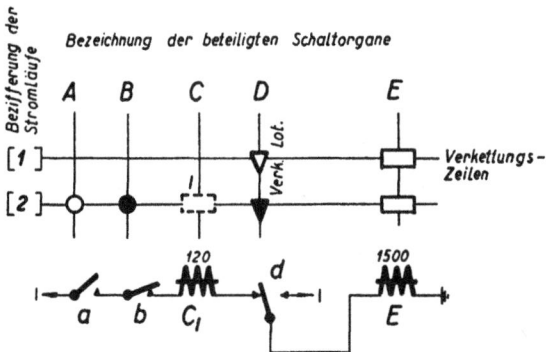

Bild z 12a. **Der Grundgedanke des Verkettungsplanes.**
Die strichlierte Eintragung für die Wicklung von _C_ bedeutet, daß in diesem Stromlauf _C_ nur vorerregt werden
kann.

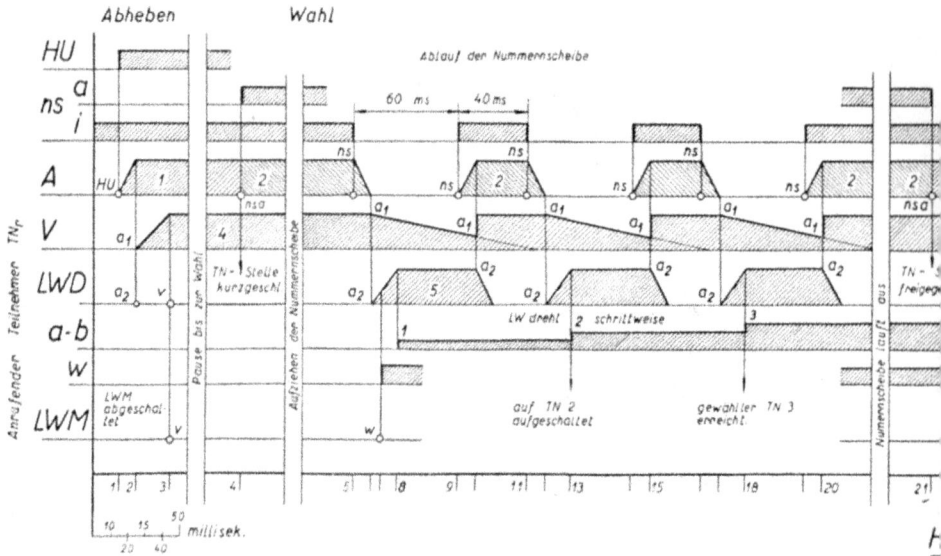

Bild z 12. Schaltzeitplan für die erste Entwicklungsstufe der Leitungswählerschaltung.
Wählerantrieb und Auslösung über Relaiskreise, Rückstellung des Wählers durch Federkraft.

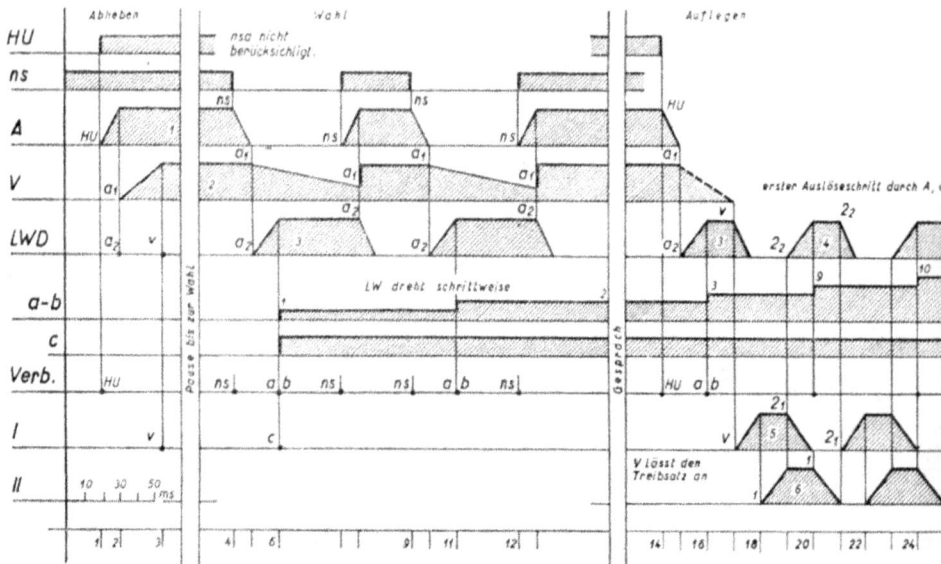

2

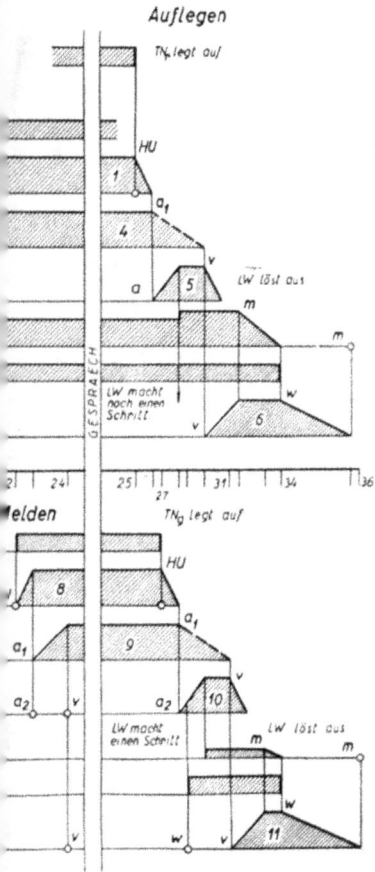

Auflegen

TN₄ legt auf

HU

1

a₁

4

v

a

5

LW löst aus

m

m

GESPRAECH

LW macht
noch einen
Schritt

v

w

6

2 24 25 27 31 34 36

Melden

TN₀ legt auf

HU

8

a₁

9

v

a₁

v

a₂

a₂

10

v

LW macht
einen Schritt

m

LW löst aus

m

w

w v

11

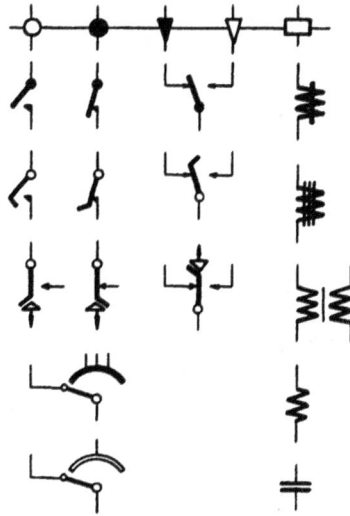

Bild z 12 b. Die Verkettungszeichen für
verschiedene Schaltungsteile.

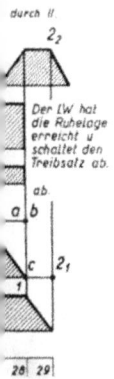

durch II

2₂

Der LW hat
die Ruhelage
erreicht u
schaltet den
Treibsatz ab.

ab.

a b

c 2₁

1

28 29

Bild z 13. Schaltzeitplan der Vorgänge beim *LW* mit eigenem Rückstellungstreibsatz
(zu Bild 38 s).

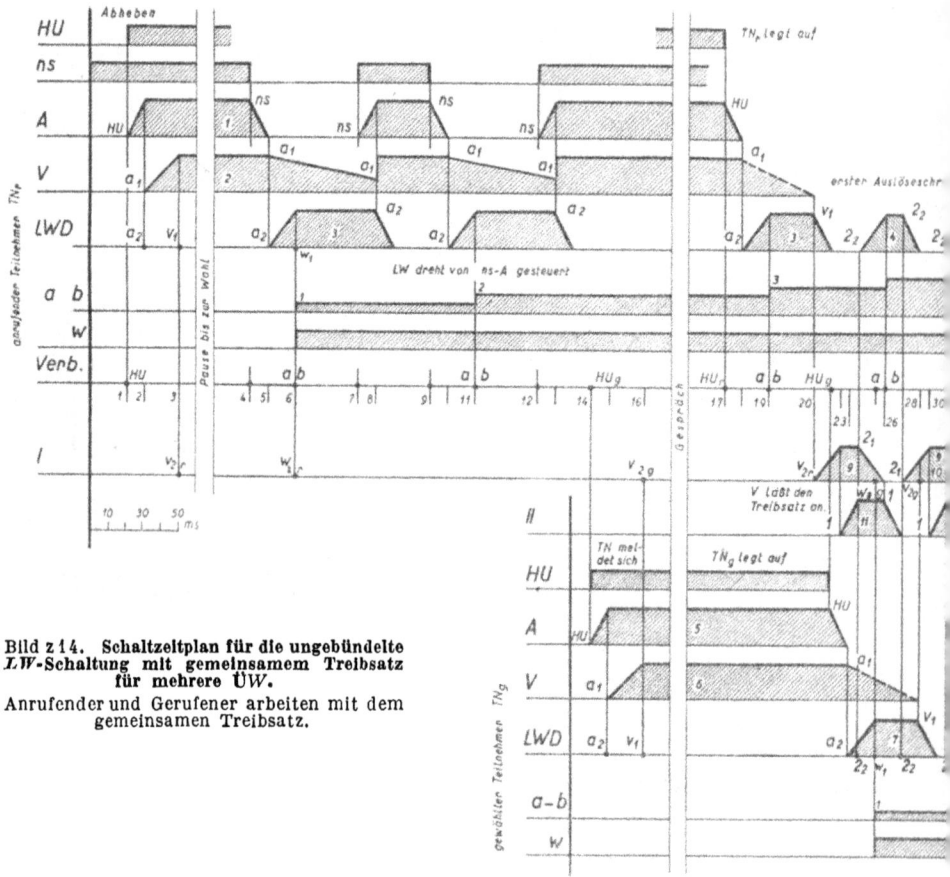

Bild z 14. Schaltzeitplan für die ungebündelte *LW*-Schaltung mit gemeinsamem Treibsatz für mehrere ÜW.

Anrufender und Gerufener arbeiten mit dem gemeinsamen Treibsatz.

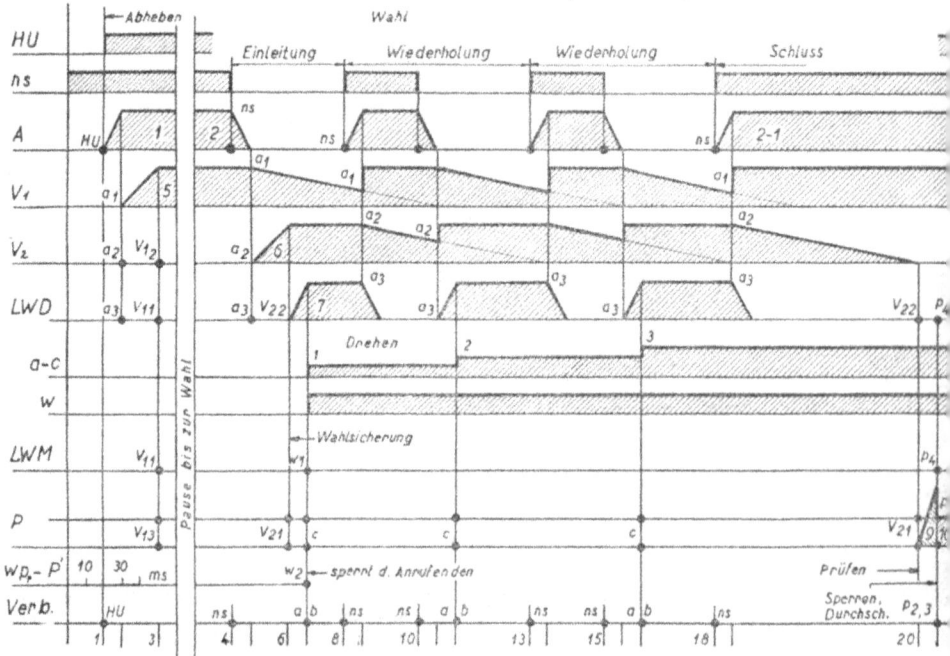

4

übrigen von Al.

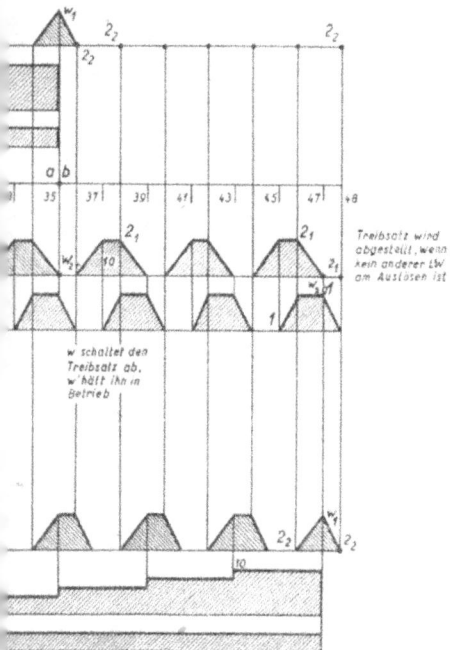

Treibsatz wird
abgestellt, wenn
kein anderer LW
am Auslösen ist

w schaltet den
Treibsatz ab.
w' hält ihn in
Betrieb

Bild z15. Die Vorgänge bei der Wahl für den Leitungsdrehwähler mit Prüfen und Sperren.

Man beachte den Unterschied zwischen Stromstoßgabe der Nummernscheibe und den wirklich periodischen Vorgängen in der Schaltung.

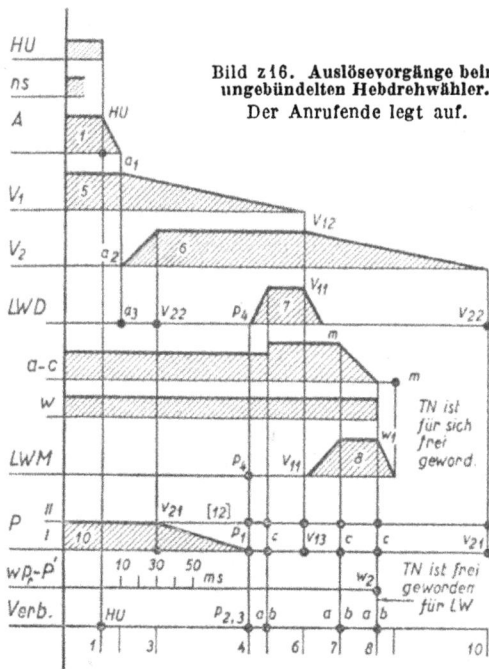

Bild z16. Auslösevorgänge beim ungebündelten Hebdrehwähler.

Der Anrufende legt auf.

TN ist
für sich
frei
geword.

TN ist frei
geworden
für LW

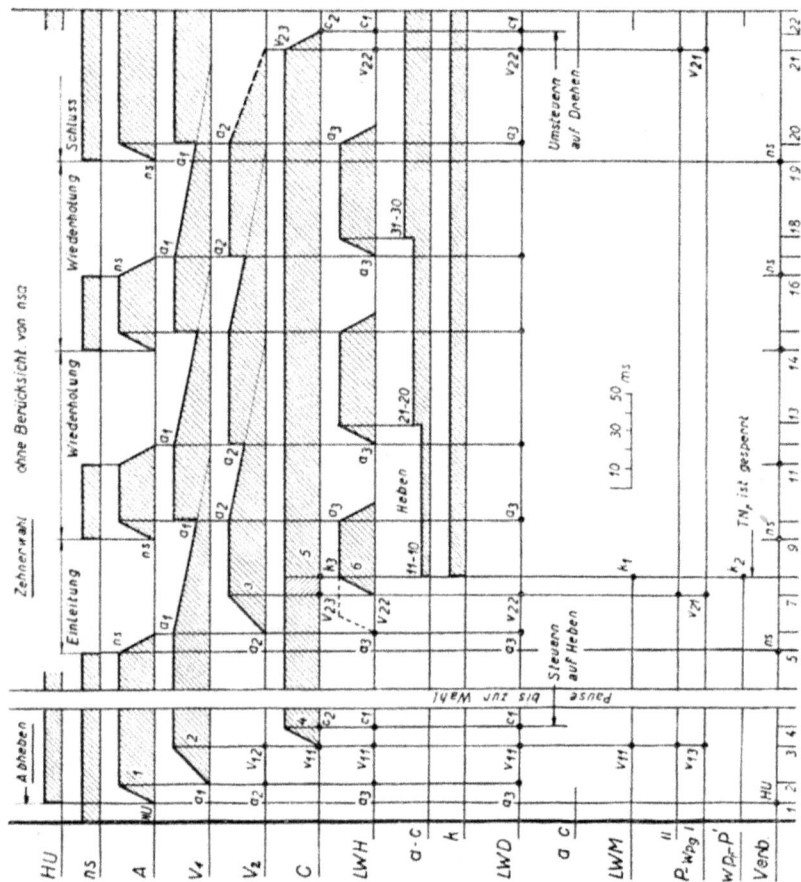

Bild z 17. Abheben und Zehnerwahl beim ungebündelten Hebdrehwähler (ohne Rücksicht auf nsa).

Bild z19. **Vorgänge für das Auslösen beim Auflegen des Anrufenden.**

Für das Zurückschnellen der Arme wurde eine Durchschnittszeit von 10 ms für jeden zu überstreichenden Kontakt angenommen.

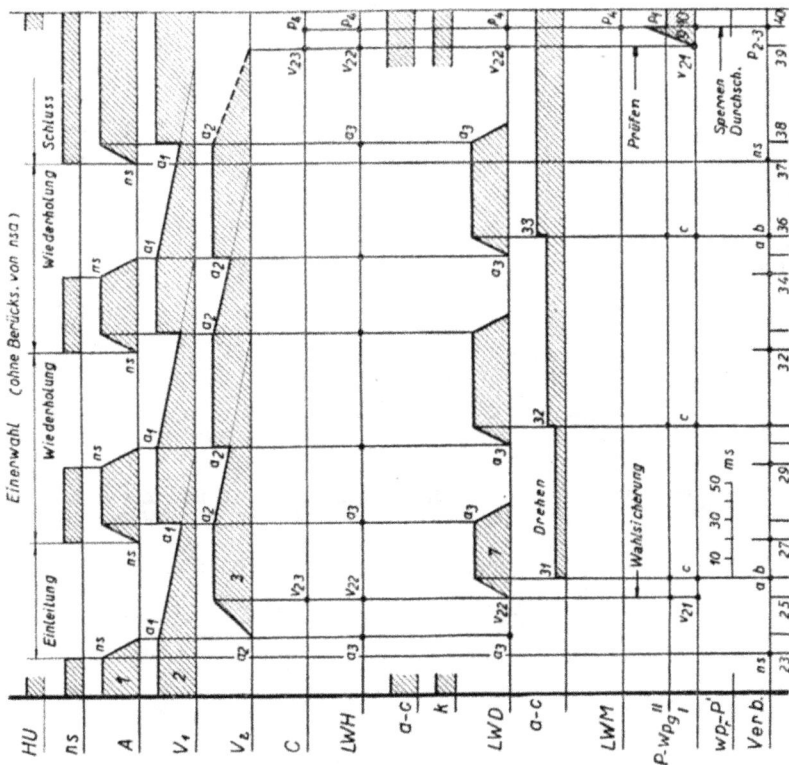

Bild z18. **Die Einerwahl beim ungebündelten Hebdrehwähler.**

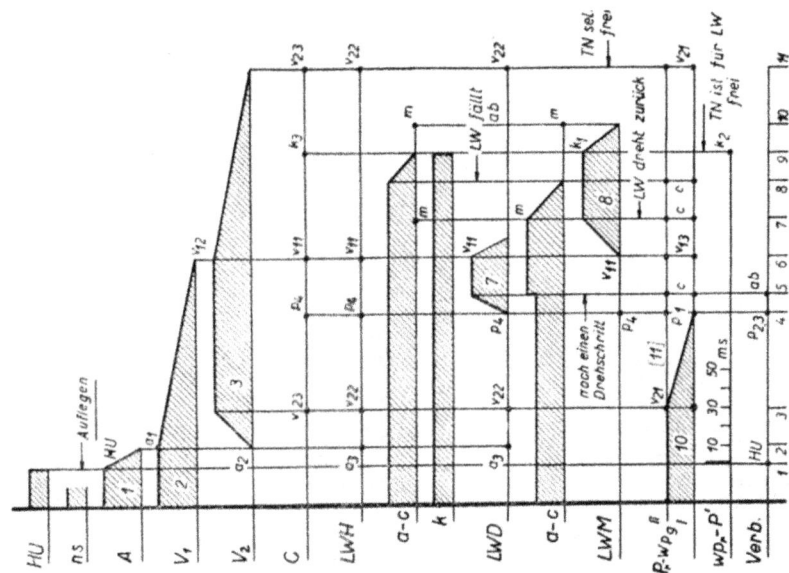

5

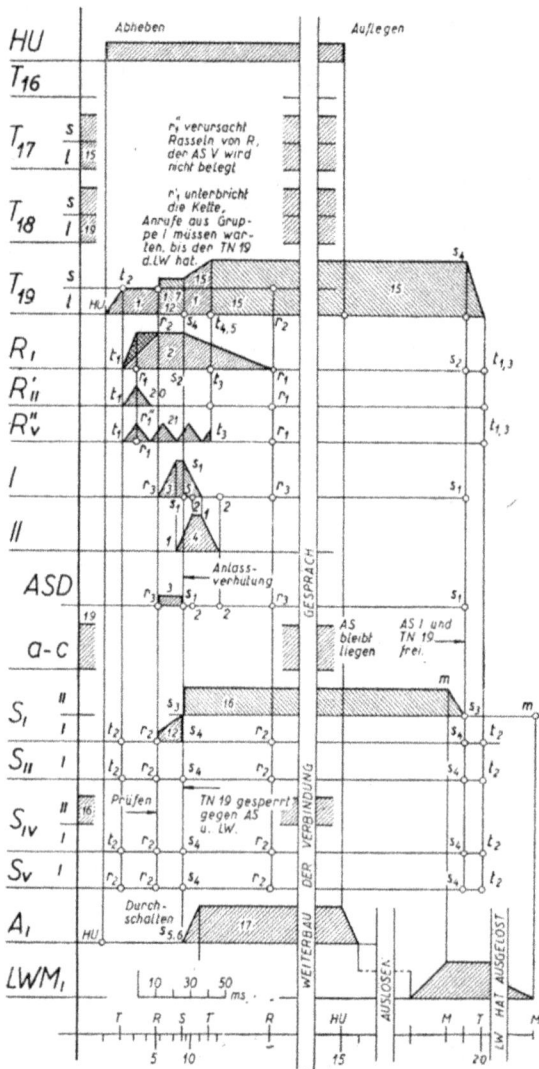

Bild z 20. Schaltvorgänge beim *AS*, wenn der Anrufende nicht gesucht werden muß; Auslösevorgänge.

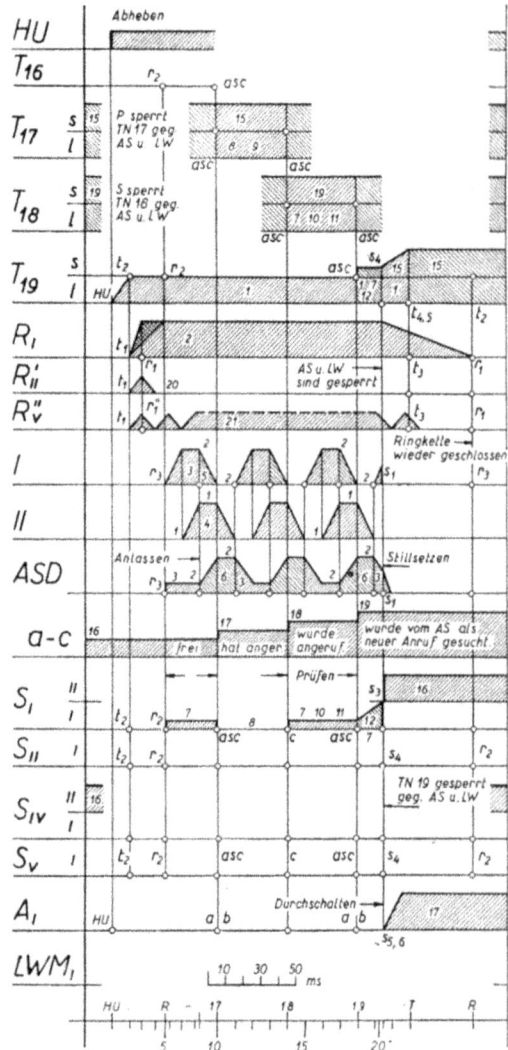

Bild z 21. Schaltvorgänge beim Anrufsucher, wenn der Anrufende gesucht werden muß.

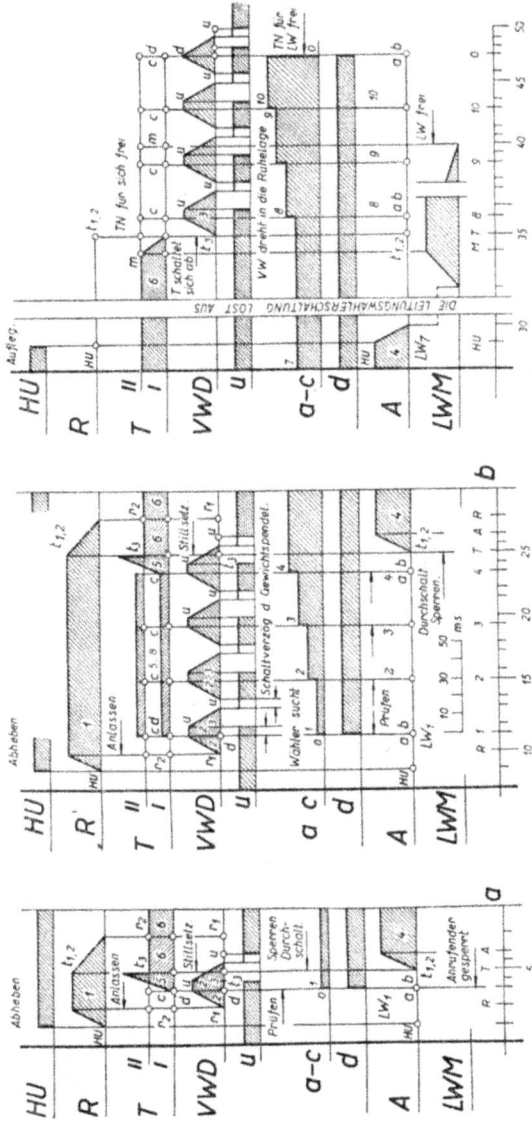

Bild z 22. Die Vorgänge bei der Vorwahl.

a) VW findet beim ersten Schritt einen freien LW.
b) VW muß erst Weiterschalten.

Die nachhinkende Wirkung des Selbstunterbrecherpendels wurde
besonders betont dargestellt.

Bild z 23. Die Vorgänge beim Auslösen des
Vorwählers.

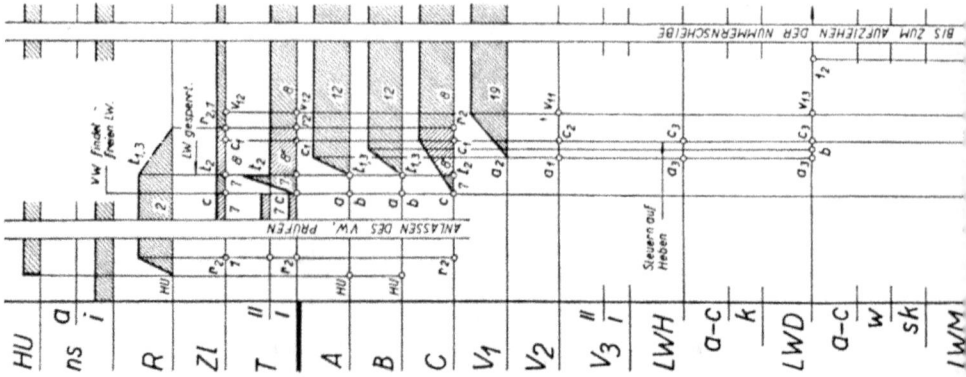

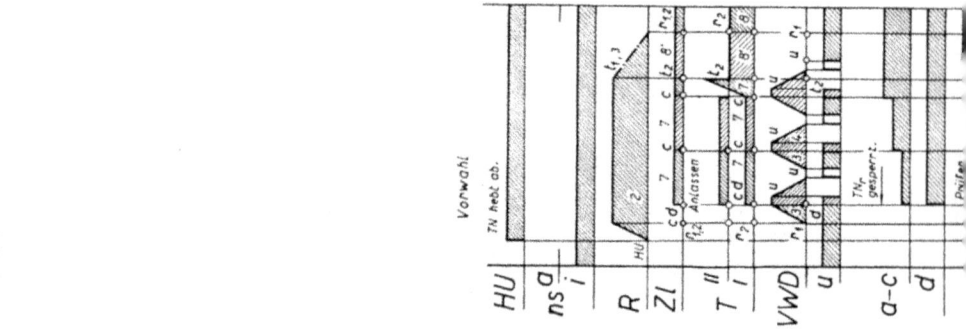

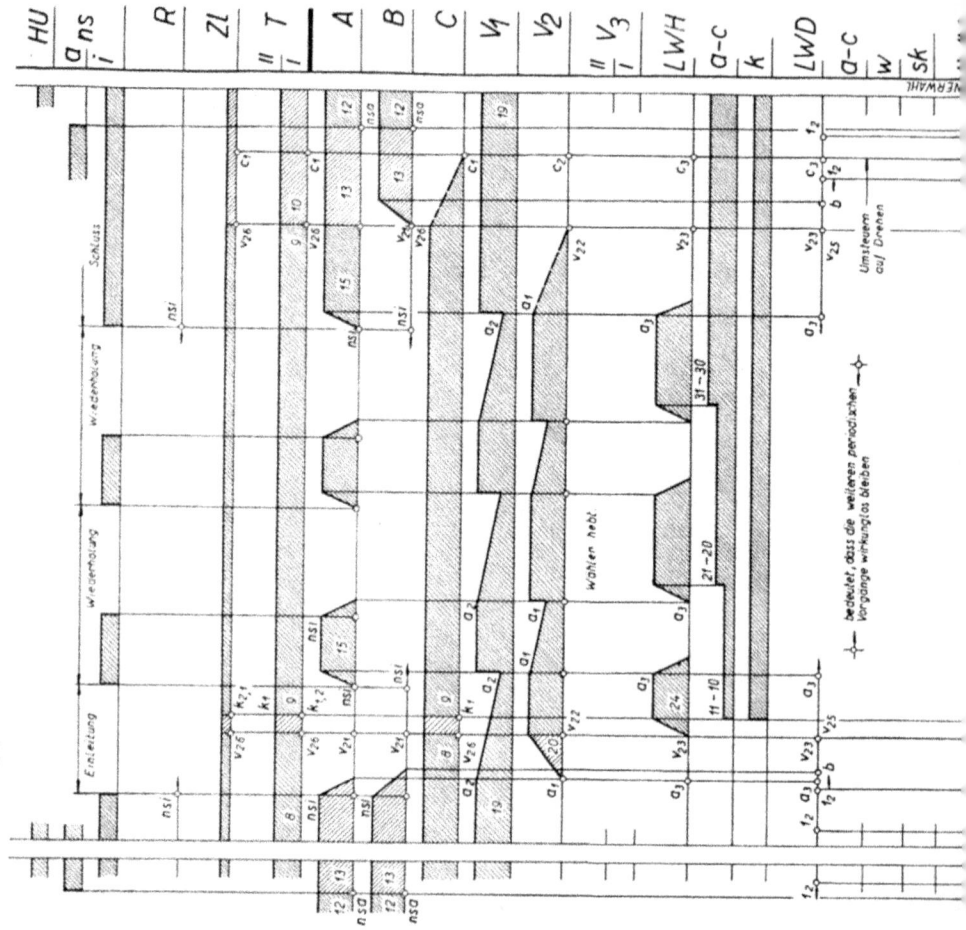

Bild z 24. Die Schaltvorgänge beim Abheben und der Zehnerwahl. Die Vorgänge der Vorwahl sind besonders herausgefaßt.

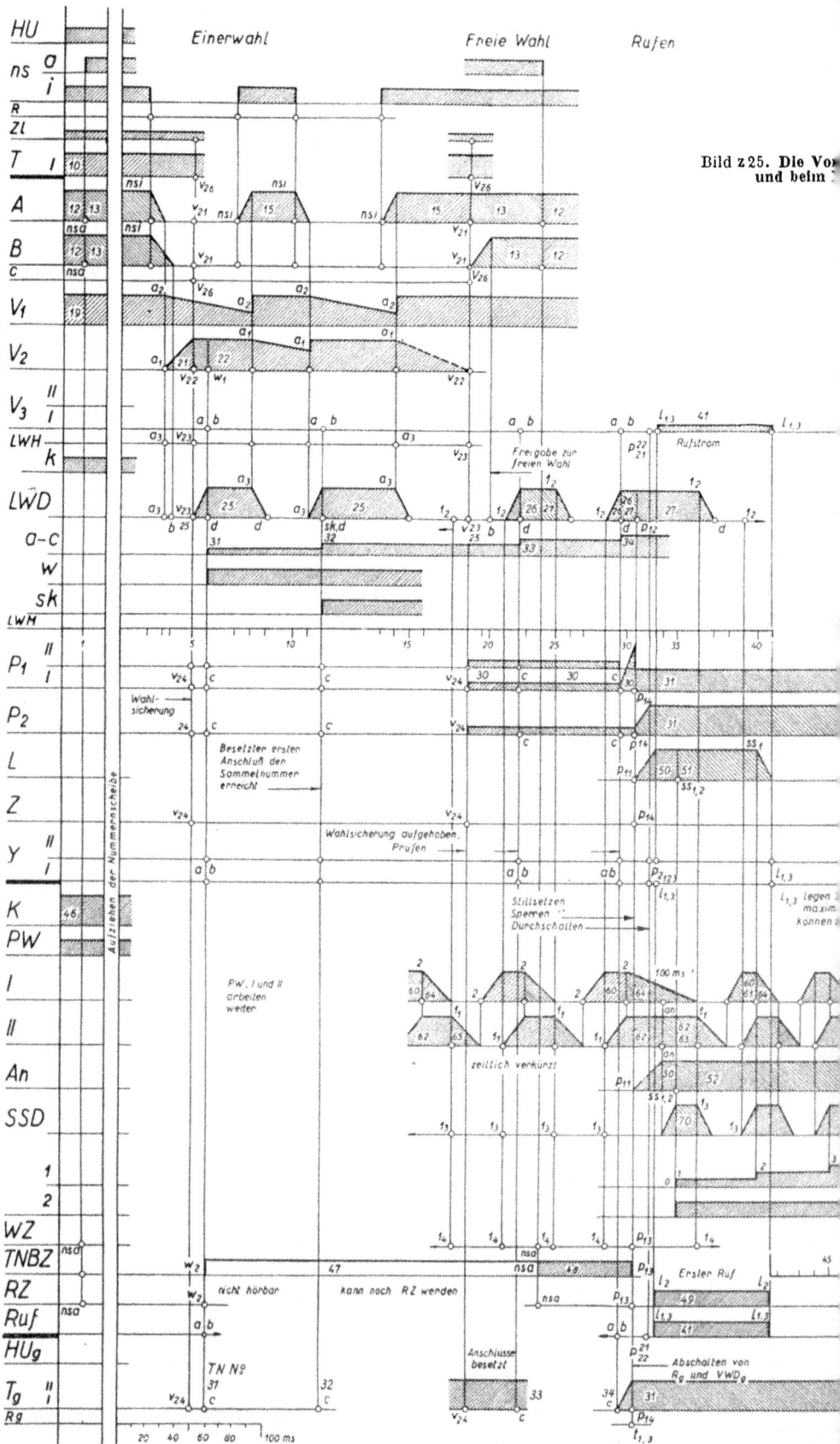

Einerwahl Freie Wahl Rufen

HU
ns a / i
R
Zl
T I 10
A 12 13 nsa nsi v26 nsi 15 nsi 15 13 12 v21 nsi v21
B 12 13 c nsa nsi v21 v21 13 12 v26
V1 19 a2 v26 a2 a2
V2 a1 21 22 a1 a1 v22 w1 v22
V3 II / I a b a b a b a b l1,3 41 l1,3
LWH k a3 v23 a3 v23 Freigabe zur freien Wahl p22 21 Rufstrom
LWD a3 v23 a3 25 a3 25 12 12 26 27 26 27 12 1,2 27
a-c b 25 d d sk,d v23 25 b d d p12 d
31 32 33 34
w
sk
LWH
P1 II / I 1 5 10 15 20 25 30 35 40
v24 c c v24 30 c 30 c 30 31 p14
P2 Wahl-sicherung 24 c c v24 c c p14 31 SS1
L Besetzter ersten Anschluß den Sammelnummer erreicht p11 50 51 SS1,2
Z v24 v24 p14
Y II / I Wahlsicherung aufgehoben, Prüfen a b a b ab p2 23 l1,3 l1,3
K 46 Stillsetzen Sperren Durchschalten l1,3 legen maxim. konnen
PW
I PW, I und II arbeiten weiter 2 2 2 100 ms 60 64 60 64 60 61 64
60 64 1, 1, 1, an 1,
II 62 63 1, 62 63 1, 62 63 an 1,
An zeitlich verkürzt p11 50 51 SS1,2
SSD 13 13 13 13 70 13
1 0 1 2 3
2
WZ 14 14 14 p13 14
TNBZ nsa nsa nsa p13 45
RZ w2 nicht hörbar kann noch RZ werden nsa p13 Erster Ruf l2 l2 49 l2
Ruf nsa a b a b p13 l1,3 l1,3 41
HUg Anschluss besetzt p21 22 Abschalten von Rg und VWDg
Tg II / I TN Nr 31 32 33 34 31 p14
v24 c c v24 c l1,3
Rg

20 40 60 80 100 ms

(left vertical labels: Aufziehen der Nummernscheibe)

…ei der Einerwahl (100 TN).

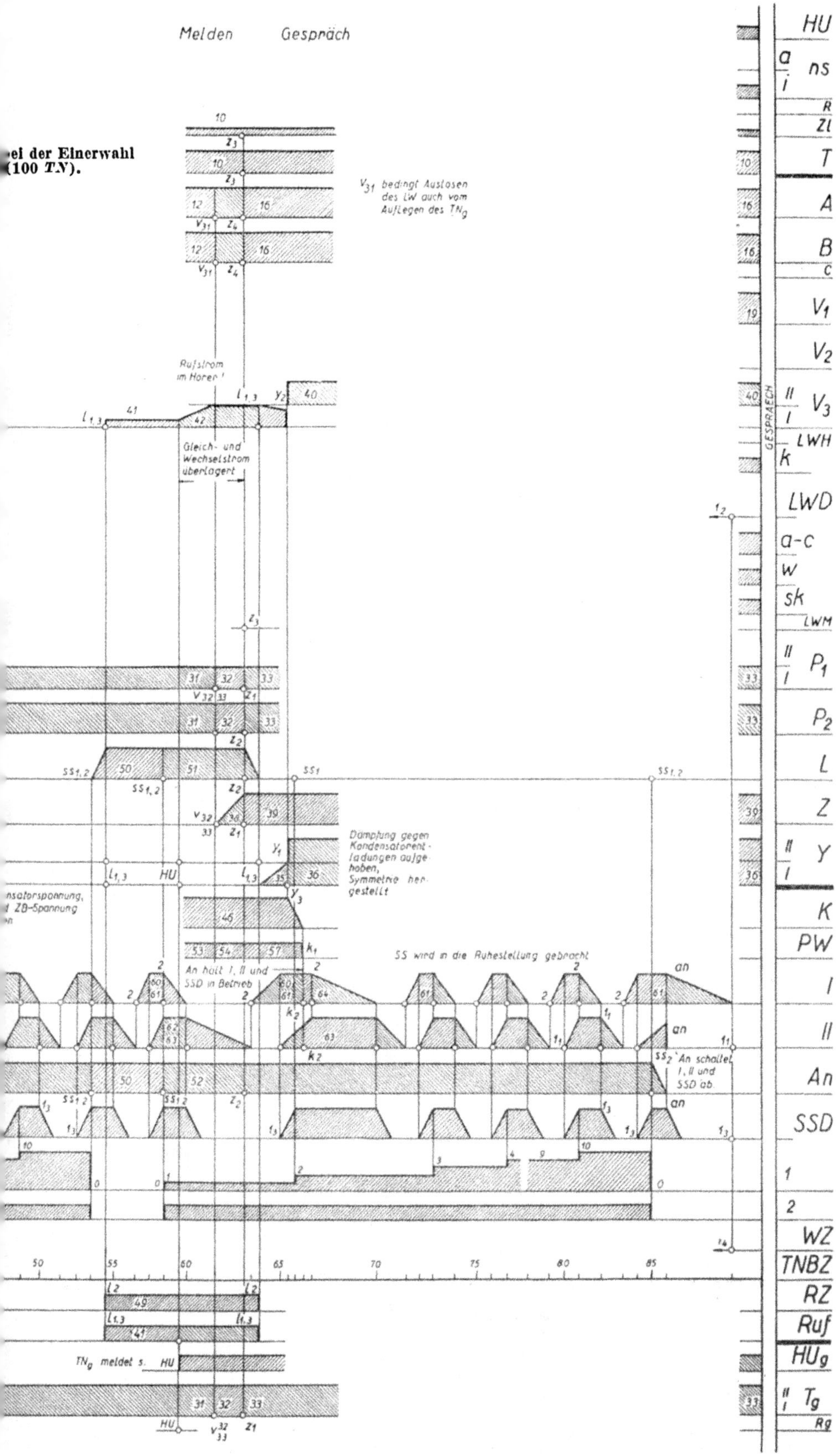

Melden
Gespräch
V31 bedingt Auslösen des LW auch vom Auflegen des TNg
Rufstrom im Hörer!
Gleich- und Wechselstrom überlagert
Dämpfung gegen Kondensatorentladungen aufgehoben, Symmetrie hergestellt
…nsatorspannung, …d ZB-Spannung …n
An hält I, II und SSD in Betrieb
SS wird in die Ruhestellung gebracht
An schaltet I, II und SSD ab.
TNg meldet s.
GESPRAECH
HU
ns
R
Zl
T
A
B
C
V1
V2
V3
LWH
LWD
a-c
w
sk
LWM
P1
P2
L
Z
Y
K
PW
I
II
An
SSD
1
2
WZ
TNBZ
RZ
Ruf
HUg
Tg
Rg
50
55
60
65
70
75
80
85

a_{12}

W_1

W_2

W_{12}

W_{21}

Wecker

A_1

LWM

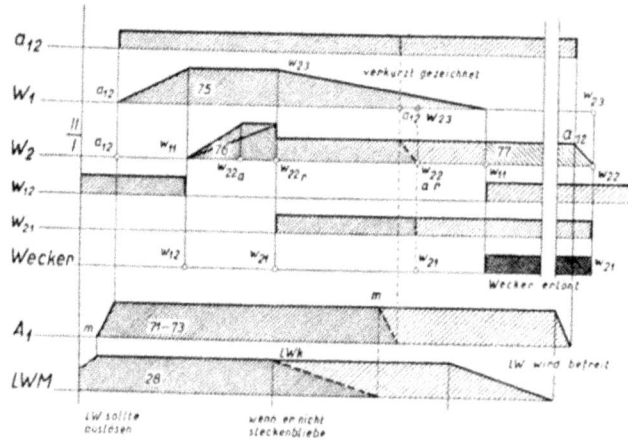

Bild z 26. Die Vorgänge beim Alarm mit Verzögerungskette (100 _TN_).

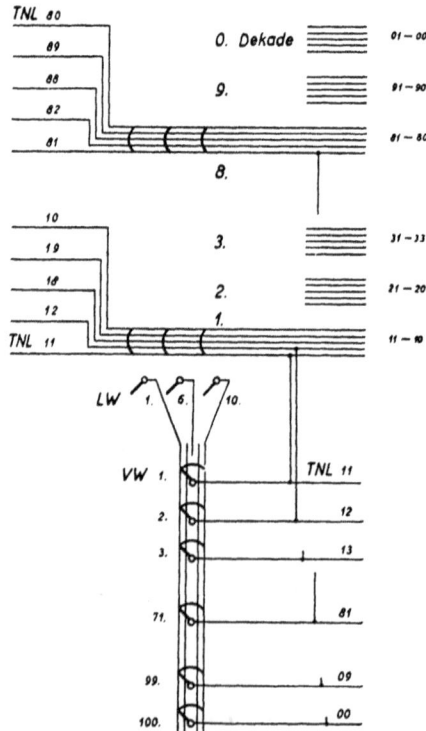

TNL 80

0. Dekade 01 – 00

9. 91 – 90

8. 81 – 80

3. 31 – 33

2. 21 – 20

1. 11 – 10

TNL 11

LW 1. 6. 10.

VW 1. TNL 11

2. 12

3. 13

71. 81

99. 09

100. 00

**Bild z 27. Schaltwegskizze der reinen Zehnerbündelung
einer Anlage für 100 _TN_.**
100 _VW_ erreichten 10 gebündelte _LW_.

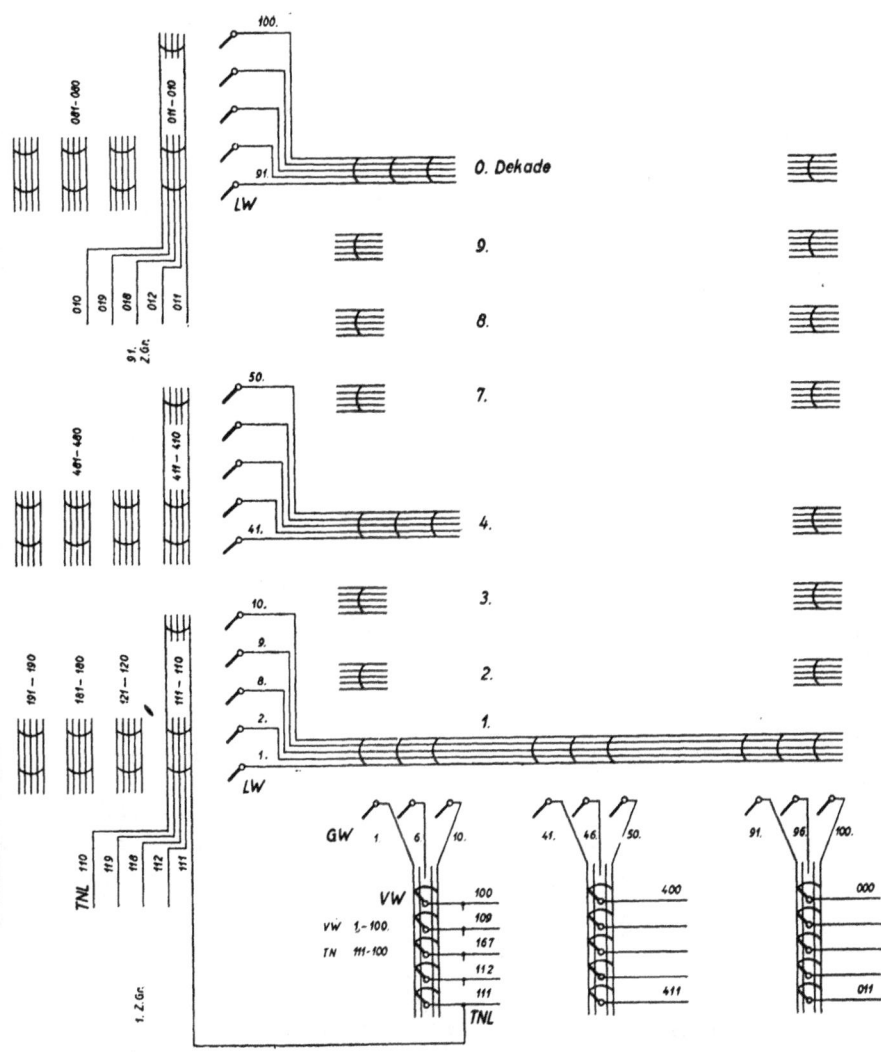

Bild z 28. Schaltwegskizze der reinen Zehnerbündelung einer Anlage mit Gruppenwählern.
...n zu je 100 VW erreichen je 10 GW. Je 10 GW erreichen wieder 10 LW. Die GW und LW können
...gegenseitig für alle VW-Gruppen aushelfen; daher für die 10 kleinen TN-Gruppen zu je 100 TN
mehr GW und LW nötig, als wenn alle 1000 TN eine Gruppe bildeten.

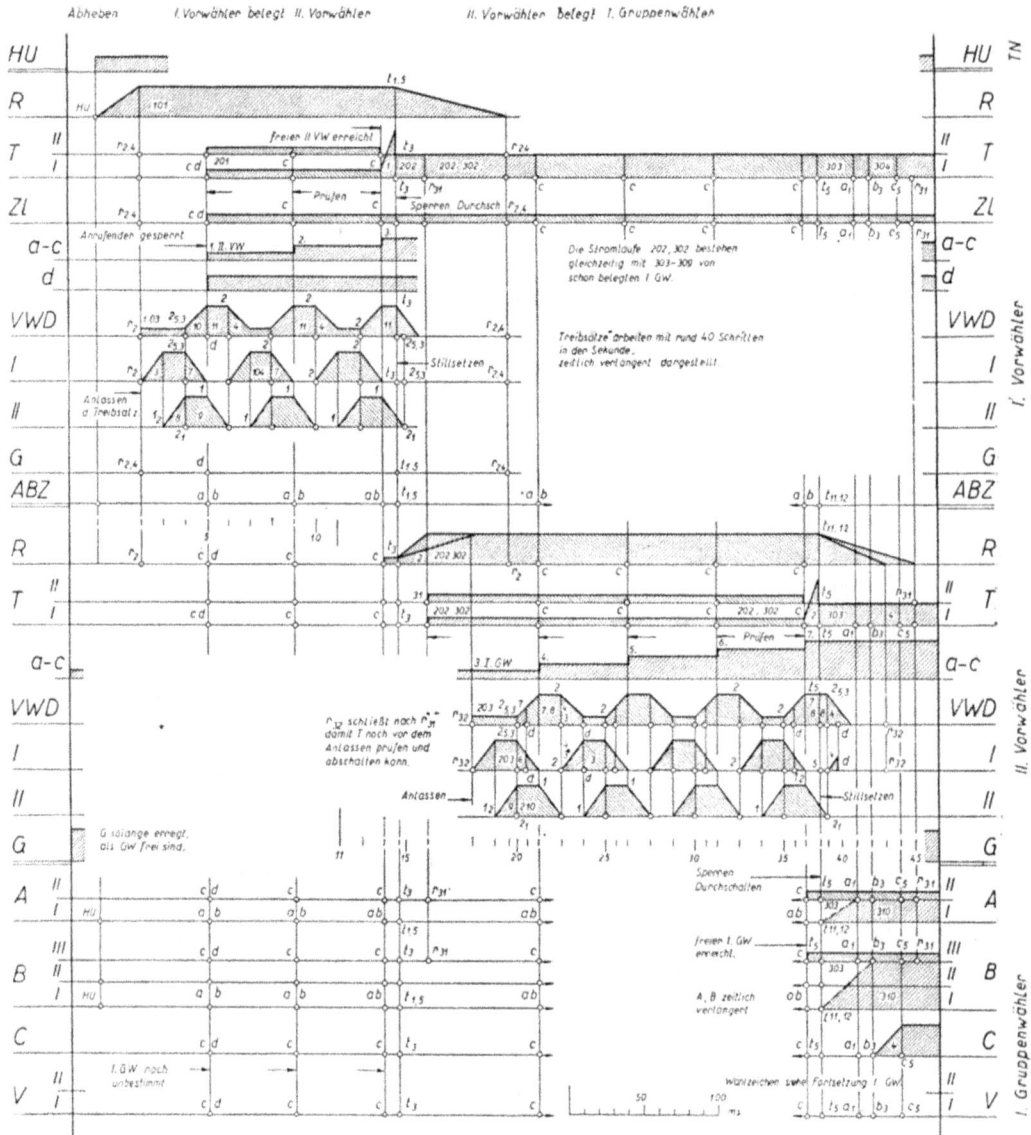

Bild z 29. Die Vorgänge bei der I. und II. Vorwahl.

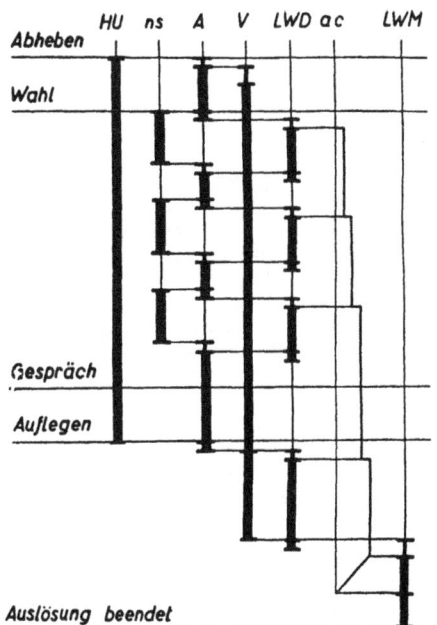

Bild z 32. Erregungsdiagramm für die Schaltung von Bild s 16 neuere Ausführung mit Berücksichtigung der Schaltzeiten.

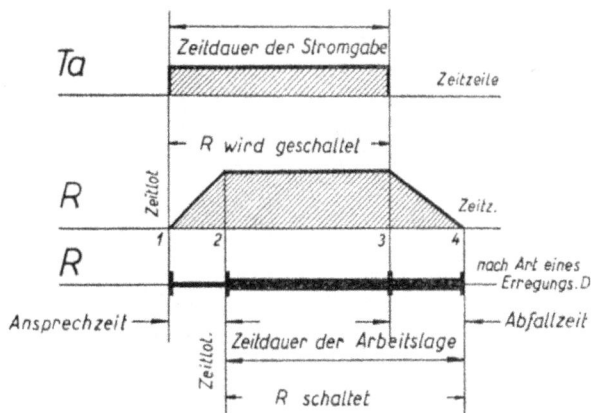

Bild z 33. Gegenüberstellung von Erregungsdiagramm und Schaltzeitplan in der Darstellung der Relaistätigkeit.

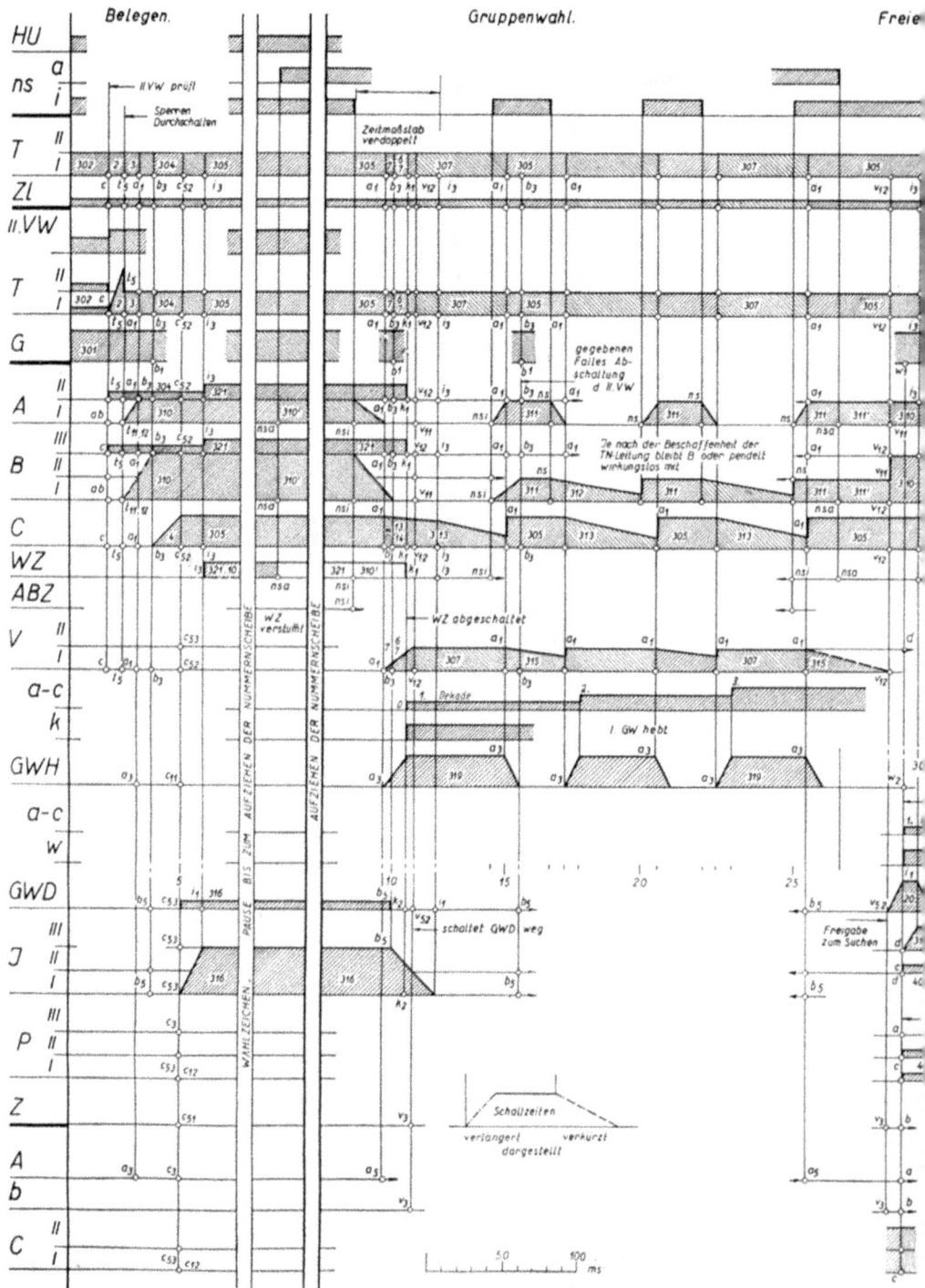

Bild z30. Die Vorgänge für die I. Gruppenwahl, die Be

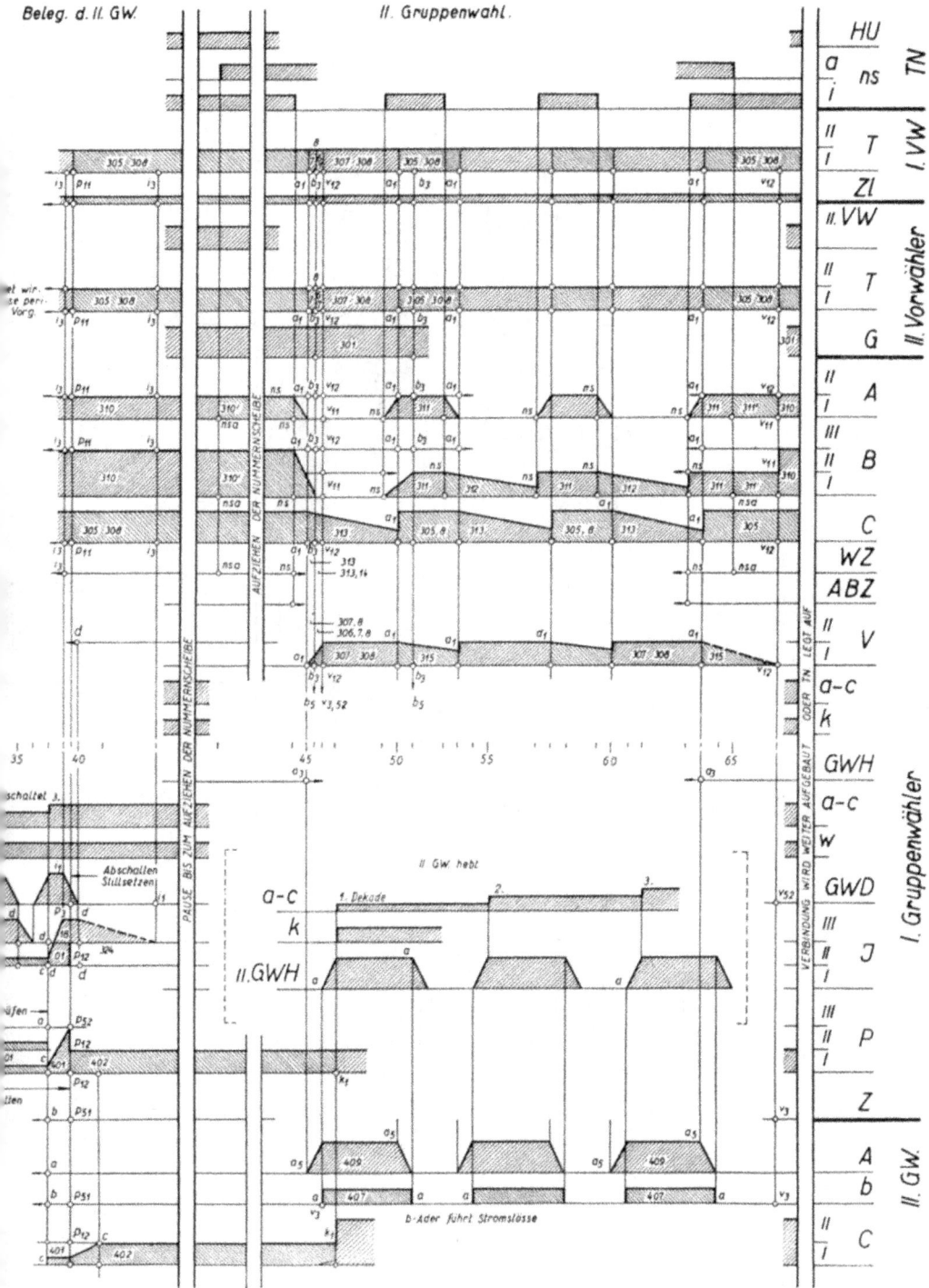

eines *II. GW* und die Wahlweitergabe in den *II. GW*.

11

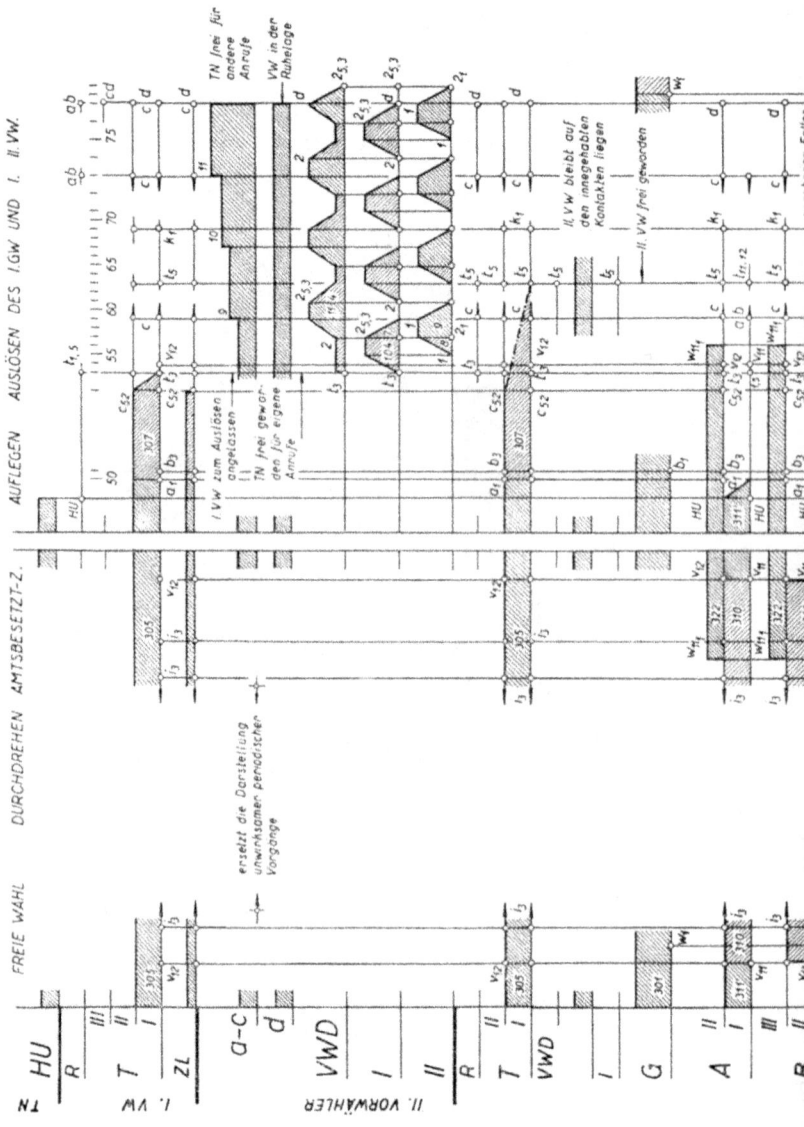

12

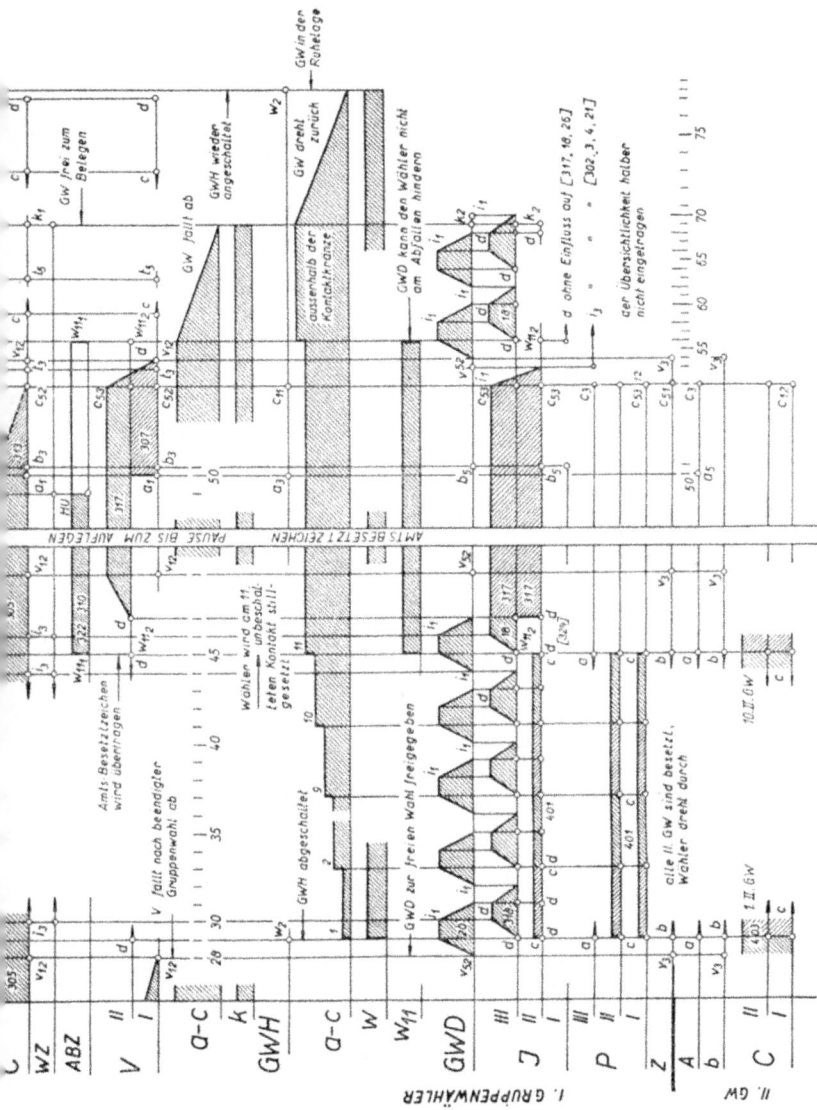

Bild z 31. Die Vorgänge beim Durchdrehen des *I. GW*, daraufolgend das Auslösen des *I. GW* und der beiden Vorwähler.

(z)

www.ingramcontent.com/pod-product-compliance
Lightning Source LLC
Chambersburg PA
CBHW081542190326
41458CB00015B/5620